晩秋の大豆畑　福岡県朝倉郡筑前町

麦秋（二条大麦）佐賀県神埼市

押し麦麹

味噌玉麹
愛知県岡崎市　まるや八丁味噌

乾燥大豆麹
秋田県大仙市　秋田今野商店

乾燥大豆麹　愛知県岡崎市　兵藤糀店

麦麹　宮崎県延岡市　大津商店

麦麹　福岡県前原市　叶醤油味噌醸造元

麦麹　宮崎県西都市　清水みそこうじや

米麹　大分県佐伯市　糀屋本店

米麹　愛知県岡崎市　兵藤糀店

米麹　山形県飽海郡遊佐町　阿部糀店

乾燥麦麹
岡山県瀬戸内市　名刀味噌本舗

乾燥玄米麹
岡山県瀬戸内市　名刀味噌本舗

味噌の色（全国味噌鑑評会で「優」の評価を得た味噌）

①米味噌・淡色系・辛口・粒味噌

大豆（秋田）・米（丸米）・麹歩合（10）・Y（19.1%）・x（0.424）・y（0.405）

②米味噌・赤色系・辛口・粒味噌

大豆（オオスズ）・米（破砕米）・麹歩合（10）・Y（12.0%）・x（0.435）・y（0.397）

③麦味噌・淡色系

大豆（フクユタカ）・麦（大麦）・麹歩合（18.5）・Y（19.2%）・x（0.414）・y（0.414）

④麦味噌・赤色系　※（優）がなく（秀）のものから選んだ。

大豆（とよまさり）・麦（大麦）・麹歩合（25.0）・Y（10.0%）・x（0.431）・y（0.394）

⑤米と麦の合わせ味噌

大豆（産地不明）・米（丸米）・麦（大麦）・麹歩合（15.2　麦23：米15）・Y（11.1%）・x（0.425）・y（0.389）

新装版 Homemade *MISO* Recommendation

自家製味噌のすすめ

日本の食文化再生に向けて

編著 石村眞一
ISHIMURA Shinichi

著 石村由美子 古賀民穂 齋田佳菜子
ISHIMURA Yumiko KOGA Tamiho SAITA Kanako

松田茂樹 松村順司
MATSUDA Shigeki MATSUMURA Junji

雄山閣

本書は、弊社より二〇〇九年一月に〈初版〉を出版いたしました。

今回の〈新装版〉刊行にあたっては、〈初版〉を底本として、明らかな誤字・誤植の修正を行っております。

なお、本文中に掲載されております桶・樽店やこうじ店等の情報は、初版当時の資料的価値を考慮し、二〇〇九年当時のままの掲載といたしました。何卒ご了承願います。


（雄山閣編集部）

はしがき

大阪市内で育った編者は、大学生活を東北南部の福島県ですごした。大学に入学して数ヶ月が経った頃、上級生に誘われて四年生の下宿に遊びに行ったことがある。その時味噌汁をご馳走になったのだが、「美味い味噌には出汁《だしじる》はいらない」という四年生の講釈を聞かされ、椀に入れた味噌の上から直接お湯が注がれた。大阪の下町育ちの人間には、東北の味噌は少し塩分が強いようにも感じたが、確かに美味い味噌であった。

それから二年位後になるが、福島市郊外で農業を営む大学の友人宅に泊めてもらったことがある。朝食に自家製味噌を使用した味噌汁をいただいた。先輩の下宿でご馳走になった味噌汁の味に似ていた。この味噌は、大阪では味わったことのない三年味噌であった。その後徐々に長く熟成された味噌の美味さに惹《ひ》かれていった。

東北南部の生活が気に入って大学卒業後も地元に就職し、所帯を持った。女房の姉が味噌を自宅でつくっていたことから、一年に何回か分けていただいた。物置にクルミの味噌桶が二つ置かれており、やはり長期熟成をさせていたようだ。「クルミの味噌桶で熟成させた味噌は美味い」という義姉の言葉を、当時はよく理解できなかった。三〇代後半から味噌桶に興味を持つようになり、休日になると、農家の味噌蔵を調査するようになった。スギ材を使用した味噌桶が圧倒的に多いものの、東日本では次に多いのがクルミ材を使用した味噌桶である。ウルシやキリを使用した味噌桶も広域で見られ、味噌と味噌桶に複雑な関連性があることを学んだ。

クルミの味噌桶に限れば、いずれの地域でも義姉が言うように、味噌の美味しさと関連する話が多い。クルミ材には、味噌を美味しくさせる何等かの効果があるのかもしれない。キリの味噌桶は、火事の際に燃えにくい、また飢饉《ききん》で味噌を使い切ったなら、味噌桶を壊して鍋で煮ると味噌汁になるといった話が各地に伝えられている。味噌は、日常の生活における副食、調味料であると共に、飢饉という非常時には貴重な保存食になった。東北の農家では、現在も四年味噌まで大切に保存している味噌蔵が少数見られる。食生活の楽しさ、厳しさが、この小さな味噌蔵に凝縮されている。手入れの行き届いた味噌蔵に出会うと、伝統的な生活観によって形成される農家の自給的な営みに感動する。

仕事の関係で九州の福岡市で生活するようになって一二年になる。九州は麦味噌づくりが盛んである。東日本の米味噌に比較すると、熟成期間は短いものが多い。それでも一年以上経た麦味噌を尊ぶ地域もある。食べ物には、短期熟成の美味さと、長期熟成の美味さがあるようだ。九州では少し麹の香りが強い若い味噌が好まれる。最初は慣れなかったが、最近は麦味噌独特の麹香《こうじか》も気に入っている。昭和二〇年代後半あたりまで麦味噌は全国で見られたが、現在は四国や九州といった地域で育まれたものが大半を占める。九州の中南部では、現在も麦味噌は地域の料理に欠かせない味を演出している。

年齢とは不思議なもので、四〇代では味噌や味噌桶に興味があっても、味噌づくりをするという気持ちまでには至らなかった。五〇代も半ばになると、実際に自分でつくらないと気が済まなくなる。若い時は面倒な調理作業を避けてきたが、最近は面倒な手作業が頗る楽しい。自分で麹をつくることは確かに難しい。それでも人肌の温度に調整した蒸米に種麹を混ぜ、一五時間程度経過して発熱し出すと、この時は緊張と同時に、生き物を育てるという醍醐味を感じる。四〇数時間の格闘で上手に麹ができると、誰もが充実した気持ちなる。米味噌ならば、一年ほど熟成させた方がまろやかで美味しい。味噌桶の上部を密閉していた紙をはずし、中蓋をはずし、一年ぶりに見る味噌を口に含む。この瞬間はまさに至福の時である。

効率、能率で追いまくられる仕事から離れて味噌づくりを楽しむことは、生活の癒しになると共に、日本の伝統的な食文化、自家製食品の価値を考える契機にもなる。政府が食糧自給率向上には日本型食生活の実践が不可欠と主張しても、精神的な基盤が構築されなければ、具体的な進展は期待できない。

本書は、日本における味噌、調理味噌の歴史、自家製味噌の現状、安全で衛生的な味噌づくりの方法とそのメカニズム、自家製味噌の展望といった内容で構成し、五名で分担執筆したものである。お手軽な味噌づくりの紹介というより、日本の伝統的な文化を踏まえた自家製味噌を、新たな方法も加えて再構築することを目標としている。自家製味噌は、男女の共同作業で元々成り立っていた。本書が女性だけでなく、男性の方にも役立てていただければ幸いである。

目次

四章　現代における自家製味噌のつくり方

五章　味噌の栄養と調理

六章　自家製味噌の継承

一章　自家製味噌は何故衰退するのか

一．はじめに

日本ほど伝統的な食生活が変化、または衰退した国は珍しい。少なくとも、戦前までは欧米の食文化が導入されても、一部の富裕層に定着するか、従来の食文化に接合される形で日本風にアレンジされたものが多かった。

第二次大戦後、学校給食がパンを主体に使用したこと、また社会全体が欧米の食生活スタイルを積極的に取り入れたことによって、朝食にパンを食べる習慣が少しずつ定着していった。こうした食生活の変化は、当然味噌の使用量に反映されていく。昭和初期における福島県の農家では、家族一人が一年間で消費する味噌の量を一斗としていた。五人家族であれば、来客用の一斗と合わせて、六斗の味噌を一年に一度仕込んだとされている。(1)

自家製味噌は、昭和三〇年代後半から減少し続けている。これまで農家における自家製味噌（自給味噌）の使用率に関しては、農水省の資料から算出されているようだが、都道府県単位における使用率に関しては、具体的な資料が見当たらない。

平成三年、一八年に福島県の高等学校、中学校の協力を得て、自家製味噌の実態についてアンケート調査を行った。福島県で実施した理由は、全国で最も麹業が多い地域だからである。職業別電話帳では、一位が福島県の一四五、二位が秋田県の一〇五、三位が新潟県の七九、西日本では大半の県が三〇以下であるから、とにかく麹業に関しては福島県の数は突出している。麹業の数は、自家製味噌の使用率を知る手掛かりになる。平成三年のアンケート数は八七〇〇名、平成一八年は四四九五名ということから、アンケート結果は一応県全体の実態を反映していると判断した。このアンケート結果を基礎資料として、自家製味噌の使用実態を検討する。

二．平成三年、一八年に実施した福島県のアンケート調査結果

二．一．県内各地の自家製味噌の使用率と福島県全体の推定使用率

平成三年、一八年に、図一－一に示した高等学校、中学校で、自家製味噌と味噌桶に関するアンケートを実施した。平成三年に実施したアンケートのまとめは「味噌と味噌桶Ⅰ －福島県における使用状況を通して－」[2]、「自家製味噌と生活 －福島県の実態を通して」[3]として既に刊行している。

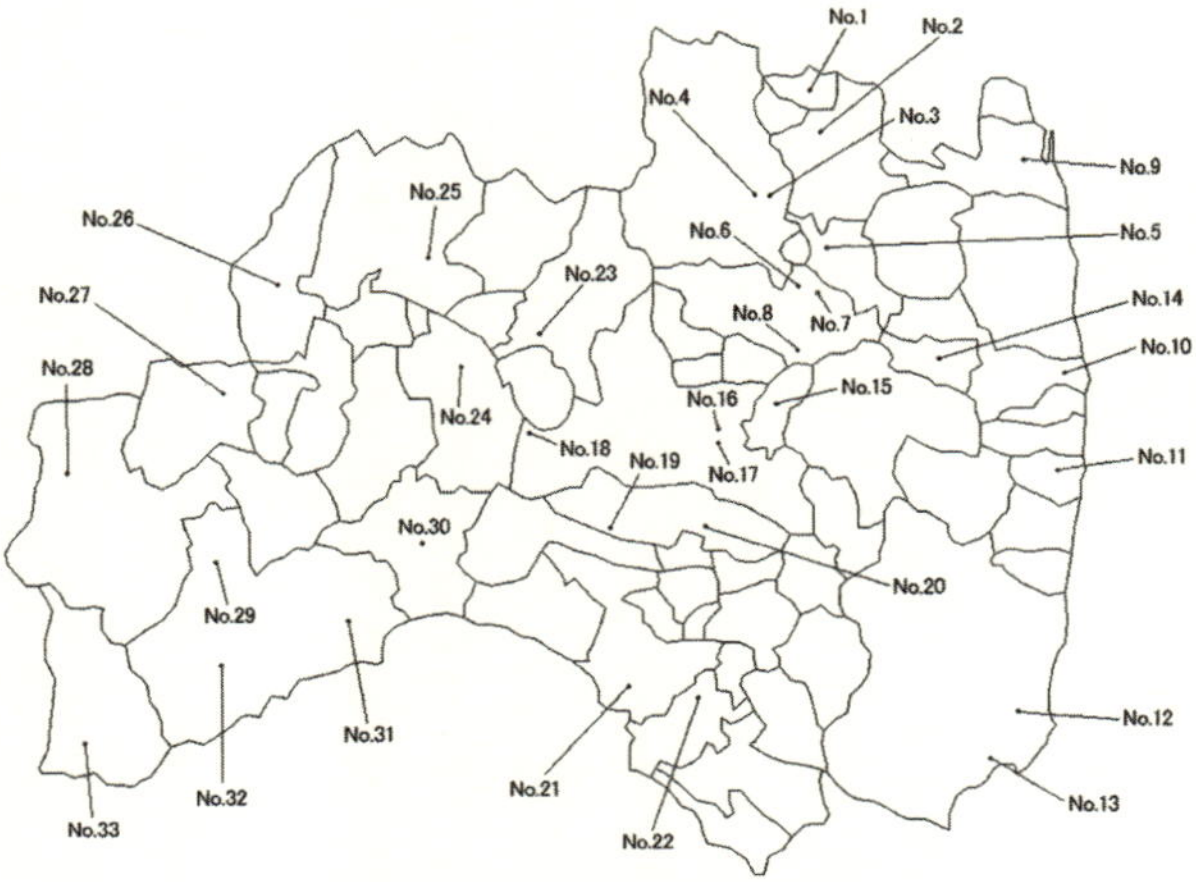

図１－１　アンケート調査地

中学校と高等学校が混ざっているのは、人口の少ない地域には中学校を対象とすることが効果的と考えたためである。アンケート結果より、自家製味噌と味噌桶の使用は、表一－一のような変化を示している。平成三年度のアンケート数が八七〇〇から七四七九に減っているのは、平成一八年度のアンケートに協力をいただけなかった学校のアンケート数を差し引いたためである。

福島県内で見ると、平成三年の調査では、自家製味噌の使用者は三七％であるが、一五年後の平成一八年には二一・二％に減少している。この二一・二％という数字を、福島県全体の平均値とすることは多少問題がある。アンケートを県内全域で均等の数にて実施したため、人口が集中する都市部の対象者がやや少なくなった。そのため、二一・二％という数字は何等かの方法で補正しなければならない。

表１－１　福島県における自家製味噌と味噌桶の使用率

	平成３年度		平成 18 年度		
No.	アンケート数	自家製味噌の家庭	アンケート数	自家製味噌の家庭	味噌桶を使用する家庭
1	163 名	65 名（39.8%）	206 名	40 名（19.4%）	11 名（ 5.3%）
2	187 名	36 名（19.3%）	181 名	27 名（14.9%）	6 名（ 3.3%）
3	73 名	18 名（24.7%）	213 名	34 名（16.0%）	13 名（ 6.1%）
4	340 名	42 名（12.4%）	103 名	10 名（ 9.7%）	5 名（ 4.9%）
5	502 名	275 名（54.8%）	49 名	12 名（24.0%）	6 名（12.0%）
6	――――	――――	94 名	10 名（10.6%）	6 名（ 6.4%）
7	――――	――――	137 名	69 名（50.4%）	39 名（28.5%）
8	――――	――――	157 名	59 名（37.6%）	38 名（24.2%）
9	135 名	57 名（44.9%）	389 名	23 名（ 5.9%）	4 名（ 1.0%）
10	262 名	96 名（36.6%）	101 名	23 名（22.8%）	12 名（11.9%）
11	198 名	67 名（33.8%）	104 名	22 名（21.6%）	10 名（ 9.6%）
12	586 名	90 名（15.4%）	205 名	6 名（ 2.9%）	3 名（ 1.5%）
13	387 名	14 名（ 3.6%）	335 名	4 名（ 1.2%）	0 名（ 0%）
14	74 名	55 名（73.3%）	46 名	26 名（56.5%）	10 名（21.7%）
15	423 名	219 名（51.8%）	77 名	33 名（42.9%）	19 名（24.7%）
16	1372 名	455 名（33.2%）	563 名	87 名（15.5%）	36 名（ 6.4%）
17	――――	――――	244 名	54 名（22.1%）	35 名（14.3%）
18	57 名	48 名（84.2%）	49 名	29 名（59.2%）	14 名（28.6%）
19	23 名	8 名（34.8%）	32 名	11 名（34.4%）	6 名（18.8%）
20	318 名	109 名（34.3%）	75 名	17 名（22.7%）	13 名（17.3%）
21	700 名	249 名（35.6%）	192 名	33 名（17.2%）	21 名（10.9%）
22	71 名	42 名（59.2%）	70 名	16 名（22.9%）	11 名（15.7%）
23	70 名	34 名（48.6%）	106 名	33 名（31.1%）	12 名（11.3%）
24	622 名	234 名（37.6%）	101 名	34 名（33.7%）	17 名（16.8%）
25	301 名	170 名（56.5%）	146 名	47 名（32.2%）	12 名（ 8.2%）
26	――――	――――	71 名	23 名（32.4%）	4 名（ 5.6%）
27	77 名	61 名（74.5%）	56 名	28 名（50.0%）	14 名（25.0%）
28	51 名	38 名（74.5%）	57 名	25 名（43.9%）	12 名（21.1%）
29	78 名	61 名（78.2%）	29 名	16 名（55.2%）	10 名（34.5%）
30	219 名	148 名（67.6%）	122 名	57 名（46.7%）	39 名（32.0%）
31	155 名	59 名（38.1%）	116 名	28 名（24.1%）	19 名（16.4%）
32	22 名	12 名（54.5%）	50 名	18 名（36.0%）	8 名（16.0%）
33	13 名	3 名（23.0%）	19 名	1 名（ 5.3%）	1 名（ 5.3%）
計	7479 名	2765 名（37.0%）	4495 名	955 名（21.2%）	466 名（10.4%）

福島県の代表的な都市の人口は、平成二〇年九月現在、福島市（二九四六六五人）、郡山市（三三九〇六八人）、いわき市（三四七九五五人）、会津若松市（一二八六一〇人）という数である。この四市内におけるアンケートでは、使用率の平均が一三・四％になっている。都市の人口集中を勘案すれば、一五～一八％あたりが福島県全体の使用率と推察する。それでも福島県は秋田県と共に、全国で最も自家製味噌の使用率が高い地域と考えて間違いない。

福島県内における自家製味噌の使用率は、地域によってかなり差がある。福島県は太平洋岸に近い地域を浜通り、中央に位置する地域を中通り、新潟県に近い地域を会津と区分している。自家製味噌の使用率が低いのは浜通りで、高いのは会津である。また、同じ地域内でも都市部より農村部の方が使用率が高く、さらに農村部でも平地より山間地の方が使用率が高い。アンケートの結果より、山間地の農家では、現在も自給的な生活スタイルを踏襲している家庭が多いことが読み取れる。しかし、こうした山村においても、自家製味噌の使用は一五年間で大きく減少した。

二、二、自家製味噌の衰退した時期とその理由

では何時から自家製味噌の衰退が始まったかということになるが、昭和三〇年代は都市部と都市に近い農村部に限られていたようで、山間地の農村地域ではほとんど衰退していない。山間地では昭和四〇年代の後半から徐々に自家製味噌の減少が始まる。しかしその進展は遅く、昭和五〇年代前半は九〇％以上の家庭で使用していたと推定される。昭和五〇年代になると、都市とその近郊の農家は自家製味噌の使用率が大きく下がる。この時期は、大規模スーパーが地方都市に進出した時期と重なる。

平成一八年度のアンケートでは、自家製味噌を使用しなくなった理由として、下記のような記述が見られた。

※（　）内の数字は回答者の数。

①つくっていた親が亡くなった。高齢や病気のためにやめた。習っていないため、つくりかたがわからない。（一五八）
②手間をかけて味噌をつくるが、管理するのが大変だ。面倒だ。（一〇二）
③家族が減った。味噌の使用量が減った。味噌が無駄になる。（五二）
④大豆の栽培をやめた。（四一）
⑤店で買えるようになった。材料が高く、買った方が安い。（三九）
⑥家の新築、改築、引っ越し等により、味噌の熟成、保存場所がなくなった。地域の環境が変わり、外でつくる場所がなくなった。（三六）
⑦仕事等で自宅にいる時間が少ない。忙しくてつくる時間がない。人手不足。（三五）
⑧売っている味噌の方が美味しく、質が高い。（一九）
⑨世代交代。親から離れて独立した。転勤したため。（一七）
⑩味噌桶、味噌づくりの道具が古くなった。道具を借りることが難しくなった。（一一）
⑪一度に一年または数年分つくるので味が変わる。（八）
⑫いろんな種類の味噌を目的に応じて食べたい。（七）
⑬グループでつくっていたが、人数が集まらなくなった。（五）
⑭まわりの家でつくらなくなった。（四）
⑮麹屋、味噌屋に注文するようになった。（四）
⑯麹屋、味噌屋が近隣でなくなった。（四）

⑰味噌汁をつくらなくなった。味噌を使用した料理が少なくなった。（二一）

上記の理由は単独のものもあるが、いくつかの理由が連動している場合も想定される。また農家だけではなく、都市部の生活者の理由も一部含まれている。いずれにしても、アンケート結果は、福島県で生活する人の食に対する意識を強く反映している。

最も多い理由は、元々味噌をつくっていた人が高齢になった、また亡くなったので技術を受け継いでいないというものである。しかしよく考えると、これは理由ではあるけれど、かなり受け身的な物事の捉え方であって、親が高齢になる前に習っておけばよいのであって、やる気があるかどうかの問題である。仮に親が死んだら、技術を知っている人に習えばいいだけのことで、やろうとする気持ちが萎えてしまったのだ。一度気持ちが萎えてしまうと、なかなか元には戻らない。この簡単な論理が、現代においては実にやっかいな問題になっている。

二番目に多い手間をかけて味噌をつくるが、管理するのが大変だといった内容は、さらにやる気の問題を露骨に示すものといえよう。面倒だという理由は、現代社会に共通する意識である。⑥の置き場所がなくなったという理由も同じで、新築や改築で味噌桶等の置き場をつくらなかったのは、従来設置していたスペースを新たに設置しなかっただけの話であって、他人が強要したわけではない。伝統的な自家製味噌に対する過去の価値観が継承されなかったのである。経済的に豊かになり、自給的な生活の必然性がないという風潮が農村部に広がった、また都市生活で便利な小売業が農村にも発達したことにより、保存食にこだわる生活観が衰退したことがその背景にある。農村で広く行われていた飢饉に対する備えといった戦前期の習慣は、戦後の六〇年間で著しく衰退した。

自家製味噌の価値観喪失は、⑧の売っている味噌が美味しく、質が高いという理由もかかわっている。市販の味噌も多種多様で、確かに美味しい味噌もある。この旨味に関する内容は、人間の生理に関与し、難しい内容を孕んでい

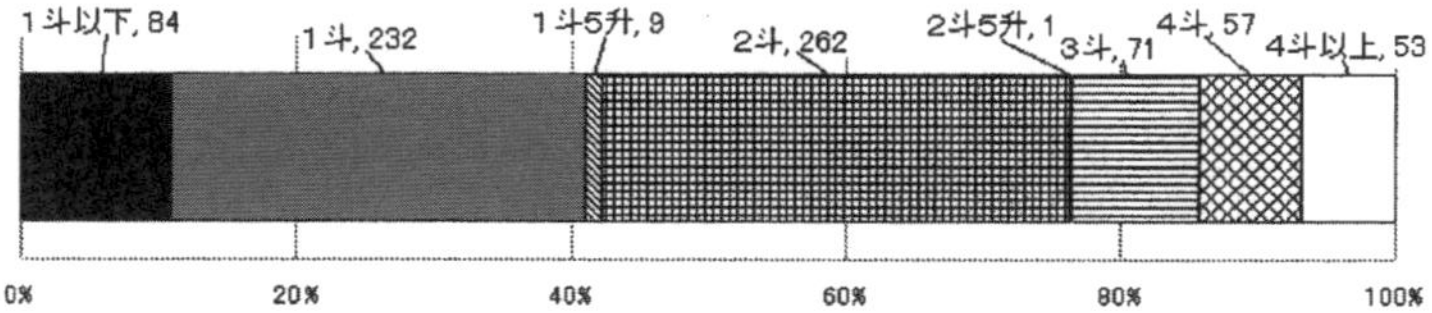

図1－2－1　福島県における1年間に作る味噌の量（平成18年）―回答者数769

る。旨味調味料や強いスパイスを使用した食品に慣れると、そうしたものを使用しない食品には旨味を感じなくなる。特に幼少時からうま味調味料や強いスパイスに慣れると、大人になっても延々とそうした影響が続く。こうした味覚の慣れについては、食品産業が顧客獲得の戦略として以前から行っており、農村地域の生活者もターゲットにしている。どこでも買えて直ぐ使える、強い旨味を持っている食品に、農村の自給的な食品は徐々に席巻されていった。自家製味噌の衰退は、その一つの現象にすぎないという見方もできる。

二．三．味噌づくりの方法

二．三．一．味噌をつくる量

自家製味噌をつくる量も、戦前期に比較すると著しく減っている。図一－二－一は、アンケートに見られる味噌をつくる量をまとめたものである。（ ）内の数字は回答者の数。一部kgでの回答もあったが、福島県では多くの人が「斗」という単位で量を示している。一斗以下（八四）、一斗（二三二）、一斗五升（九）、二斗（二六二）、二斗五升（一）、三斗（七一）、四斗（五七）、四斗以上（五三）ということから、一斗と二斗の使用量が突出して多い。この中間の一斗五升が少ないのは、少し意外であった。おそらく一斗、二斗、三斗といった伝統的な単位が継承されているのであろう。県内全体の家庭では、一年間につくる平均量は二斗前後と読み取れる。

家族構成はつくる量とそれほど関連はないようで、つくる量が異なっても五～七人が多

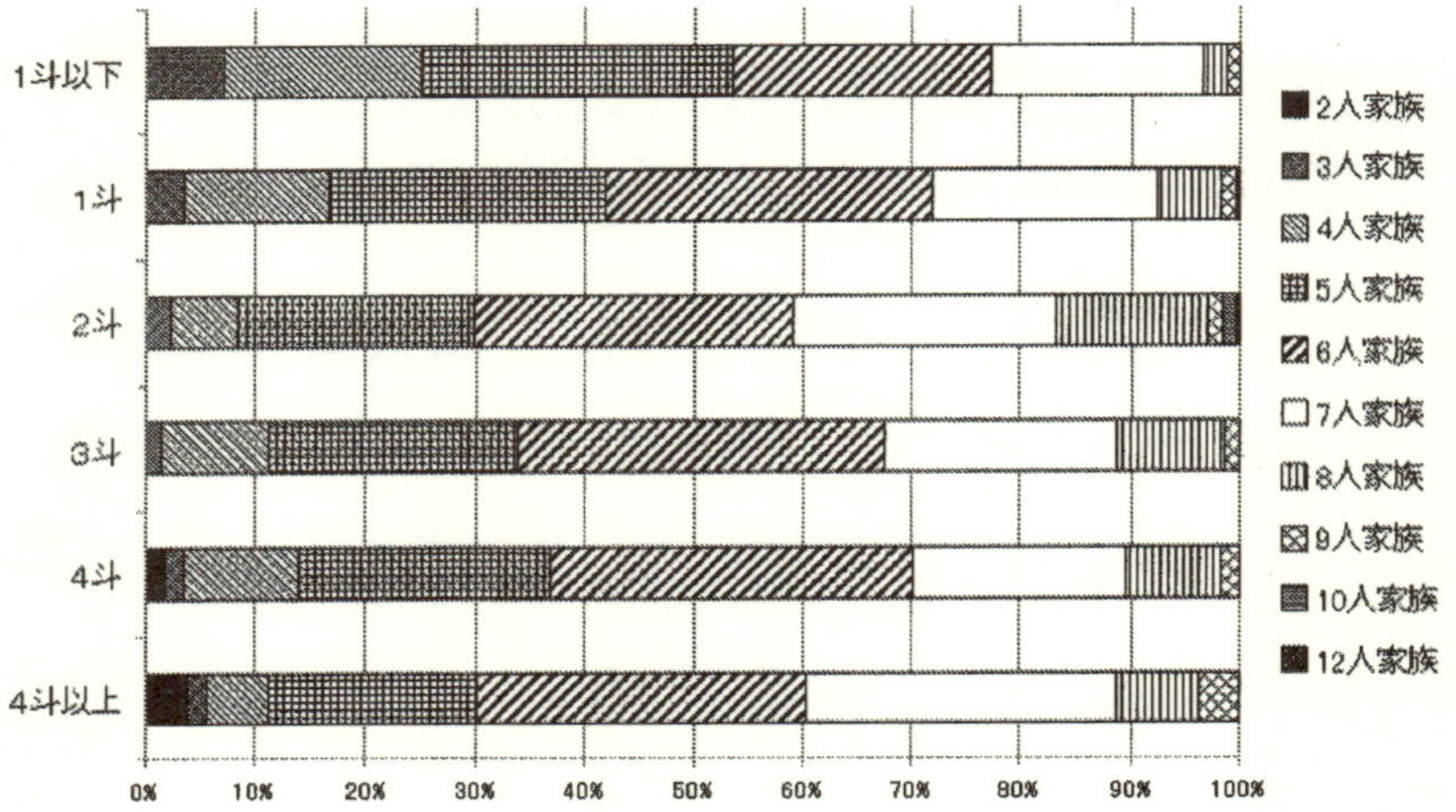

図1－2－2　福島県における1年間に作る味噌の量（平成18年）

い。家族六人で毎日味噌汁を朝食に食すと、一年間に二五kg程度味噌を消費する。味噌の比重を一・二で換算すると、二斗は四三kg程度であるから、六人の家族で二斗の味噌をつくると、味噌汁による味噌の消費量は六割近くになる。仮に夜もすべて味噌汁を食すと、味噌汁だけで年間二斗以上の味噌が必要となる。日本型食生活を主体とする家庭では、六人で年間少なくとも二斗程度の味噌を消費する。このことから、六人家族で味噌をつくる量が一斗の場合は、毎朝かかさず家族全員の味噌汁をつくるという習慣は継承されていない。

四斗以上つくる家庭は、家庭内の消費だけでなく、親類等に分けていることは間違いない。都会に生活する親類に昔ながらの味噌を送ることは、絆の証とも読み取れる。こうした行為の集積が、盆暮れの帰省につながっていく。

図一－二を見る限り、味噌をつくる量に地域差はないように感じる。福島県全体では、自家製味噌の使用量が地域を問わず年々減少している。明らかに日本型食生活が崩れている。給食にパンを食べた戦後生まれの世代が六〇才になっているのだから、食生活のグローバル化がパンを中心に展開するのは致し方

ないのかもしれない。この食のグローバル化もマクロ的に見れば、欧米では日本食がヘルシーということで人気が高まっており、日本人の意識とやや逆行している。一五年以上前に福島県の農家を調査した際、味噌づくりをしている方が「中学校や高校に行っている孫は、パンばかり食べて私のつくった味噌を食べない」と嘆いておられたことを思い出す。その後地方の小都市にもコンビニエンスストアやハンバーガー等のチェーン店が急増したことから、中学生や高校生が何を食べたいと思っているかは察しがつく。

二．三．二．味噌づくりの季節

味噌づくりは、地域によって季節にやや差がある。しかし、一定の期間内に行うことが多かった。福島県の市町村史では、味噌づくりの季節について次のような記載がある。

○正月前から三月（『国見町史』、『いわき市史』）
○春先、春（『桑折町史』、『白沢村史』、『天栄村史』、『会津若松市史』、『会津板下町史』、『西会津地方の民俗』）
○やまぶきの咲く頃（『大越町史』、『川内村史』、『鹿島町史』、『富岡町史』、『長沼町史』、『飯舘村史』、『平田村史』、『相馬市史』、『滝根町史』、『広野町史』、『梁川町史』）
○三月～四月（『会津高郷村史』、『西会津町史』、『猪苗代町史』、『原町市史』、『双葉町史』、『塙町史』）
○三月～五月、六月（『小野町史』）
○四～五月（『福島市史』、『浅川町史』、『鏡石町史』、『本宮町史』、『三春町史』）
○種まき前～五月半ば（『新地町史』）
○五月（『南郷村史』、『湯川村史』、『北塩原の民俗』、『矢祭町史』）

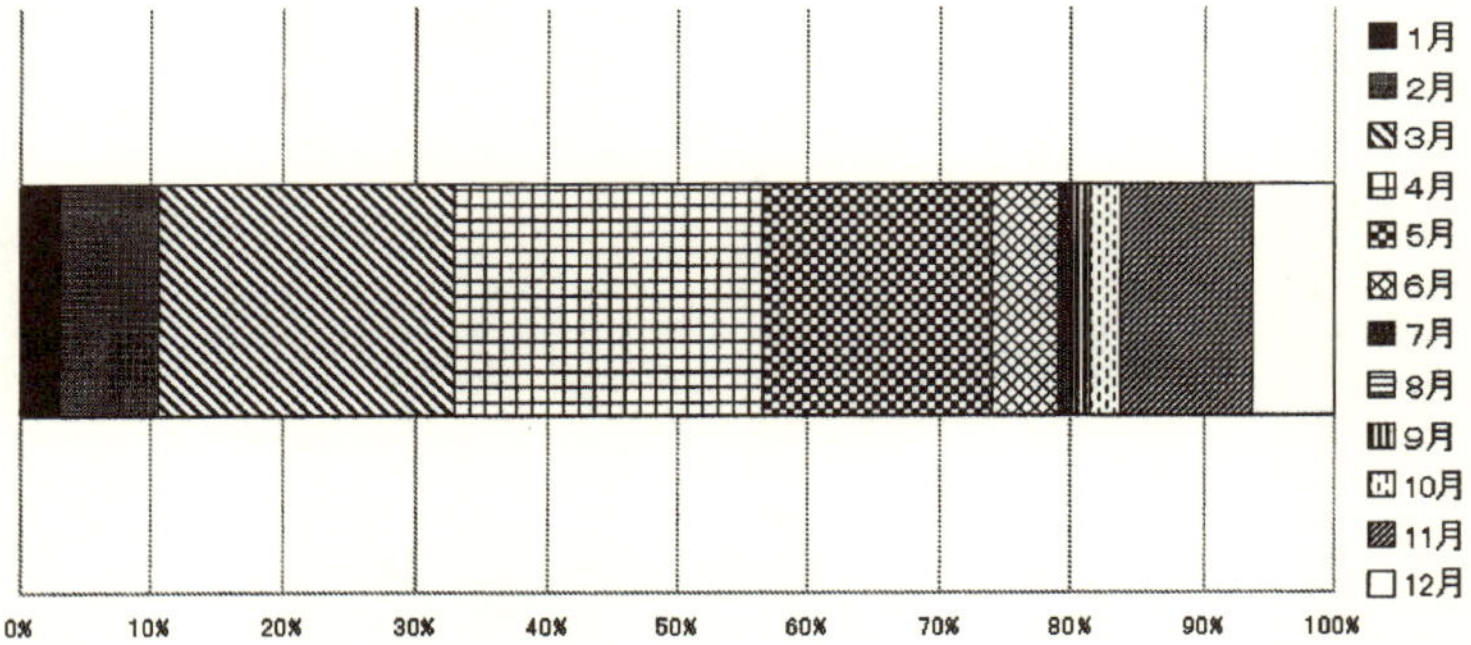

図１－３　福島県における味噌の仕込み時期（平成18年）

○五月〜六月（『大信村史』）
○春、秋（『喜多方市史』、『柳津町誌』、『白河市史』）
○一一月（『山都町史』）

福島県全体としては、五月までに味噌づくりを行う地域が多い。ところが、市町村史の記述には、かなり時代にばらつきがある。味噌玉をつくっていた時代は、冬期間にまず味噌玉を最初につくり、彼岸過ぎに味噌合わせをするという地域が多かった。味噌玉をつくらない時代になると、春先から五月までに味噌合わせをする地域が多くなる。つまり戦前期と戦後は、味噌づくりの時期が微妙にずれている。市町村史に多く見られる「やまぶきの咲く頃」といった表現も、味噌合わせを行う時期だけを示している場合もあり、戦前の習慣に関する記述であるならば、味噌玉をつくる時期は一〜二ヶ月遡らなければならない。

会津地方の一部と白河市は、晩秋に味噌づくりを行う習慣が見られる。この晩秋という時期は、西日本と共通性がある。おそらく、大豆の収穫期と関連した味噌づくりと推察する。

話をアンケート結果に戻すと、現在の福島県における味噌づくりの時期は、図一－三に示したように、三月から五月に仕込む家庭が圧倒的に多い。戦前期から戦後間もない時期に行われた味噌づくりの習慣が、現在も

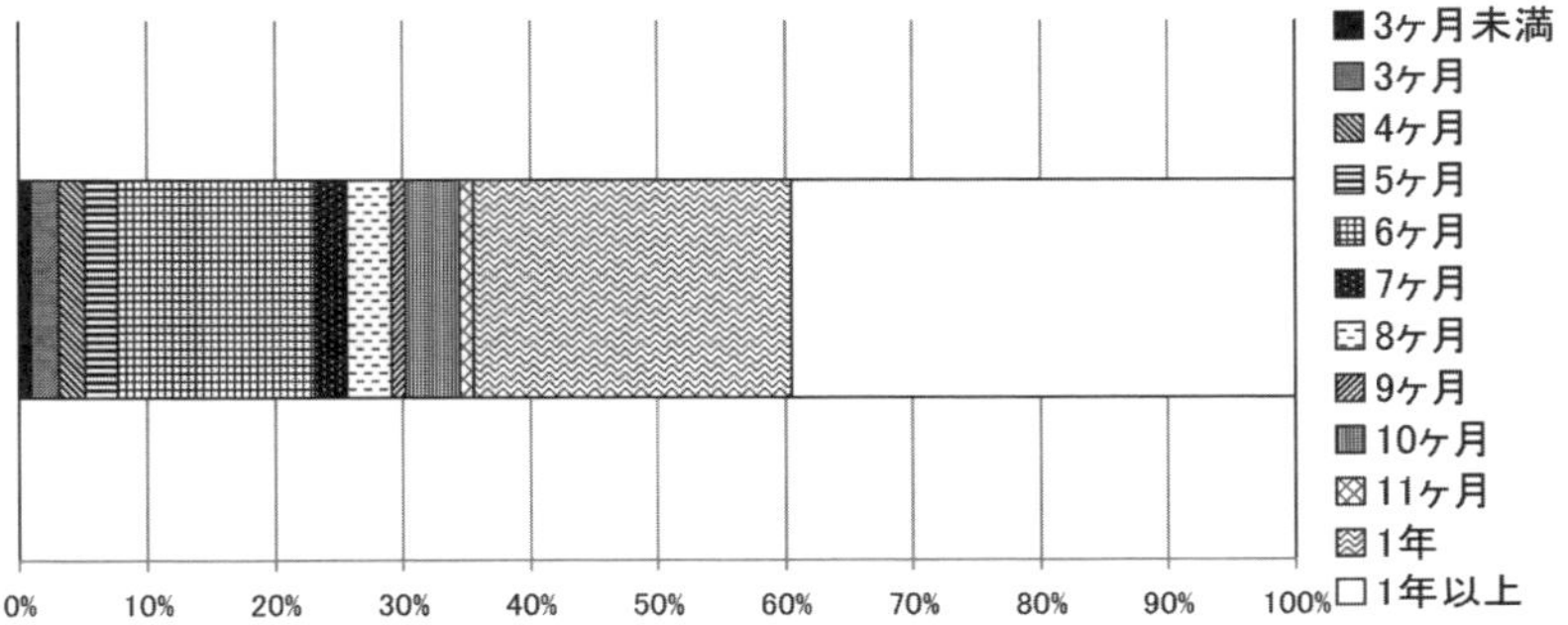

図1－4　福島県における味噌の熟成期間（平成18年）

広域で継承されている。一一月に味噌づくりを行う地域は、会津地方がやや多い。No.一八の調査地は、会津地方に接する郡山市の農村地域で、四六％の家庭が一一月に味噌づくりを行っている。

七月、八月といった夏季に、少数の家庭で味噌づくりを行っている。味噌がなくなれば何時でもつくるといった風潮は、今後徐々に増えていくように感じる。

二．三．三．味噌の熟成期間

三年味噌が美味しいという伝承は、米味噌文化圏で広く認められ、戦後間もない時期までは福島県でも一般的な価値観として継承されていた。三年味噌とは、二夏熟成させた味噌のことで、最低二年以上熟成期間が必要となる。図一－四は、アンケートにおける熟成期間の回答をまとめたもので、現在でも一年以上熟成させることが自家製味噌の主流になっている。一年、または一年以上熟成してから自家製味噌を使用する家庭が六四％を占める。その中には、三年味噌も一〇％程度は含まれていることから、味噌の熟成期間に関しては、伝統的な方法が未だに根強く継承されているといえる。

図一－四からは、六ヶ月と一年という二つの期間に熟成のピークがある

と読み取れる。三年味噌の美味しさとは別に、味噌は半年熟成させれば食べられるという伝承も戦前期からある。この場合の伝承は、貧しい生活者という何か後ろめたい印象を与えていた。現在の六ヶ月の熟成は、過去の伝承とは少し異なり、長期熟成の嗜好に対し、短期熟成の嗜好が徐々に増していると捉えるべきであろう。熟成期間に関しては、和歌山県の熟鮨(なれずし)でも、長期熟成と短期熟成に嗜好が分かれる。おそらく戦前期は長期熟成が主流で、短期熟成は後から増えたのであろう。戦後は、蒸留酒を除く多くの食品が、短期熟成の嗜好に移行している。

福島県においても、自家製味噌の熟成期間は、徐々に短くなる可能性を孕んでいる。三月から五月にかけて味噌を仕込み、味噌の熟成作用が低下する一一月あたりから食べ始めるというスタイルは、現代の嗜好を反映させた方法であるといえよう。

二．三．四．味噌桶の使用率と置き場

表一―一に味噌桶の使用率を示したが、平成三年度のアンケート結果と、置き場の実態を加えたのが表一―二である。この表で見る限り、味噌桶の使用率は現在も一〇％程度あるようだ。しかし、実際に使用しているかどうかは確認しないと判断できない。フィールド調査では、使用されていない味噌桶が数多く見られた。大切にされていた味噌桶だから、捨てないで置いている家庭もあり、稼働している味噌桶は五～七％程度であろう。

木製の桶を使わなくなった理由は、自由回答に下記のような内容が記述されていた。

①桶を修理する人、つくる人がいなくなった。(一一)
②修理代が高い。(一)
③味噌のつくる量が減った。(一四)

表１－２　福島県における味噌桶の使用と置き場

	平成３年度	平成18年度						
No.	味噌桶の使用	味噌桶の使用	味噌蔵	蔵の一部	味噌部屋	物置の一部	ガレージ	住居内
1	44名（27.0%）	11名（ 5.3%）	1名	5名	3名	18名	1名	2名
2	26名（13.8%）	6名（ 3.3%）	3名	1名	1名	14名	0名	2名
3	10名（13.7%）	13名（ 6.1%）	5名	4名	2名	22名	0名	0名
4	33名（ 9.7%）	5名（ 4.9%）	1名	4名	2名	2名	0名	0名
5	200名（39.8%）	6名（12.0%）	0名	3名	2名	6名	0名	0名
6	―――――	6名（ 6.4%）	2名	3名	3名	0名	0名	0名
7	―――――	39名（28.5%）	17名	10名	7名	26名	0名	1名
8	―――――	38名（24.2%）	14名	6名	7名	26名	3名	2名
9	40名（29.6%）	4名（ 1.0%）	1名	2名	1名	7名	0名	1名
10	76名（27.7%）	12名（11.9%）	3名	2名	2名	9名	0名	0名
11	44名（22.2%）	10名（ 9.6%）	0名	0名	3名	15名	0名	1名
12	60名（10.2%）	3名（ 1.5%）	0名	0名	1名	2名	1名	1名
13	9名（ 2.0%）	0名（ 0%）	0名	0名	0名	0名	0名	1名
14	43名（58.1%）	10名（21.7%）	2名	0名	3名	18名	0名	1名
15	174名（41.1%）	19名（24.7%）	10名	3名	1名	15名	0名	2名
16	339名（24.7%）	36名（ 6.4%）	8名	8名	5名	47名	0名	5名
17	―――――	35名（14.3%）	11名	4名	11名	20名	3名	3名
18	44名（77.2%）	14名（28.6%）	2名	8名	5名	9名	1名	3名
19	7名（29.2%）	6名（18.8%）	1名	0名	3名	6名	0名	1名
20	84名（26.1%）	13名（17.3%）	4名	3名	3名	8名	0名	0名
21	186名（26.6%）	21名（10.9%）	4名	2名	9名	14名	2名	2名
22	27名（43.7%）	11名（15.7%）	3名	1名	2名	7名	0名	1名
23	27名（38.6%）	12名（11.3%）	5名	7名	5名	15名	0名	1名
24	172名（27.4%）	17名（16.8%）	0名	11名	4名	15名	0名	3名
25	131名（43.0%）	12名（ 8.2%）	1名	23名	5名	10名	2名	2名
26	―――――	4名（ 5.6%）	0名	2名	4名	12名	1名	3名
27	44名（55.7%）	14名（25.0%）	1名	9名	1名	10名	0名	4名
28	31名（50.8%）	12名（21.1%）	1名	13名	1名	6名	2名	0名
29	51名（65.4%）	10名（34.5%）	1名	9名	0名	5名	0名	1名
30	124名（56.6%）	39名（32.0%）	11名	19名	4名	13名	2名	1名
31	46名（29.7%）	19名（16.4%）	3名	9名	2名	9名	0名	1名
32	8名（33.3%）	8名（16.0%）	0名	5名	2名	8名	1名	1名
33	3名（23.0%）	1名（ 5.3%）	0名	1名	0名	0名	0名	0名
計	2083名（27.9%）	466名（10.4%）	115名	177名	104名	394名	19名	46名

④家族が少なくなり、桶が大きすぎるから。（三一）
⑤桶が深すぎる。（一）
⑥桶が古くなって壊れた。（四四）
⑦重く、漏れやすい。保管、メンテナンス、移動が大変。（二五）
⑧耐久性がない。（一）
⑨置き場所がなくなったため。（一一）
⑩実家から独立した。（三）
⑪時代の流れで新しい材質の容器に変える。（七）
⑫桶の臭いが気になる。（六）
⑬カビが生えるから。（四）
⑭衛生的でない。（二）
⑮古い味噌を食べなくなった。（一）
⑯委託味噌にしたため。（三）
⑰公民館で講習を受けた時から。（一）

自家製味噌をつくらなくなった理由と同様に、味噌桶の使用をやめた理由も、上記の内容が複合して生じたことが多いようだ。最も多い⑥と、①、②、⑦、⑧、⑪は連動している内容である。桶業が昭和三〇年代から年々減少するのは、使用者からの修理依頼や新しい桶の注文がないからで、古くなったら新しい桶を注文すればよいだけのことである。そうしなかったのは、桶が古くなって壊れたことを契機に使用をやめているわけで、新しい桶を注文してはいない。味噌を仕込むことは誰でも経験を積めばできるが、味噌桶は専門の桶業しかつくることができない。結果的にプラスチック容器に席巻されるのだが、高齢者のいる家庭では味噌桶に対する愛着があるため、古い味噌桶が現在も使用されている。

⑤の家族が少なくなり、桶が大きすぎるという理由は、先の古くなって壊れたとは異なった意味を感じる。③も④と似たような理由であり、桶が大きくて使いづらいということに集約される。四斗以上の容量を持つ桶は、現代の味噌づくりには大きすぎる。桶業に関するフィールド調査によると、昭和四〇年代から五〇年代にかけては、味噌桶の注文が多数あった。この注文の目的は、以前から使用している古い桶が大きいため、二斗前後の容量の桶に転換することを前提としている。農村でも家族が少なくなり、味噌の消費量も減ってしまったのである。

昭和五〇年代以降は、桶業に注文をする人も少なくなり、福島県の桶業は現在職業別電話帳に一七の記載しかない。この一七軒の桶業も、実態としては一〇軒以下しか稼働していない。そして後継者は見当たらない。このままだとあと一〇年すれば桶業は途絶えてしまう。桶業が途絶えれば、当然古い桶を修理する人がいなくなり、味噌桶の使用も途絶えてしまう。桶・樽業ほど著しく減少した職業はない。福島県の戦前期における組合加盟者の数から推測すると、県内に一〇〇〇名以上の職人がいたことになる。極端な言い方をすれば、村には必ず桶を修理できる職人がいた。昭和五〇年代の郡山市では、旧市街地に五軒の桶業が稼働していたが、現在は一軒だけとなった。味噌桶の継承は危機的な状況にある。

表一―二の置き場は、プラスチック容器等も含めた容器の置き場であり、味噌桶に限ったものではない。全体としては物置が四六％と半数近くを占める。次に蔵の一部を使用、味噌蔵、味噌部屋という順で続く。予想以上に蔵の使用が多い。蔵を簡単に壊すことはないようで、現在も蔵は農村部のステータスシンボルとなっている。

住居内に容器を置くことは、臭いの問題が解決できないためか、少数である。置き場の問題は、都市生活者にとっては避けて通れない検討課題となっている。

三．自家製味噌の復活は可能なのか

最近何回かアメリカのニューヨークに仕事で行く機会があり、毎日外食をした。とにかくカロリーの高い料理を出す店が多い。当然肥満に悩む人も多くなるわけで、街を歩いていても男女を問わず肥満体の人をよく見かける。その肥満の程度も日本人とは大きな差があり、男性では体重が一二〇〜一三〇kgの人がたくさんいる。このような体型の人は、肥満を解消しない限り身体の諸機能に負担が大きくなる。日本人の平均寿命が高いのは、医療機関の発達と共に、戦前の食生活をある程度踏襲して、カロリーの高い料理を控えている高齢者が多いからだと思う。適度な味噌の摂取もその対応の一つということになろう。外食産業の増加も含め、日本人の食生活はアメリカ社会の影響を強く受け、若年層はうま味成分が強くてスパイシーな食物に慣れきっている。親が料理をつくる、そして家族全員で食事をする、こうした当たり前の生活様式が高度経済成長期以降崩れてきた。共食は食育の中核に位置づけられなければならない。

味噌をつくっている家庭は、祖父母と同居する家族構成が多い。おばあちゃんは、味噌づくりを継承する大切な役割を担っている。アンケートの自由回答欄に「昭和のばあちゃんは味噌をつくりましたが、平成のばあちゃんは味噌をつくりません」という記述があった。高齢者が味噌づくりをやめてしまうと、家庭での継承は難しくなる。

アンケート結果を見る限り、味噌をつくっていないが、つくりたいと思っている家庭は意外に多い。ところが現実の生活では、つくるという行為になかなか発展しない。先の家庭での継承と共に、この行動へ発展しないことが、自家製味噌復活の課題となる。この課題はどうも味噌に限ったものではなさそうで、まな板の表面を削る、包丁を研ぐといった行為も似たような理由で殆ど継承されてない。

食育は、やはり教育の場を活用するしかない。親と子の味噌づくり教室を、地域の学校が春休みに行うといった企画は難しいのだろうか。講師は地域の達人が奉仕で担当すればよいわけで、喜んで引き受けていただける方は必ずいる。都市部で講師が地域にいなければ、農家のばあちゃんに声を掛けるとよい。手前味噌の講釈は多少我慢しなければならないが、すぐに駆けつけてくれるはずである。農家と味噌づくりに使用する大豆、米、麦を契約すれば、おそらく講師の依頼は瞬時に成立する。この企画は、あくまで味噌づくりが多少地域で継承されているか、そうした地域が近郊にあることが前提となる。仮にまったくない場合は、食物に関連する学科を持つ大学が主催するという方法もある。東京農業大学では、味噌づくり教室が開催されている。他の大学でも既に実践されているかもしれないが、大学が公開講座の一環として取り組むことは可能である。

味噌づくりの労力を嫌う人達が意外に多い。味噌づくりをやめた人達に共通するのは、過去の労力を必要とした味噌づくり体験が、苦労の多い印象を与えていることだ。最近流行っている言葉を使えば、労力に対するトラウマが作用しているのかもしれない。この解決は内発的には不可能に近い。嫌のことを好きになることは無理である。こうした人達が味噌づくりを復活するには、何等かの強い刺激による価値観の転換が必須となる。新たな価値観は、伝統的な農村文化からではなく、都市部の生活者から創出されると考える。近年は、都市部で自家製味噌を新たにつくる人が少数いる。この少数の人が、どの程度増加するかが、今後の自家製味噌の復活を左右する大きな力となる。その具体的な検討は六章で行う。

（石村眞一）

注

（1）広野町史編さん委員会：広野町史、広野町、六一頁、一九九一年

（2）石村眞一：味噌と味噌桶Ⅰ－福島県の使用状況を通して－、生活学一九九二、日本生活学会、ドメス出版、一九一－二二四頁、一九九二年

（3）石村眞一：自家製味噌と生活 －福島県の実態を通して、生活学第二五冊 食の一〇〇年、日本生活学会、ドメス出版、七一－九三頁、二〇〇一年

二章　日本人の食生活と味噌づくり

一．はじめに

味噌をつくるには、味噌づくりの歴史的な変遷を理解することも必要である。単にレシピを見ながら買ってきた麹と、煮た大豆をつぶして塩を入れ、混ぜ合わせて保存するだけで十分というのであれば、わざわざ味噌の歴史を学ぶ必要はないかもしれない。しかしながら、そうした簡単な味噌づくりでは、文化的な広がりは期待できない。手前味噌という言葉には、自分の味噌にはそれなりの工夫があり、味噌に関する知識を広く身につけているという自負があるように感じる。味噌づくりの歴史と、他地域の実態を知ることは、結果的に手前味噌の質を高めることにつながっていく。

現在見られる日本人の食生活は、江戸時代後期におおむね確立したというのが、一般的な見解である。確かに、庶民の食生活という点では、安土桃山期から江戸時代の中後期にかけて京坂の先進的な食文化が全国に拡散し、地域の伝統的食文化と接合しながら現在の食文化の基礎が形成されたことは間違いない。本章では、そうした食文化の形成過程を踏まえ、中世から江戸時代後期の文献史料を通して、日本における食文化の形成と味噌づくりの関連性を考える。

江戸の食文化が独自性を持つようになるのは、早くとも一七世紀後半であろう。一七世紀中葉までは、京坂の影響が江戸でも強く、食の豊かさでは京の文化にかなわなかった。この京の食文化が、中世ではどのように展開していたかを探ることは、味噌づくりの源流を知る手掛かりともなる。本章では、まず最初に、京の公家である山科家が遺した『山科《やましな》家《け》礼《らい》記《き》』[1]を事例とし、特権階級の豊かな食文化の実態を紹介する。『山科家礼記』は、一四一二（応永一九）年から一四九二（明応元）年までの記録であり、室町期の生活が詳細に綴られている。中世の生活実態を記した史料は、他に『教王護国寺文書』『北野社家日記』も挙げられるが、食文化については『山科家礼記』が最も具体的な記述が多いように思える。

具体的な味噌づくりに関する文献は江戸期以前には見当たらない。江戸時代も一七世紀末になると味噌づくりにかかわる文献が登場する。『本朝食鑑《ほんちょうしょっかん》』『和漢三才図会《わかんさんさいずえ》』『料理調法集』を事例として挙げ、一七世紀末から一九世紀前半における味噌づくりの展開を探り、現代の味噌づくりと比較する。

二、『山科家礼記』に記述された食材と容器

（　）の中は記述の回数を示す。現在日常に使用されない用語に関しては、『日本国語大辞典』[2]の解説を参考にした。

現存する『山科家礼記』の記述が開始される一四一二（応永一九）年から一四九一（延徳三）年までの記述の中に見られる食物関連内容を、理解できる範囲ですべて摘出し、次のように内容ごとにまとめた[3]。

■穀物に関する記述（計三五六）

○「米」（二二五）、「新米」（一三）、「白米」（一二）、「飯米」（六）、「古米」（二）、「くろ米」（一）、「墨米」（一）、「もちいの米」（一）、「うるの米」（一）、「さけのこめ」（一）、「あかいゝのこめ」（一）

○「麦」（一二）、「小麦」（一三）、「麦粉」（五）、「夏麦」（一）、「うとんのこ」（一）

○「まめ」（二七）、「大豆」（一七）、「小豆」（七）、「せつふんまめ」（一）、「まめうち」（一）

○「きひ」（一）

○「そは」（五）、「そはのこ」（一）

米に関する記述が多数を占めるのは、食生活の基盤が米にあると同時に、山科家の年貢に関する記述が混在しているからであろう。餅米の記述は殆どなく、餅の記述数と比例していない。山科家では、餅を商売人から買ったという記述は認められないが、「あめちまき公事」という記述もあることから、すべて自家製とは限らない。「さけのこめ」という記述が一例あり、自家醸造が存在した可能性も否定できない。

麦については、小麦以外に具体的な名称が記述されていない。大麦はすべて「麦」の表記で示されていたのだろうか。

豆の記述では、大豆が最も多く、大豆が既に食生活と深くかかわっていたことがうかがえる。このことから、味噌は大豆の一つの活用方法という見方もできる。

■野菜に関する記述（計二七二）

○「菜」（一六）、「若菜」（一〇）、「くゝたち」（五）、「せり」（二）、「はくさいな」（一）、「大かふらな」（一）、「くさひら」（一）、「ひゆ」（一）

○「わらひ」（一四）、「いものくき」（四）、「くき」（二）、「土筆」（二）、「ふきのたう」（二）、「ふき」（一）、「うと」（二）、「いもから」（一）

○「わさひ」（一八）

○「なすひ」（一四）

○「大根」（一二）、「かふ」（一）、「大かぶら」（一）

○「ねふか」（九）、「ニンニク」（四）、「うすしろ」（二）、「ひるのね」（一）、「ねき」（一）

○「くわい」(一)
○「いも」(八)、「山のいも」(五)、「唐芋」(四)、「いもかしら」(三)、「きぬかつき」(一)
○「こほう」(四)
○「さゝけ」(一八)、「ゑたまめ」(三)、「ゑんどう」(一)、「ソリまめ」(一)
○「うり」(二九)、「しろうり」(五)、「かううり」(五)、「かもうり」(三)、「唐うり」(二)、「丹波うり」(二)、「からすうり」(一)、「ほとけうり」(一)、「あおうり」(一)
○「はすのは」(二)、「れんくわん」(二)
○「まこも」(一)
○「竹子」(三〇)、「ちまきのさゝ」(一)
※「くさひら」―(くさびら)は野菜、山菜、きのこ類のことで、特定化できない。
※「くゝたち」―(くきたち)スズナやアブラナ等の野菜。
※「ひゆ」―インド原産で、古くから栽培されている蔬菜。
※「きぬかつき」(きぬかずき)―里芋のことであろう。
※「まこも」―イネ科の多年草。幼苗を食用とすることから、ここに加えた。
野菜の種類は予測された程度のもので、特に種類が多いというわけでもない。

「うり」が多く食され、種類も多い。食用としての「ニンニク」が、一五世紀後半以前に遡ることが注目される。一四八〇(文明一二)年八月の記述に「ニンニク」が「五シン」(にら・にんにく・ひともし・ひる・あさつき)、「十こく」(大むき・小むき・米・まめ・あつき・しほ・さゝけ・ひへ・あわ・にんにく)に含まれていることから、さらに遡って一五世紀以前から食されていた可能性が高い。

「竹子」もよく食されているが、現在一般的に食する孟宗竹《もうそうちく》ではない。孟宗竹は一七世紀に中国から沖縄を経由して薩摩に伝来したことから、マダケかそれ以外の竹である。京の上流社会では、貨幣経済が早くから進行していたためか、山科家では「ちまきのさゝ」まで購入している。

野菜類は現在食している物も少なくない。特筆されるのは、「にんにく」「ひゆ」に代表される中央アジアやインド原産の野菜が、食生活に定着している点である。おそらく中国や朝鮮半島を経由して持ち込まれたのであろうが、伝播した時期を特定化することは難しい。

■茸類に関する記述（計二四）

○「松茸」（一三）、「しいたけ」（四）、「平茸」（三）、「木くらけ」（二）、「はつ　たけ」（一）、「なめすゝき」（一）

※「なめすゝき」エノキタケの別名。

きのこ類では「松茸」に人気があり、既に専門の商売人がいる。「椎茸」が次に多く、現在の嗜好と大差ない。

■果物、木の実に関する記述（計二九七）

○「栗」（一六五）、「白栗」（一）、「ひら栗」（一）

○「梅」（四）、「大梅」（一）、「青梅」（二）

○「山椒」（一五）、「くるミ」（三）、「くこ」（一）、「かや」（一）、「なつめ」（一）、「柏」（一）

○「枇杷」（一〇）、「桃」（六）、「やまもゝ」（五）、「いわなし」（五）「スモゝ」（一）

○「柿」(二九)、「大かき」(一)、「しゆくし」(四)、「しふかき」(四)、「ハンシクシ」(一)、「大しゆくし」(一)
○「橀柑」(一八)、「柑子」(一〇)、「柚」(四)、「きんかん」(一)、「きこく」(一)
※「かや」―カヤの実を指すと読みとったので加えた。
※「柏」―通常は葉を利用するが、ここに加えた。
※「いわなし」―ツツジ科の常緑低木。果実を食用とする。
※「きこく」―カラタチの実をさす。
「栗」の記述が圧倒的多数を占める。この多さは、保存性が高く、年間を通して食されている。山科家には、荘園から「栗」を年貢として納めている。すなわち、大量の「栗」に関する記述は、食料だけでなく、山科家独自の年貢としても取り扱われているのであろう。果物では「柿」が最も多く食されている。「いわなし」の記述がやや多いのも興味深い。

■水産物に関する記述（計四七九）
◎海魚類（二三一）
○「たい」(六九)、「たこ」(四六)、「さけ」(一八)、「はむ」(一六)、「こたい」(一四)、「うを」(九)、「ゑひ」(八)、「かつを」(八)、「たら」(七)、「すゝき」(五)、「いか」(四)、「なまこ」(四)、「いわし」(四)、「さはら」(三)、「ふり」(二)、「くもたこ」(二)、「ゑそ」(二)、「くらけ」(二)、「大たい」(二)、「大タコ」(一)、「いとひき」(一)、「たいのかしら」(一)、「さより」(一)、「さは」(一)、「めち」(一)
※「いとひき」―イトヒキアジと判断した。

◎川魚類（八八）

○「こい」（三八）、「ふな」（二八）、「あゆ」（一〇）、「鰍」（四）、「なまつ」（三）、「氷魚」（二）、「かわうを」（一）、「小アイ」（一）、「小ふな」（一）

※「氷魚」（ひお）－白魚に似た小さな淡水魚

◎蟹《かに》類（五）

○「かさめ」（五）

※「かさめ」－ワタリガニのこと。

◎貝類（三六）

○「はまくり」（一六）、「あはひ」（八）、「あかゝい」（四）、「あこや」（三）、「にし」（三）、「水貝」（一）、「サゝイ」（一）

◎海草類（一一九）

○「こふ」（九九）、「あをのり」（七）、「海松《みる》」（三）、「あらめ」（二）、「のり」（三）、「もつく」（三）、「雲州のり」（一）、「かいさう」（一）

海水魚では「鯛」、淡水魚では「鯉」の記述が多い。記述数と魚の価値とが比例しているとは限らないが、「鯛」は干物も多数記述されていることから、進物用には高い評価を得ていたことは事実である。「鯉」に関しては、中世より包丁儀式に使用されており、近世以前は「鯛」より価値が高かったという指摘もある。「鯉」は活魚として評価されていた面もあり、「鮒《ふな》」や「鮎」も含め、琵琶湖に近く内陸部に位置する京では、淡水魚が比較的多く食されている。

海水魚では「はむ」（はも）の記述が一六例ある。夏に「はも」を食べる習慣は今日まで京坂のご馳走として継承されている。

やや意外なのは「たこ」の記述が「鯛」に次いで多いことである。「たこ」は近世の調理場面で多く見られ、江戸においてもよく食されているが、そうした習慣は室町期以前に遡ることになる。同様に「なまこ」を食するという習慣も室町期以前に遡る。

蟹類は「かさめ」しか示されていない。今日人気のあるタラバガニやズワイガニは深海に生息するため、捕獲されるようになるのは明治時代以降である。現在見られるカニ料理の多くは近代以降の食文化ということになる。

海草類では「こふ」（こぶ）の使用が圧倒的に多い。産地は当然日本の北部であるから、京には遠方から運ばれたことになる。室町時代は現在よりやや南部でも採れたらしい。

水産物に関しては、総じて種類が多く、現代の食生活と比較しても極めて豊かであったといえる。

■鳥・獣に関する記述（計七七）

◎鳥類

○「鳥」（二七）、「水鳥」（一五）、「鴨」（一二）、「つくみ」（五）、「かいつふり」（四）、「鶉」（四）、「めち鳥」（二）、「ヒシクイ」（二）、「とりの子」（一）、「雁」（一）、「きし」（一）

※「めち鳥」－意味不明

◎獣類

○「うさき」（三）

鳥・獣類を食するのは冬場に集中している。鳥類の種類は多くなく、絵画資料に見られる「きじ」が意外に少ない。単独の記述で「たぬき」を食材としては取り扱っていないが、「たぬきのあらまき」や「狸汁」の記述が多数認められることから、「うさき」の他に「たぬき（アナグマと混同している可能性がある）」もしばしば食されていたことは間違いない。何故か今日食される「イノシシ」「シカ」という記述は見当たらない。

■調理済みの食物に関する記述（計一八一三）

◎食生活の類（三四二）

○「夕飯」（一二七）、「朝飯」（一一七）、「飯」（八六）、「とき」（八）、「書飯」（三）、「朝夕飯」（一）

◎米の調理類（一三九）

○「ゆつけ」（三九）、「こわいゝ」（三三）、「干飯」（二四）、「やき米」（二二）、「赤飯」（一二）、「はすのは飯」（五）、「麦飯」（三）、「いものいゝ」（一）

※「こわいゝ」（強飯）―米を甑に入れて蒸したもの。

◎麦・豆の調理類（八五）

○「むしむき」（一四）、「入麦」（一三）、「ふ」（一）

※「入麦」―（煎麦）のことであろう。『山科家礼記』では、「煎」をすべて「入」と記述しているように見える。

○「納豆」（二二）、「唐納豆」（一八）、「たうふ」（一四）「ゆてまめ」（三）、「入まめ」（一）

※「唐納豆」―納豆の一種で、大豆を蒸した後、煎った小麦粉、塩を加えて発酵させ、長期間乾燥させたもの。味噌に似た風味がある。納豆も含め、元々寺院で製造された。味噌の中国からの伝来を考える上でも重要な食物である。

◎粥《かゆ》・雑炊類（三九）

○「粥」(二四)、「小豆粥」(六)、「白粥」(二)、「そはかゆ」(一)、「ウンソウ」(一)

※「ウンソウ」(うんぞうがゆ) ―一二月に禅寺等で食べる粥の一種

○「ミそうつ」(三)、「ソウスイ」(二)

※「ミそうつ」(みぞうず) ―味噌を加えて煮た雑炊。現在の味噌と同じとは言えないが、雑炊に味噌を入れる習慣があったことは特筆される。

◎麺類（九五）

○「ひやむき」(四二)、「さうめん」(二七)、「うとん」(一九)、「そは」(四)、「きりむき」(三)

※「きりむき」―小麦粉を練り、切って「うどん」より細くしたもの。「ひやむぎ」と同意語の可能性もある。麺類は裁《た》ち切りと手延べの二種類あるが、室町期に裁ち切りの麺があったことは間違いない。「そば」をここでは麺類としたが、この時期に裁ち切りであった可能性はなく、便宜上麺類に入れた。

◎餅類（四五九）

○「もちい」(一二六)、「餅」(九一)、「かゝみ」(五三)、「はなひら」(三八)、「ひし」(二五)、「大はなひら」(二〇)、「栗粉餅」(一二)、「栗餅」(五)、「小かゝみ」(四)、「かゝみ祝」(三)、「かゝみのはなひら」(三)、「かいもちい」(三)、「ミナコ」(三)、「小豆餅」(二)、「大かゝみ」(二)、「小はなひら」(二)、「わりひし」(二)、「小麦餅」(二)、「しろきもちい」(二)、「大かゝみわり」(一)、「あわかゝみ」(一)、「わりもちい」(一)、「白餅」(一)、「柚餅」(一)、「あわもちい」(一)、「よもきもち」(一)、「大こんもち」(一)、「かやもちい」(一)、「あかきもちい」(一)、「ほしもちい」(一)、「キヒタンコ」(一)

※「ミナコ」(皆子餅) ―江戸時代では、婚礼の三日目に婿・舅の両方でともに餅をつかせ、互いに持たせて祝う餅。

※「はなひら」－花弁餅の略

○「ちまき」（四一）、「あめちまき」（七）、「たんこちまき」（一）

◎すし・あらまき類（一三二）

○「あゆのすし」（二四）、「ふなのすし」（一八）、「すし」（一六）、「あめのすし」（五）、「小あいのすし」（一）

※「あめのすし」－「あめ」は琵琶鱒《ます》の異名と解釈した。やまめと解釈することも可能である。

○「あらまき」（四三）、「すしのあらまき」（四）、「タコ荒巻」（三）、「たぬきのあらまき」（三）、「ふなのすしのあらまき」（二）、「鳥のあらまき」（二）、「うめむきのあらまき」（二）、「ナマナリノアラマキ」（一）、「さきのあらまき」（一）、「ますの荒巻」（一）、「うなきのすしのあらまき」（一）、「鯛のあらまき」（一）、「はむのあらまき」（一）、「のしあらまき」（一）

※「うめむきのあらまき」－生梅の果皮、果実をむいて干して荒巻にしたもの。

※「ナマナリノアラマキ」－十分熟れていない（例えばすし）ものを荒巻にしたもの。

※「のしあらまき」－のしあわびを荒巻にしたもの。

◎干物・乾燥食品類（一一九）

○「干鯛」（三三）、「しおひき」（一六）、「干魚」（一三）、「のしあはひ」（一二）、「干鮭」（八）、「いりこ」（四）、「スルメ」（三）、「カラスミ」（二）、「しほた」（一）、「のしたこ」（一）、「あいのしらほし」（一）、「ほしあい」（一）、「ひらき」（一）、「ふしかつほ」（一）、「にほし」（一）

※「しほた」－塩鱈《たら》と解釈した。

○「串柿」（二一）、「大串柿」（一）

◎塩漬け・漬け物類（四〇）

○「うるか」（一八）、「久喜」（七）、「せわた」（五）、「梅ほうし」（三）、「このわた」（三）、「くるくる」（二）、「粕鯛」（二）、「梅ツケ」（一）、

※「久喜」－茎漬けの略と解釈した。

※「くるくる」－くるくる自体は鱈のはらわたであるが、鱈のはらわたを塩漬けにしたものと解釈した。

◎汁類（一八七）

○「汁」（一五三）、「狸汁」（七）、「鮒汁」（四）、「竹子汁」（三）、「鯛汁」（三）、「松茸汁」（二）、「とうふしる」（一）、「精進汁」（一）「しろうお汁」（一）、「わらひしる」（一）、「鮭之汁」（一）、「味曾焼汁」（一）、「鳥汁」（一）、「大かふらしる」（一）、「なまつのしる」（一）、「ふきしる」（一）、「かものしる」（一）、「鷹汁」（一）、「本汁」（一）、「タイスイ物」（一）、「スイ物」（一）

◎その他の調理食品（一七六）

○「かまほこ」（一）

○「いわしかす」（一）

○「こんにやく」（一〇）

○「田楽豆腐」（一八）、「田楽」（七）

○「肴」（五〇）、「さい」（一五）、「かわらけの物」（九）、「かうの物」（七）、「やき物」（三）、「鳥入物」（二）、「おさへ物」（一）、「ひた物」（一）、「けつり物」（一）

※「さい」－副食物の総称。

※「かわらけの物」―大きな土器に盛った酒の肴《さかな》。
※「おさへ物」―作り物の台に盛って出す酒の肴
※「ひた物」―器にいっぱい盛った副食物と解釈した。
※「けつり物」―魚肉などを乾燥させ、削って食するもの。
○「こんきりはむ」（三）、「惣才」（三）、「なます」（二）、「ミそやき」（一）
※「こんきりはむ」―「ごんきり」自体が、小さなハモを丸干しにしたもの。
○「かちくり」（一四）、「ゆて栗」（四）
○「まんちう」（一六）、「あめ」（五）、「かし」（二）

調理済みの食物に関する記述の項目別類型数は次のようになる。

①餅類（四五九）、②食生活の類（三四二）、③汁類（一八七）、④その他の調理食品（一七六）、⑤米の調理類（一三九）、⑥すし・あらまき類（一三二）、⑦干物・乾燥食品類（一一九）、⑧麺類（九五）、⑨麦・豆の調理類（八五）、⑩塩漬け・漬け物類（四〇）、⑪粥・雑炊類（三九）＝（一八一三）

食生活については、昼食を必ずとる習慣はなかったようである。朝飯や夕飯の記述に対して昼飯の記述は極めて少ないことから、普通は一日二食であった可能性が高い。

麺類も訪問客によく振る舞われている。「冷や麦」の記述が多く、次に「素麺《そうめん》」「うどん」の順である。「冷や麦」は酒と併記されることが多く、江戸期以降の蕎麦と酒の取り合わせに似ている感じがする。「きりむき」の「きり」は裁ち切りと解釈した。蕎麦を断ち切りで食するのは江戸期に入ってからであるが、麺類の裁ち切りが室町期から存在したとすれば、どこから伝わった技術なのだろうか。裁ち切りそばを除く今日の麺類が既に存在していたこと自体に驚く。

餅類の記述については、「はなひら餅」や「かゝみ餅」のように、正月という特定の季節を示す記述も見られる。それでも年間を通して餅を来客に振る舞っている。餅類に対して、ちまき類は季節的な食物という印象が強く、端午の節句という時期に集中している。餅は種類も多いが、ちまきは数種類に限られ、季節だけでなく、食物としての性格が違うようだ。餅の記述は、他の調理済み食品に比較して、数の多さが突出している。餅は季節毎の祝い事や接客に欠かすことの出来ない食物として、既に定着していたのであろう。我々が春先に食するよもぎ餅も一例認められ、よもぎが庶民だけでなく、古くから特権階級の食生活にも取り入れられていたことは興味深い。

「すし」は、記述数の割に種類が少ない。魚の種類は「鮎」「鮒」「山女《やまめ》」という淡水魚に限られている。当時の「すし」は魚だけを食す熟すしであろうが、何故淡水魚だけにこだわっているかは不明である。現在和歌山県の熟すしに見られる「鯖」の使用は一例も見られない。「すし」に対して「あらまき」は多種多様である。しかしながら、近年まで多く見られた「鮭のあらまき」が、わずか一例しか認められない。「あらまき」とは、魚、鳥、獣を藁や竹の皮で巻き、苞（つと）にしたものである。つまり食材を運搬したり、贈答に使用するための包装ということになる。但し、食材の種類は魚、鳥、獣といった肉質のものが多い。とにかく「あらまき」の使用が多い。

干物では「干鯛」が最も多く、鯛は生でも干物でも人気があった。「カラスミ」「うるか」「せわた」「このわた」といった、酒の肴として現在も好まれる塩蔵品も見られる。特定の水産物を選び、さらに特定の内臓の部位を選んで塩漬けとする文化の起源は想像以上に古い。

汁類の記述が予想していた以上に多い。「竹子」「松茸」「蕨《わらび》」といった、旬の食材を入れた汁が好まれたのだろう。意外なのは、「狸汁」が多いことである。何故か狸という特定の肉に嗜好が集中している。残念ながら、味噌汁という表記は一例もない。

その他の調理食品では、「肴」の頻度が高い。「肴」は「酒」とセット化されて取り扱われる場合が多い。数としては少ないが、「吸物」とか「香の物」に代表される形式を備えた食事の記載も認められる。例えば、一四八〇（文明一二）年二月の食事に次のような記述がある。

「……先御飯三膳まて、さい十二三・菓子七種、シハシニテ二献在之、次御湯在之、次ムシムキ、次御さかな、五こん七度入、御さか月のたい在之、折三合、おさへ物七、かわらけの物色々、大酒也……」

こうした次々に料理や酒を出して振る舞う食習慣のルーツは判断し難いが、一部の作法や習慣は延々と現代まで継承されている。

「かまほこ」「こんにやく」「たうふ」といった加工食品も生活の場に登場しており、山科家の食生活は、豊かな加工食品をふんだんに使用していたということが理解できる。当然特権階級であることから、食器も多種多様のものを使用し、作法も確立していたことは言うまでもない。

■調味料に関する記述（計四九）

○「味噌」（二七）、「しほ」（一七）、「くろしほ」（三）

○「酢」（二）

調味料の主体は、「味噌」と「しほ」だったようである。但し、当時の「味噌」が近世以降に継承されるタイプと同類と簡単に決めつけることはできない。[4] それでも味噌が料理の味を決める主たる調味料となっていたことは事実で、今日の味噌の使用方法の基礎は、既にこの時代に確立していたと考えて間違いない。

■喫茶に関する記述（計一七九）

○「茶」（一三六）、「一番茶」（七）、「ひきちや」（六）、「古茶」（六）、「二番茶」（五）、「三番茶」（二）、「しんちや」（二）、「宇治新茶」（二）、「かいちや」（二）、「ちやのこ」（一）、「くろやきをちや」（一）、「ちやの木」（一）、「ちやこ」（一）、「宇治茶」（一）、「伊賀茶」（一）

○「水ひしやく」（一）、「茶ひしやく」（一）、「茶器」（一）、「茶せん」（一）、「茶ツホ」（一）

茶に関する記述が多数ある。茶は進物品としても珍重され、年間を通して記述が見られる。春の茶摘み時期の記述が多く、「一番茶」「二番茶」といった表現が見られる。

■酒類に関する記述（計一六〇三）

○「酒」（一〇六二）、「白酒」（一）、「祭酒」（一）、「吉酒」（一）、「奈良酒」（二）、「ニコリ酒」（一）

○「棰《たる》」（一八五）、「棰一荷」（三一）、「大津棰」（二五）、「大津棰一荷」（四）、「小棰」（二）、「両種棰」（二）、「両種一荷」（一）、「しろきたる」（一）、「奈良棰」（一）、「長州棰」（一）、「紀州棰」（一）、「たる色々」（一）

○「桶」（六九）、「柳一桶」（二）、「小桶」（一）、「ヒヤウスノ桶」（一）、「さかおけ」（一）、「柳桶一か」（一）

○「柳一荷」（六八）、「柳二荷」（三）、「柳」（一）、「柳三荷」（一）、「柳たる一」（一）

○「銚子」（一七）、「さかつき」（一七）、「ひしやく」（一）

○「へいし」（四）、「一種一瓶」（一）

○「一献」（三三）、「三献」（一三）、「二献」（六）、「五献」（四）、「盞」（三）、「七献」（二）、

○「けんすい」（六）、「大飲」（三）、「酒宴」（二）

※「榧」－山科家では、樽の字と同じ使い方をしている。

※「柳」－酒または柳酒店の酒と解釈した。

※「けんすい」－三食の他にとる飲食と解釈した。

酒に関する内容は、とにかく膨大な数である。酒は、種類や飲み方だけでなく、貯蔵容器や運搬容器として使用される桶・樽類の使用実態を把握する上でも重要な意味を持つ。記述内容から見る限り、室町中期は、一部の陶製容器を除けば、桶・樽の普及が著しく進展した時期と読みとれる。すなわち、味噌桶としての活用がなされていなくとも、その基盤は既に出来上がっていると読み取れる。

■経済活動に関する記述（計七七）

○「酒屋」（一〇）、「味噌公事」（八）、「味噌屋役」（七）、「味噌屋」（七）、「米うり」（六）、「鳥屋」（四）、「はまくりうり」（四）、「かわらけうり」（三）、「茶屋」（三）、「御年貢米事」（二）、「借米事」（二）、「あめちまき公事」（二）、「小麦事」（二）、「米屋」（二）、「鳥うり」（二）、「しほうり」（二）、「土蔵酒屋役」（一）、「こひくにん」（一）、「栗公事」（一）、「栗供御人」（一）、「唐納豆供御人」（一）、「菓子事」（一）、「鮎事」（一）、「うをうり」（一）、「さうめん屋」（一）、「松茸うり」（一）、「はしかミうり」（一）

※「はしかミうり」－生姜を売る人。

山科家に食物を取り引きする商売人は、既に細分化されていたことが理解できる。その中で、味噌屋は酒屋に次いで多い。味噌が料理の調味料として重宝されていたからこそ、商売人が屋敷に出入りしたのである。また「味噌公事」「味噌屋役」といった仕事に関する内容も多く、味噌は経済活動と深く関連していたことがうかがわれる。

『山科家礼記』に記された食材、調理品は、総じて日本の食文化の豊かさを示しているといえる。特に個々の食材に対して、実に多様な方法が展開されていることに、調理技術の高さを感じさせる。庶民の食文化に関する実態はさておき、特権的な階層では、室町時代中期に日本の食文化の基礎的な部分は、既に完成されていたとすべきである。味噌は味付けの主役となっており、現代のような水分を持っていたという確証はないが、必ずしも固形であったと断定することもできない。

発酵食品に関しては、熟（なれ）すしが多数見られる。当時は麹で魚を発酵させるだけで、飯を魚と共に発酵して食する文化は成立していない。麹と蒸した大豆、塩を合わせて熟成させる味噌づくりは、熟れすしの変化と関連していないのだろうか。こんな疑問もわき出てくるが、現代の味噌づくりが何時から出現したかについては、具体的な論拠を見出すことができない。しかしながら、可能性としては、桶・樽類が広く普及した室町中期まで遡ることはできる。

（石村眞一・石村由美子）

三.『本朝食鑑』に記述された味噌の種類とつくり方

『本朝食鑑』は初版が一六九七（元禄一〇）年に刊行された。著者は江戸を中心に活動した人見必大《ひとみひつだい》である。『本草綱目《ほんぞうこうもく》』の影響は否定できないが、庶民の日常生活に用いる食物を対象としている。その味噌に関する記述は以下の内容である。(5)

穀物之二　造醸類十五

味噌

〔釈名〕高麗醤。揚氏の『漢語抄』。『和名抄』。〇源順（『和名抄』）によれば、「美蘇《みそ》。今按じるに、『弁色立成』の説も同じ。但し本義は未詳である。倶に味醤の二字を用いている。味は末の字に作るべきである。末とは搗末《ついたこな》の意味である。而して末が訛って未となり、さらに未は味と転じたものであろう。蓋し志賀の未醤・飛騨の未醤というものがある。それぞれ生産する所を名としている」とある。人見必大の考えでは、近世では誤り伝えて味噌の字を用いている。その根拠となるところはないけれども、未醤なら意味において相通じる。今は全国で上下ともに味噌の字を用いているので、暫くこれに従って、改正せずにおく。

〔集解〕味噌は、我が国で毎日用いる汁である。黄色大豆を用いて造る。その法は、好い大豆の最も肥大なものを水に一夜浸しておき、取り出して煮熟《よくに》る。その際、豆の粘汁を取り去らないようにする。もし取り去ると、味は美《よ》くならない。粘汁は俗に豆の飴という。惟《ただ》、釜の中で煮乾せばそれでよい。豆を赤黄色に変わるまで煮熟たら、臼に入れ数千杵搗き、泥状にして、これを板上に攤《ひろ》げてざっと乾かす。夏月なら半日、冬月には乾かしてはいけない。別に精白した米麹と好い白塩を拌ぜ、泥状にした豆に揉み合わせ、再び臼に入れてこれも数千搗く。これを木桶に収蔵め、二、三〇日たつと出来上がる。

この方法に上・中・下の三等級があり、大抵《ふつう》麹を多く使うのを上とする。粒の大きい大豆一斗、精白した米麹一斗五・六升あるいは一斗七・八升、白塩二合余を合わせて造るものが上等品である。しかし腐敗し易く、数ヶ月で腐敗しはじめ、一年ももたない。ながらく貯蔵したければ、加える塩を二倍にする。もし腐敗して酸味が出たら、牛房《ごぼう》の根の黒皮を取り去ったものを味噌の中に入れると佳い。然《けれ》ども腐敗の甚だしいものは収蔵できない。中等品は、好い大豆一斗・精白した米麹一斗余・白塩二合余を合わせて造る。これは年を経ても貯蔵ができる。下等品は、精白しない麹であり、合わせる麹の量も少ない。これも年月を経て貯蔵するのに好いものである。大家の厨では悉《ことごと》く上等品を造るが、夏月は一・二ヶ月で、冬月には四・五ヶ月で造醸する。これを新旧相逐《お》うて用いる。中・下等品は、一家の侍僕に用いる。士商の家では、貧富に随《したが》ってそれぞれ応じたものを造り用いる。

玉味噌というものがある。豆を半熟に煮て、庖丁で打ち砕き、麁細《ほぼこま》かにしてから、麹を少なく塩を多くして揉み合わせ、打鞠《けまり》ほどの大きさにまとめて稲草《わら》で包み、その上を縄でしっかりと縛え、簷間《のきば》に繫《か》け、年月を経て用いる。これもやはり下等品である。あるいは、大豆の煮熟たのに麹・塩をまぜ、米糠を合わせて造る法もあるが、これは最下等品である。下等品は、経年の保存がきき、腐敗しない点で好いものである。

白味噌というものがある。白大豆の肥大なのを水に浸し、煮熟《よくに》て、外の薄皮を取り去り、杵で搗いて泥状にしたものを一斗に、精白した米の麹一斗七・八升、白塩二合余を搗き合わせ、桶に充たし、密封しておくと、二〇余日にして出来上がる。味は太《はなは》だ甘いとはいえ、美味ではないし、身体にもよくない。惟《ただ》、新奇なものを愛するというだけのことであり、日を経れば必ず腐敗し易いものである。もしこれを用いるなら、旧《ふる》い味噌と合わせれば佳い。常に塩《あん》梅《ばい》を嗜《たしな》む家では、この調和を巧みにする。しかし当今、官家・後宮では、白味噌だけを用いている。……

上記の後に調理味噌の記述があり、〔気味〕〔主治〕〔発明〕〔附方〕と続く。この内容は疾病と怪我に対する味噌の効用を説いているもので、『本草綱目』の影響を受けたものと考えて間違いない。他に糠味噌の解説があり、元々は食用としていたことが記されている。

『本朝食鑑』は関東の味噌文化を基調としているためか、京坂で好まれる白味噌については、不味くて身体にも悪いと酷評している。元禄期には江戸も独自の文化を徐々に形成していくことから、味噌についても江戸の嗜好が確立していたと推察される。

米麹味噌については、上・中・下の三種類に分け、「上」は大豆一斗、精白した米麹一斗五、六升あるいは一斗七、八升、白塩二合余を合わせてつくるとし、二・三〇日でできあがると解説している。大豆に対して、米麹の歩合（米または麦の重量÷大豆の重量×一〇）が一五以上ということになり、現在の市販される米麹味噌と比較しても、麹の分量がやや多い。よく理解できないのは、塩が二合余しか使用されない点である。仮に二合だと塩分濃度は一パーセント以下、貯蔵用の塩分を二倍にしたものでも、二％弱である。腐敗の心配もなされているが、塩の量に関する記述はよく理解できない。

米麹味噌の「中」は、大豆一斗、精白した米麹一斗余、白塩二合とし、年を経ても貯蔵できるとしている。この配合だと塩分が一％程度にしかならず、長期貯蔵は難しい。「下」の味噌は、精白しない麹を使用し、麹の量も少ないとしている。つまり、旨さのポイントは少量の塩分と麹の多さということになる。

白味噌は大豆の皮を取り去ったもので、煮た大豆一斗、米麹一斗七、八升、白塩二合余の配分としている。つまり、麹の歩合が三〇前後になる極めて麹の多い味噌である。この場合も塩分濃度は一・五％にも満たない。塩の分量に関しては、今後何等かの検証をしない限り、現在の味噌づくりとは乖離《かいり》した割合になっている。

玉味噌は、煮た大豆に麹を少量、塩を多く加えて玉状にし、ワラ包み、縄で結わえて軒下に吊すと解説している。すなわち、乾燥させた状態のものが玉味噌ということになる。現在各地に伝承される味噌玉とは、麹を先に加えるという点で根本的につくり方が異なる。しかしながら、ワラで包むことに着目する必要がある。ワラは麹菌の定着と何等かの関連性があると予測されることから、味噌玉とワラとの関わりを検討する貴重な史料ということになる。

大豆の煮汁のことを飴と記述している。飴という用語は現在も各地で使用されており、その起源は想像以上に古いことがうかがえる。
『本朝食鑑』の刊行された元禄期は、塩分濃度が低く、麹の歩合が多い味噌が高級品として普及していた。煮た大豆を臼で搗き、麹、塩と合わせて桶で熟成させる製法自体は、少なくとも江戸、京坂においては一七世紀前半以前に遡ることは間違いない。

四．『和漢三才図会』に記述された味噌の種類とつくり方

『和漢三才図会』は、大坂に在住する寺島良安が編集し、一七一二（正徳二）年に刊行されている。寺島良安は医学者と知られていたことから、やはり本草学を通して勉学に励んだのであろう。『和漢三才図会』は、中国の明代末に刊行された『三才図会』を参考にしていることは周知の事実であるが、味噌の記述内容に関しては国内の史料を手掛かりとしているようだ。その内容は以下のようなものである。(6)

末醬
源順《みなもとのしたごう》の和名抄に云ふ、俗に末醬の二字を用ふ。味を未に作すべし。何となれば則ち通俗文に末揄莢醬有り。末とは搗き末るの義なり。而るに末を訛りて未と為し、未を転じて味と為る。又、志賀末醬、飛騨末醬有り。（志賀は近江国の郡名なり）各各其の出づる所を以つて名と為すなり。
△按ずるに造る法一ならず。蚕豆《そらまめ》を用ゐて煮て皮を去り、塩麹を和し之れを擣《つ》きて団丸《たま》と為し、苞に裹み烟の上に掛くれば、則ち久しきに耐へて餒《す》えず。用うる時取り出し擂盆《すりばち》を以つて碾《す》り末す。湿潤無く水に和《ま》ぜて汁と為す。味は佳ならず。俗に玉末醬と名づく。（一名粉末醬）。此れ古の製にして、今も亦た和州の餞民用うる所なり。搗き末る

とは是れなり。（如今の末醬は皆湿潤にして搗き末ると謂ふべからず）

一方　白大豆一斗二升、之れを煮て初め藁薦《わらこも》二枚半を用ゐ之れを焼き（凡そ重さ六斤ばかりなり）、後に薪木重さ五斤を用ゐて徐かに之れを焼く。（藁は則ち武火《つよび》、薪は則ち文火《とろび》）而して燼《も》え尽くるに任す。乃ち煮熟して豆汁多からず少なからざるなり。之れを舂《つ》きて麹一斗五升、塩二升半を和ぜ、再び舂き煉り、桶に収め固く封じて涼地に置き、二〇余日にして成るなり。麹多く入れば則ち味美し。其の次は麹を減じて塩を増し、或は酒の糟《かす》を加ふ。大抵塩三升を入れば、則ち極暑と雖へども酸《す》饐えず。

白末醬　造る法、大豆一斗を淘《あら》洗ひて水に浸して稍漫《ほとび》ときは、則ち皮皺《しわ》む。時に束ね縄を以つて之れを挼《も》み皮を離し、水三斗を用ゐて之れを煮て、一沸にして皮釜の面に浮く。之れを扱ひ去るときは則ち豆潔白なり。煮過すべからず。豆を去り舂きて大団子と為す。薄く切り片を細かに刻み、白麹一斗六升塩一升三合を和ぜて（夏秋は一升五合）能く擣《つ》き和ぜて之れを収蔵す。冬春は十日、夏秋は四五日にして成る。久しく貯へ難し。

上記の他に糠末醬、醬の記述が見られるが、本章では紙面の関係から割愛した。『和漢三才図会』と『本朝食鑑』は、『和名抄』を使用した語義の検討、玉味噌の製法、米麹味噌の製法、白味噌の製法の解説という点では共通している。玉味噌に関しては、『和漢三才図会』では蚕豆（そらまめ）を使用している。また、乾燥したものを擂り鉢ですりつぶし、水と混ぜて汁にするといった調理法も解説している。さらに、この玉味噌という製法は古く、現在も用いられているといった味噌の歴史についても言及している。仮に寺島良安の説く味噌の歴史を正しいと捉えたならば、日本の味噌は乾燥した固形のものが先行していたことになる。問題なのは、この玉味噌の製造時に、麹と塩が加えられている点である。この点は『本朝食鑑』と共通している。天然の麹菌を付着させるのではなく、麹をつくり加えたという製法が古いというのであれば、明治以降につくられた麹を一切使用しない味噌玉の源流が、必ずしも玉味噌とは限らないという解釈も成り立つ。

蚕豆＝空豆は、中国の味噌に使用されている材料であるから、寺島良安は一部中国の本草学を参考にして味噌を論じている可能性もある。いずれにしても、空豆を味噌に使用していたことは事実である。

『和漢三才図会』における麹は、米麹とは書かれてはいない。しかしながら、白味噌でも共通して単に麹と記していることから、米麹を指していることは間違いない。大豆一斗、麹一斗五升、塩二升半という配合比である。この配合比では塩分は九％程度にしかならない。味噌の熟成期間は長くはなく、夏の保存には塩を三升入れると説いている。仮に三升塩を入れたならば、塩分濃度は一一％近くになる。白味噌は大豆一斗、麹一斗六升、塩一升三合であるから、塩分は五％弱となり、現在使用される白味噌の塩分濃度と近い。こうした配合比から見る限り、京坂の町屋では甘味噌が中心であったことがうかがえる。

『和漢三才図会』においても、味噌の熟成には桶を使用している。畿内において一八世紀初頭には、既に桶が熟成容器の主役になっていた。

五．『大和本草』に記述された味噌の種類とつくり方

貝原益軒が著した『大和本草』は、一七〇九（宝永五）年に刊行された。本草書であるため、味噌の製法と共に、次のようなタマリに関する記述がある。(7)

「……ミソノ底ニタマル汁ヲタマリト云醤油ニ似テ味マサレリ……」

タマリは、昭和三〇年代まで醤油の代用品として一部の地域で使われていた。醤油の方が美味しいと捉える人が増

加したため、タマリは衰退したというのが一般的な解釈である。貝原益軒はその逆で、タマリの味を高く評価している。但し、益軒の味噌に関する記述の主たる目的が病気に対する効能にあるため、タマリも病に対する効能と同次元で解釈しているように感じる。タマリは、現在市販されている四七％前後の水分を持つ味噌では、固すぎてほとんどとれない。少なくとも当初から五〇％以上の水分にしなければ、タマリはできないようだ。だとすると、貝原益軒はかなり軟らかい味噌について語っていることになる。

六.『料理調法集』に記述された味噌の種類とつくり方

『料理調法集』は一九世紀初頭に刊行された料理書で、味噌の種類、製法についても細かな分類をしている。その種類は、「味噌」「通用味噌」「五斗味噌」「後藤味噌」「秋田味噌」「八ヶ月味噌」「一夜味噌」「麦味噌」「豆味噌」「赤味噌」「白味噌」「糠味噌」となっている。(8)

『料理調法集』で注目されるのは、全体的に塩分濃度が増している点である。種水を加えない場合は、主な味噌を挙げると①〜⑨のような塩分濃度となる。

※大豆一升≒一・三kg、こうじ一升≒八〇〇g、白米一升≒一・五kg（蒸せば一・八七五kg）、塩一升≒一・七三kgにて換算、また大豆の蒸煮後の重量を二・一倍で換算した。(9)

①大豆一斗、白糀一斗、塩三升（塩分約一二％）
②大豆一石、糀六斗・塩四斗（塩分約一七％）
③大豆一斗、糀五升、塩二升五合（塩分約一二％）
④大豆一斗・糀一斗・塩四升（塩分約一五％）

⑤大豆一斗、糀一斗、塩七升五合（塩分約二六％）
⑥大豆一斗、糀二斗、塩四升（塩分約一三％）
⑦大豆一斗、糀一斗、上白米三升、塩二升（塩分約七・四％）
⑧大豆六升、糀六升六合、塩一升二合（塩分約八・二％）
⑨大豆一斗・糀一斗五升・塩三升（塩分約一〇・八％）

①〜⑨は米麹味噌の配合であることから、秋田味噌の二六％を除けば、現在の米麹味噌の塩分濃度とおおむね等しいことがわかる。塩分濃度が増せば当然保存期間も長くなり、そのためには多くの塩が必要となる。武田信玄に上杉謙信が塩を送った話に見られるように、海岸線から離れた地域では、塩は貴重で高価であった。江戸時代における製塩技術の発達は、塩の物流を活発化させ、塩蔵品の発達に寄与した。味噌の塩分濃度が高くなったのも、そうした製塩技術との関連性があったのかもしれない。『本朝食鑑』『和漢三才図会』といった一七世紀末から一八世紀初頭の刊行物における味噌と、『料理調法集』の味噌は、塩分濃度に大きな違いがあり、後者には月日を経るほど美味といった長期熟成を前提とした表現もいくつか見られる。

麦味噌は大豆が一切入っていないもので、大麦を麦麹にし、煮た麦と塩を合わせてつくっている。『料理調法集』には、何故か現在の麦麹味噌の記述がない。麹はすべて糀の文字を当てており、米麹を指しているように感じる。

豆味噌は、『本朝食鑑』『和漢三才図会』に記述される玉味噌とは異なる。大豆を煮て玉状にして固め、縄に通して軒に半年つるし、砕いて塩と水を加えて熟成させる方法は、現在も一部の地域で行われる味噌玉の製法と似ている。乾燥した状態で使用する玉味噌の記述は一切ないことから、一九世紀には衰退したのであろうか。現在も一部継承されている味噌玉麹による豆味噌の技術は、一九世紀には一般的なものとして確立していたということになる。味噌玉の大きさは茶碗程度ということから、一kg以下の小さなものである。八丁味噌の文献では、豆味噌の成立はさらに古く遡るとされるが、『料理調法集』との整合性については今後の課題としたい。

赤味噌については三つの記述がある。一つは、大豆をよく煮た後、さらに甑で一昼夜蒸すというものである。大豆を蒸すことで赤くなるという製法は、今日でも一般的な方法として受け継がれている。もう一つは、大豆を煮て麹にした豆麹味噌を赤味噌としたのである。つまり、年月を経た豆味噌が赤いという考え方である。最後に白味噌、道明寺、砂糖、タマリを使用するという製法を紹介している。道明寺は乾飯を粉にした道明寺粉のことである。砂糖が極めて高価な時代に、こうした難しい材料の配合で赤味噌がつくられたことは意外である。

白味噌は五つの記述がある。最初の記述は、大豆一斗、糀二斤、塩二升五合という配合比で成立している。何故この記述だけに、斤（六〇〇グラム）という重さの単位を使用したのかがよく理解できない。不思議なことに、麹の歩合が一程度で白味噌ができたのである。二番目は、大豆一斗、糀一斗、上白米三升、塩二升という配合である。米がやや多く、塩分が少ないという配合比は、現在の白味噌と共通している。それでも麹の歩合は一〇程度というから、現在の辛口味噌に近い。三番目は、古味噌一升、糀一升、米三合という配合である。この場合も、米を通常の味噌に比較して増加させ、逆に塩分を半減させることで白味噌にしている。四番目は、上大豆六升、糀六升六合、塩一升二合、又は大豆一斗、糀一斗五升、塩三升という配合である。いずれも麹の分量はそれほど多くはない。五番目は秘方として、諸白の粕一斗、大豆五升、糀五升、塩一升七合五勺という配合である。他の四つの方法は何れも短期熟成であるのに、酒粕を大量に使用し、長期熟成でつくるところに特色がある。

全体としては、多様な製造方法の展開、塩分濃度の増加、長期熟成の味噌が多くなったことが『料理調法集』の記述からうかがえる。こうした傾向はその後も進み、全国各地で特色ある味噌の製造方法が展開したと推察される。昭和三〇年代あたりまで広く継承された三年味噌を標準とする製造方法は、文献史料から見る限り、一九世紀前半以降に確立されたとすべきであろう。ただし、本章で取り上げた文献は、何れも京坂や江戸という大都市の在住者が編纂したものであるため、地方の味噌文化を必ずしも包括しているとは限らない。現在まで白味噌を伝統的に使用する地域は、ほんの一部にすぎない。都市と地方の両面から味噌づくりの実態を捉えた文献史料は見当たらない。

（石村眞一）

注

(1) 豊田武・飯倉晴武 校訂：『山科家礼記』第一―五、続群書類従完成会、一九七三年

(2) 紙面の関係から史料の分量を限定した。掲載した資料は、一四九一（延徳三）年一二月から一四九二（明応元）年一二月までの部分を欠いているだけで、全体の八割以上に相当することから、一応全体を網羅していると判断した。

(3) 石村眞一・石村由美子：中世の食物と木製容器 ―その一、生活文化史 三六巻、五九―八四頁、一九九九年　本章での記述は、この内容を敷衍《ふえん》したものである。

(4) 味噌の製造方法は、『多聞院日記』の一六世紀後半の部分に記されているものが初見とされる。『教王護国寺文書』においては、「みそ一おけ」の記述が一四六八（応仁二）年に認められる。味噌を一桶分注文しただけで、味噌桶とは直接関連していない。

(5) 島田勇雄訳注：本朝食鑑一、平凡社、九五―一〇〇頁、一九七六年

(6) 編集委員代表 谷川健一：日本庶民生活史料集成　第二十九巻　和漢三才図会（二）、三一書房、九九二頁、一九八〇年

(7) 白井光太郎校注：大和本草 第一冊、有明書房、一三四頁、一九七五年

(8) 長友千代治編：重宝記資料集成 第三四巻　料理・食物二、臨川書店、三三―三九、二〇〇四年　『料理調法集』は一九世紀初頭に刊行され、一九世紀中葉までに少し手が加えられて何種類か復刻されている。本書では比較的早い時

期に刊行されたものを選び、原文を書き下し文に直して考察した。

(9) 一升という容積を重量に換算することは難しい。本章では、引用する市販の文献が見つからないため、筆者が一升枡で実際に測定した。大豆であれば中程度の大きさ、麹であればほぐした状態、塩は塩化ナトリウムの含有量九二％のもので算出した。

三章　自家製味噌と味噌桶の変遷

一．はじめに

江戸時代中期には、既に大豆の流通が広域に行われ、大規模な味噌製造業は、他地域の大豆を海運を通して購入していることから、江戸時代においても都市部では味噌の販売が盛んであった。江戸では、少なくとも米味噌、麦味噌、豆味噌が売られていた。既に岡崎の八丁味噌が江戸まで船で運ばれていたのである。

大規模な味噌製造業とは異なり、自家製味噌の基盤は地産地消である。米の多く収穫できない地域では、小麦の皮である「ふすま」を麹の材料にしていた地域があるように、素材の使用には地域の特性がある。麦麹と米麹の使い方も、基本的には地産地消ということになる。現在麦麹は中国地方の西部、四国、九州といった地域で主に使用されるが、関東でも麦麹を使用する地域が点在している。麦類もかつては全国各地で栽培されており、当然麦味噌も全国でつくられていた。海外からの大量輸入による価格の低下、兼業農家の増加によって多忙な二毛作が衰退し、麦の作付け面積が激減した。麦麹を使用する地域に、大麦、裸麦の栽培が集中している。しかし、量は少ないものの、各地で麦類の栽培は現在も継承されている。

現在豆味噌をつくる地域は、愛知県、岐阜県、長野県、静岡県、三重県に限られているような解説が多い。戦前には岩手県、秋田県、栃木県、高知県の一部でもつくられており、また大豆は全国で栽培されていることから、大豆の栽培と豆味噌を直接関連づけることは難しい。自家製味噌の基盤は地産地消であるが、すべて地産地消という視点だけで日本における食文化の形成を系譜化することはできない。

本章においては、日本各地で使用される自家製味噌が、昭和初期からどのように変化したかを、文献史料とアンケートによって得られた資料から分布図によって示す。また味噌桶については、木材の組織を通して熟成との関係を探る。

二、自家製味噌のつくり方に関する変遷

自家製味噌のつくり方については、昭和三〇年代以降より全国的に変化している。特に麹のつくり方については大きな変化が見られる。その変化を理解するには、まずは変化する前のつくり方を理解しなければならない。昭和初期の味噌づくりに関する記録は『日本の食文化』[1]と『日本の食生活全集』[2]に具体的な解説がある。本書では『日本の食生活全集』に記述された内容を通して、①つくる時期、②材料と製造技術、③塩分濃度、④熟成容器、⑤熟成期間という要素から味噌づくりを考えてみる。

①のつくる時期は、麹づくりと、大豆との合わせをすべて含めたもので、九月～一一月の秋型、一一月～三月の晩秋・冬型、一二月～四月の冬・早春型、三月～五月の春型、七月～一〇月の夏・秋型、年二回つくる秋・春二回型に大別される。つくる時期が異なる理由は、材料である大豆、麦、米の収穫期、麹をつくるために適した時期、味噌の熟成に適した時期、農閑期といった条件が組み合わされてのものと推定する。しかし、どの条件を最優先するかは、地域の生活習慣と関連することから、画一的ではない。全国的な傾向としては、秋型は西日本に多く、晩秋・冬型、冬・早春型、春型は東日本に多い。

秋型においても、温度の高い九月に麹をつくって塩切りにして保存し、大豆の収穫期である一〇下旬から一一月に味噌を仕込む地域と、一〇月下旬から一一月に麹づくりと味噌の仕込みを一度に行う地域がある。この相違点は、麹づくりにおける温度管理が比較的容易な九月という時期の優位性と、塩切り麹の質をどのように評価するかがポイントになる。麹を真冬につくることは、温度管理の面から大変であったことは間違いない。一一月あたりに麹をつくり、塩切りにして翌春に仕込むのも、やはり温度管理が主たる要因と思える。

夏・秋型はおそらく高知県に見られるだけである。米の二期作を行う高知県では、真夏が農閑期にもなっていることから、土用に麹をつくり、塩切りにして、大豆の収穫を待って味噌の仕込みをする。

冬・早春型は、味噌玉との関連が深い。一二月から二月にかけてつくった味噌玉は、二、三ヶ月ほどして、汚れやカビを落としてから砕いて仕込む。この場合、麹をつくって合わせる方法と、まったく麹を入れない方法がある。味噌玉についたカビが、どの程度麹菌であるのかについては判然としない。一般の刊行物には、味噌玉の成分を分析した結果は示されていない。味噌玉の需要がないため、研究そのものが進んでいないように思える。

春型は、ほとんどが麹づくりと仕込みを同時期に行う。現在市販されている工業的につくられた味噌は、この春型をより合理的に進めた短期醸造で、品温を晩春から夏の環境に人工的にすることで、早く味噌に仕立てる。但し、戦前の春型は、必ずしも短期醸造にこだわっているわけではなく、三年味噌にして食べるのだから、春型を短期醸造の魁《さきがけ》と性急に位置づけることはできない。

秋・春年二回型は、鹿児島県の奄美地方で見られるだけで、戦前においても他の地域では行われていないようだ。

こうした味噌づくりの時期に関する類型化は、マクロ的な視点で見れば、東日本とか西日本といった対極的な表現もなされる。一章の福島県における実態でも述べたように、県という限られた地域においても、一つの類型でつくる時期は集約できない。東北南部の福島県では、秋型、晩秋・冬型、冬・早春型、春型が見られ、まさにカオス状態になっている。この現象の根っこの部分は、農作業だけではなく、地域文化の成立過程と関連づけて考える必要性もある。

江戸時代の地域文化は、藩または幕府の直轄地という行政区分でおおむね成立していた。例えば高知県に継承される豆味噌は、藩祖の山内一豊が三河の出身なので、家臣が三河の味噌づくりを継承したとされている。戦前は冬に仕込まれており、三河で行われている仕込み時期とほぼ等しい。江戸時代には、数多くの藩で藩主の移動が行われており、それにともなって家臣とその家族、商人や職人も移動している。また参勤交代は江戸の文化を全国各地に伝えるともに、逆に地方の文化を江戸に伝えた。

藩の境界と、県の境界とは異なる場合もある。岩手県、秋田県の一部に豆味噌が戦前につくられていた。この地域はいずれも南部藩の領地であり、元々は共通した味噌文化圏であった。つまり、江戸期の味噌づくり文化が延々と継承されたため、近年まで味噌をつくる方法が似ていた。

明治中期以降、自家製味噌の生産に種麹を使う習慣が全国的に広まる。それまでは酒の醸造に特化していた種麹が、農家の自家製味噌にも波及したことで、麹業が全国で増大する。当然、明治後期以降においては、味噌づくりに関する情報が、麹業によって各地に伝えられ、幕藩体制期の文化と接合して新たな味噌文化が形成された。この新しい形成内容に、味噌づくりの時期も含まれているという仮説も成り立つ。

近年の味噌づくりは、地域に適した季節という意識が徐々にうすれている。その要因として、元々季節的な仕事であった麹業の中に、一年中稼働する店が出現したことを挙げることができる。またつくり手側も、味噌がなくなったらつくるといった、季節感とはまったく関係のない意識も増しており、過去の味噌づくりの時期に比較して期間が広がった。特に伝統的な味噌づくりの基盤のない都市部では、その傾向が著しい。総じて、地域社会における年中行事に、味噌づくりの位置づけがなくなったことが、季節感を喪失させていった主たる要因ということになろう。それでも伝統的な味噌づくりの季節は、減少しているとはいえ、現在も全国各地で広く受け継がれているようだ。地域に密着した麹業は、味噌づくりの時期が近づくと馴染みの客との会話がはずむ。こうしたコミュニケーションが伝統を支えている。

②の材料と製造技術については、それぞれ別のものではなく、常に何等かの関連性がある。農水省では、味噌の定義を「大豆、米麦等穀類を蒸煮したものに米、麦等の穀類蒸煮して麹菌を培養したもの、または大豆を蒸煮して麹菌を培養したものもしくはこれに米、麦等の穀類を蒸煮したものを加えたものに食塩を混合して、これを発酵させ、および熟成させた半個体状のもの」としている（昭和四九年七月八日　農林省告示第六〇七号）[3]。このことから、大豆以外の豆を使用したものは味噌とはいえない。だとすると、空豆、えんどうといった豆類を使った発酵食品は、すべて味噌ではなくなる。また、さつまいも、そてつの実を使ったものも、味噌ではないことになる。

『和漢三才図会』には、蚕豆（そらまめ）の味噌を玉味噌として、大豆を使用した味噌と分けて考えている。筆者のフィールド調査によると、八丈島では大豆を栽培することができないので、えんどうで味噌をつくっていた時期があった。面積の小さな島では、塩害を受けやすく、大豆の栽培は難しい。農水省の定義は、食品工業における共通認識と表示義務という点では意義を認めるが、日本の食文化を考えた場合、大豆と穀類と塩で発酵させたという狭い範囲で味噌を規定することは少し無理がある。自家製味噌は、商品として市場に出さない限り、農水省の定義にことさらこだわる必要もない。

それにしても、高知県の檮原町でつくられる大麦、とうもろこしの合わせ麹、奄美大島瀬戸内町のそてつの実を麹にする手法は、製麹《せいきく》が中国や東南アジアの餅麹に似ており、実にユニークだ。ぜひ伝統を継承していただきたい。

良い麹をつくることは難しく、全国各地で苦労していた。麹が出来上がったら、味噌づくりの大半は終わったというような意識を持つ人達も多かった。大正時代後半から昭和初期の農村部では、麹店から麹を買う人の割合は低い。ワラやムシロで麹床を設置してつくる場合も、毎年使っているムシロであれば、良い麹ができると考えていたようだ。また稲麹病になった黒い籾《もみ》を保存したものを稲麹と呼び、これを種麹として使用している地域もあった[4]。

味噌玉を縛ったり吊したりする縄や、苞（つと）をつくる材料は、すべて稲ワラを使っている。よく理解できないのは、味噌玉に麹菌を付けないのに、屋内や屋外に吊しておくことで、麹と同じ役割を持つようになる点である。味噌玉に付く白いカビが麹菌であるなら、氷点下の気温でも麹菌が育つということになる。但し、味噌玉に付いた表面のカビは、水で洗ってすべて取り去られることから、表面に見られるカビは麹菌が主たるものとは一概にいえない。とにかく八丁味噌以外の味噌玉は、おおむね種麹を使用しないことから、大陸の発酵技術に関する影響も含め、味噌づくりのルーツと深く関わっているような気がしてならない。

味噌は、搗《つ》くという表現を全国的に使っている。大豆をつぶす作業、味噌の合わせは、いずれも臼で搗くことが基本であるため、味噌搗きという言葉が定着したのであろう。この臼も多種多様であり、杵も縦杵と横杵の二種類がある。全国的に縦杵の使用も多く、結いによる共同作業で味噌搗きが行われていた地域も散見される。疲れる作業だけに、家族だけでは大変だったのであろう。この結いの制度は、農村部でもすっかり衰退してしまった。伝統的な結いは廃れても、近年はＮＰＯ法人等の共同作業による味噌搗きが都市とその周辺で見られ、新たな結いも出現している。

③の塩分濃度は、戦前と比較して大きな変化が見られる。四合塩、三合塩といった表現で塩分濃度を伝承している地域も多い。大豆一升に対して四合、三合の塩を加えるというのであるが、麹の歩合が各地で異なるので、塩分濃度を特定化することは難しい。東日本でつくられる麹歩合が五程度の味噌は、おそらく一五％以上の塩分濃度を昭和三〇年代まで継承していたのではないだろうか。東日本の米味噌は、現在でも一三％あたりの塩分濃度でつくられている地域が多い。塩化ナトリウムの含有量を塩分と規定することから、厳密には塩も常に塩分の測定をしなければ、正しい濃度を算出することはできない。

伝統的に東日本に対して西日本の味噌は塩分濃度が低い。冬期間がことのほか寒い地域は、塩辛いものが好きだと以前からいわれてきた。そのため脳卒中が東北地方に多く、減塩が健康な生活を送る重要な課題とされた。その代表的な対象が味噌であったと言っても過言ではない。冬期間が長く、寒い地域の人は、本当に塩辛いものが好きなんだろうか。筆者は常々こうした素朴な疑問を抱いている。実態としては、北海道の最北端である宗谷岬で生活する人が最も塩分濃度の高い味噌を食し、沖縄県の与那国島で生活する人が最も塩分濃度の低い味噌を食べているわけではなさそうだ。

京都の白味噌は塩分濃度が低い。味噌だけでなく、料理全体に塩分が少ない。ところが塩分は少なくとも出汁（だしじる）は利いているから、上品な美味しさがある。味噌と共に、この出汁がうま味と深くかかわっている。関西地方のうどんは、東北地方のうどんに比較すると、とにかく出汁が濃く、塩分が少ない。では東北地方では好まれないかというと、近年は関西風の出汁を利かせたうどん店が少しずつ増えている。うどんに関しては、その逆の現象はないようだ。

冬の寒さと食物の塩分は、味覚の嗜好という視点より、食物の保存と関係していると思われる。冬が長ければ、その長さに対応する食物の保存が不可欠になる。味噌に限らず、漬け物や干物は、すべて塩を基調に保存方法が確立されている。戦前までは冷夏になると寒冷地では飢饉になることがしばしばあり、食物の保存に対する依存が高くなる。この保存の精神が高度経済成長期に失われると、関西風うどんの進出にみられるように、過去の塩分濃度に対する嗜好は徐々に変化する。つまり、日本の寒冷地における塩辛さの嗜好は、元々生理的なものではなく、少し極端な表現になるが、生活習慣で形成された可能性が極めて高いと考えられる。

④の熟成容器は、伝統的に使用された木製の桶と陶製の甕《かめ》を通して考えてみる。西日本は甕の文化、東日本は桶の

文化といった意見が以前からある。(5)陶製の甕《かめ》は、六世紀あたりに朝鮮半島から伝えられた須恵器の技術によって成立したとされる。それ以前の土器とは一線を画し、一〇〇〇度以上の温度で焼かれた甕は次第に大型化する。室町期には二石、三石といった大容量の甕も出現している。つまり、桶より先に発達した大型の容器が陶製の甕ということになる。

ところが、鎌倉中期あたりから桶の生産技術が大陸より伝わり、二章で紹介した『山科家礼記』では、京都においても甕から桶に貯蔵容器が転換されている。一五世紀末に編纂された『三十二番職人歌合』では、既に桶が酒づくりの容器として定着している。酒造業のように大量の容器を必要とする業界では、甕から転換するのが比較的早かったようだ。それでも桶は簡単に大型化したわけでもなく、一六世紀後半にならないと一〇石の桶は使用されていない。(6)

江戸初期には、専用の味噌桶が京坂のような都市圏では広く使用されていた。酒の四斗樽は、使用後に再利用され、味噌桶にも転用された。練馬大根も四斗樽を利用して漬け物にされた。ところが、この四斗樽は成立した時代がはっきりしない。一八世紀初頭に刊行された『和漢三才図会』では、樽は一斗しか記述がない。早くとも四斗樽は一八世紀中葉以降にならないと普及しない。四斗の空樽を味噌桶（樽）に転用する時期は江戸後期以降とすべきである。明治期以降、富裕な農民は四斗以上の大きな味噌桶を使用している。この大型の桶を各地で「こが」と呼び、たくさん味噌蔵、味噌部屋に並べていることが、裕福な農家の象徴であった。こうした習慣は、昭和三〇年代前半まで東日本を中心に広く見られた。

よくわからないのが、西日本に甕の利用が多い理由である。西日本といっても、多くの地域では桶も使用しており、甕だけ使用する地域は限られている。島根県の大田市（旧）温泉津町は現在も甕がつくられ、他県にも流通していることはよく知られている。当然味噌甕にも使用されている。江戸期以前より、日本の伝統的な窯業地である常滑、信楽、備前でつくられた甕は、日本各地に運ばれて使用された。しかしながら、このような甕は大型で高価であり、酒づくりや染色等の産業用に用いられることが多かった。味噌甕は庶民的な陶器であり、ブランド品ではなかったはずである。磁器のようなまったく水分を通さない材質ではなく、桶と共通する通気性も多少ある陶器質は、味噌の発酵に適した素材であった。甕が桶と異なるのは、保温性に欠ける点である。そのため寒冷地における味噌甕の使用が徐々に衰退し、現在のような使用分布に至ったと考えられる。

もう一つの要因は、大陸の発酵容器との関係である。朝鮮半島で食されるキムチは、甕で発酵させている。日本の漬物でも甕を用いる地域、家庭もあるが、伝統的には圧倒的に桶の使用が多い。どうして大陸に続く朝鮮半島と容器の使用が異なったのであろうか。とにかく日本における桶・樽類の使用は、アジアの中でも突出して多い。桶・樽の発達は、大陸に近い九州から開始されたわけではない。畿内で発達して、その後周辺の地域から順に普及する。九州の薩摩地方は江戸初期になっても普及していなかったようである。これは道具や技術の伝播を考えると、やや意外な感じがする。桶・樽が伝播する以前の発酵容器である陶製の甕は、朝鮮半島も含む大陸の古い文化を長く継承しているということになる。

⑤の熟成期間については、元々短期間の熟成と長期間の熟成という二つの方法が用いられていた。白味噌と赤味噌、甘味噌、甘口味噌、辛味噌と呼ばれて区分されるように、塩分が少なく麹の歩合が多い短期熟成タイプと、塩分が多く麹の歩合が少ない長期熟成タイプが、明治期以前から成立していた。短期熟成タイプの白味噌は、一ヶ月以内という熟成期間に大きな変化はない。九州南部では、二～三ヶ月の熟成期間で麦味噌（甘口味噌）を食する地域も多い。長期熟成（辛口味噌）については、戦前に比較して短縮される傾向がある。

一般的に、麹の歩合が多い味噌は塩分が少ない短期熟成、麹の歩合が少なく塩分の多い味噌は長期熟成という指摘

図3－1　四年味噌の仕込み
大分県臼杵市　フンドーキン醤油

がなされる。しかしながら、戦前の愛媛県久万町のように、麦の歩合が三〇と極めて高いのに、二年寝かせている例もある。米味噌、麦味噌の辛口味噌においては、富裕層は三年味噌を食べ、貧しい人は半年すぎたら食べていたという言い伝えが全国的に散見される。換言すれば、三年味噌は豊かさの象徴であった。だとすると、味噌は三年味噌（二年以上熟成させた味噌）が最も美味しいのかということになるが、これについては戦前から意見が分かれる。

　現代においては、一般の生活者は、辛味噌であっても、仕込んで半年後に食べることに問題はないと考えている。筆者も五月に仕込んだ味噌を一一月に食べることに違和感はない。食べ始める時期は、食べ終わりの時期とも関係し、古い味噌が残ると無駄になることから、やや早めに食べることになる。ところが、現在でも三年味噌を熟成の基本としている自家製味噌や工業的な味噌がある。その割合は圧倒的に少ないが、つくり手の長期熟成に関する意識は極めて高い。大手の工業的な味噌製造業であっても、四年熟成させた味噌も少量販売している（図三―一）。この場合は、味噌の保存を重視した長期熟成ではなく、味噌のうま味を追求しての長期熟成である。

　味噌の熟成期間は、味噌づくりの時期とも深く関係している。工業的な味噌づくりに関する刊行物では、味噌の品温が一〇℃以下では麹菌の活動が低下し、麹菌そのものの活力も低下するという解説がある。つまり東日本を中心とした寒冷地では、冬期間に味噌を仕込むことに、さしたる意味がないと捉えておられるようである。こうした味噌に対する考え方は、加温を前提とした短期醸造の味噌づくりに特化したものであり、伝統的な自家製味噌の価値観を否定する一種の偏見である。過去の富裕層に見られるヒエラルキーとしての三年味噌は別としても、うま味としての長期熟成は、自家製味噌においても見直す必要がある。味噌には、短期熟成のうま味もあり、また長期熟成のうま味もある。特に自家製味噌は、一つの価値観に束縛される必要はないように思える。

三．自家製味噌の種類と全国分布

三．一．自家製味噌の種類

現在の自家製味噌は次のように分類される。※一般的な分類に一部筆者の考え方を加えた。

（1）米味噌

①甘味噌―麹の歩合一五～三〇、塩分五～八%、熟成期間一〇～二〇日

②甘口味噌―麹の歩合一二～一五、塩分八～一一%、熟成期間三～六ケ月。

③辛口味噌―麹の歩合八～一二、塩分一一～一三%、熟成期間六ケ月～二年。

④辛口味噌（味噌玉）―麹の歩合二～五、塩分一二～一三%、熟成期間一年半～二年

（2）麦味噌

①甘口味噌―麹の歩合一五～三〇、塩分八～一一%、熟成期間一～三ケ月。

②辛口味噌―麹の歩合一〇～二〇、塩分一一～一三%、熟成期間六ケ月～一年。

（3）調合味噌（合わせ味噌）

①甘口味噌―麹（米と大麦）の歩合一五～三〇、塩分八～一一%、熟成期間一～三ケ月。

②辛口味噌―麹（米と大麦）の歩合一〇～二〇、塩分一一～一三％、熟成期間六ヶ月～一年。

（4）豆味噌

①味噌玉麹味噌―すべてが麹であり、大豆九八～一〇〇％、麦等〇～二％、塩分一〇・五～一二％、熟成期間一年～三年。

②撒（ばら）麹味噌―大豆九八～一〇〇％、麦等〇～二％、麹の歩合〇～五、熟成期間一～一年半。

上記の分類は一応の目安であり、大豆の撒麹を少量米味噌や麦味噌の仕込み時に混ぜてもよいわけで、詳細については味噌づくりの中で紹介する。

三、二、大正期末から昭和初期の種類と全国分布

図三―二は、『日本の食生活全集』(7)に記述されている大正後期から昭和初期における味噌の種類を摘出し、分布を示すためにまとめたものである。米味噌を主に使用する地域は、沖縄県の一部、中国地方の日本海側から東北地方にかけての地域、四国地方の瀬戸内側、和歌山県や三重県を除いた近畿地方、千葉県と茨城県の一部である。

麦味噌を主に使用する地域は、沖縄県の一部、九州全域、中国地方の瀬戸内側、四国地方の一部、和歌山県と奈良県の一部、岐阜県および長野県の一部、千葉県を除く関東地域である。関東地方では、八〇年前まで麦味噌の使用が圧倒的に高い。おそらく東京や横浜といった大都市圏でも、麦味噌を使用する家庭が相当数あったことは間違いない。

豆味噌を主に使用する地域は、四国地方の一部、三重県の一部、愛知県を中心とする中部地方、群馬県と栃木県の一部、東北地方北部の一部である。米味噌や麦味噌に比較すると少数であるが、それでもかなり広い地域に分布して

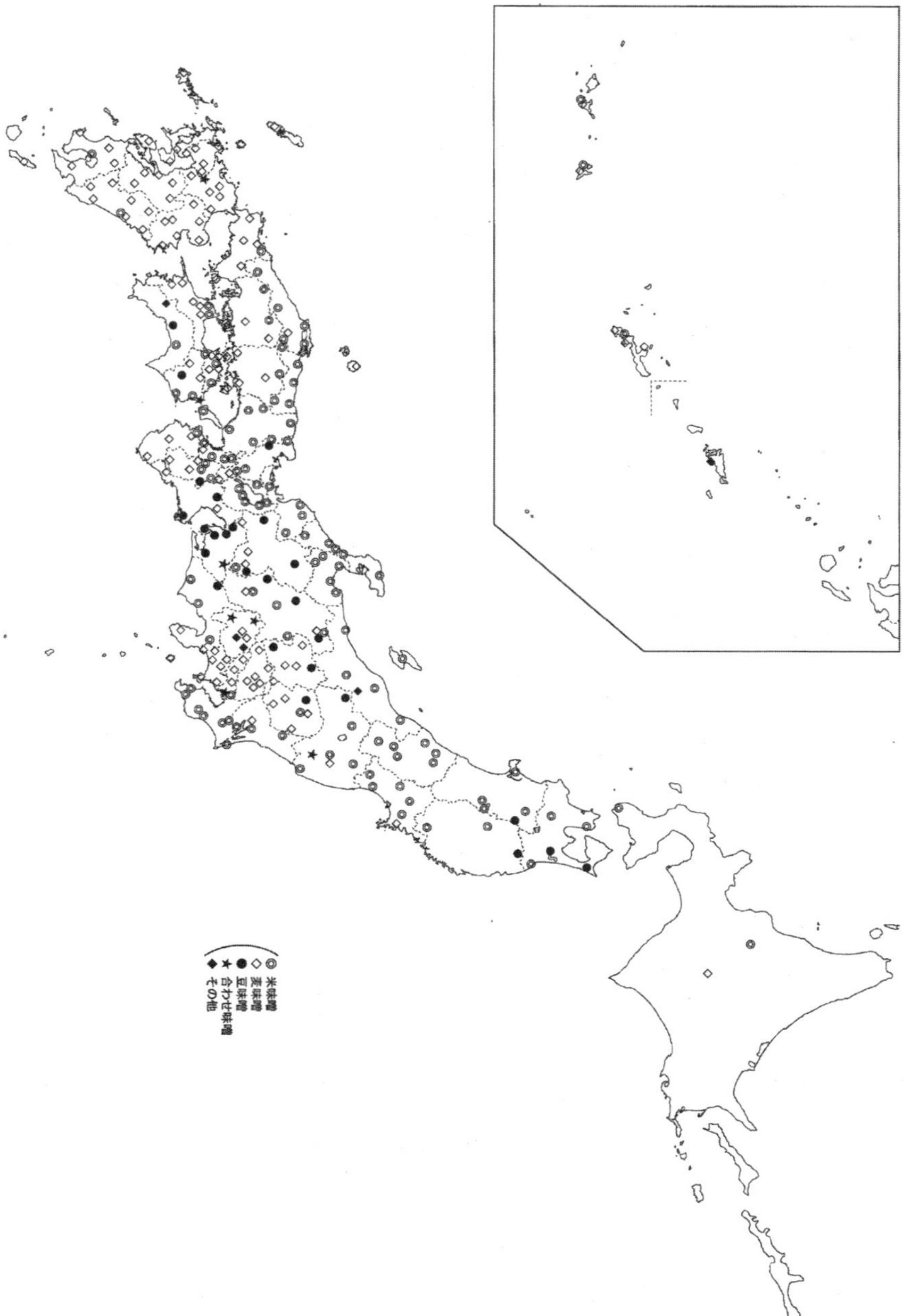

図３－２　大正後期から昭和初期に使用した自家製味噌の分布

いる。合わせ味噌は少数であり、特に使用の集中している地域はない。

図三—二を見る限り、予想以上に麦味噌をつくっている地域が多い。しかし、特に山地が麦味噌を好むとか、西日本に集中しているといったことでは説明できない。強いて挙げれば、九州は麦味噌が圧倒的に多く、また関西が米味噌が中心であるのに対し、関東は麦味噌が中心だということになろう。

三、三、現代における自家製味噌の種類と全国分布

図三—三は、平成一九年の夏に全国の麹業を対象とした問い合わせに、返事をいただいた企業の味噌をまとめたものである。各県の返信数にバラツキがあり、必ずしも的を射た分布にはなっていないが、傾向を読みとることはできる。図三—二に比較して、とにかく米味噌をつくっている地域が増加している。九州地域でも米味噌や合わせ味噌をつくる家庭が多くなっており、全国的に米味噌が標準化しているように感じられる。では麦味噌がすっかり無くなったのかというと、九州地方以外でも、中国地方、中部地方、関東地方では米味噌と共に広く使用されている。使用する地域は少なくなっているものの、まだまだ根強い人気がある。

豆味噌も麦味噌同様に少なくなってきている。それでも愛知県を中心に、三重県、静岡県の一部では継承されている。麹業では金山寺味噌用にも大豆と麦の麹をつくっていることから、図三—三の●印は、必ずしも豆味噌とは限らない。

図三—三から見る限り、山地に位置する小規模の麹業が減少しているようだ。食料の自給率が高い山地の農村であっても、自家製味噌をつくる家庭が減ったのだから、商圏規模の小さい麹業は経営が難しくなるのは致し方ない。こうした状況にあっても、通信販売等を利用して商圏を拡大している小規模の麹業も存在する。すべて総論だけで進

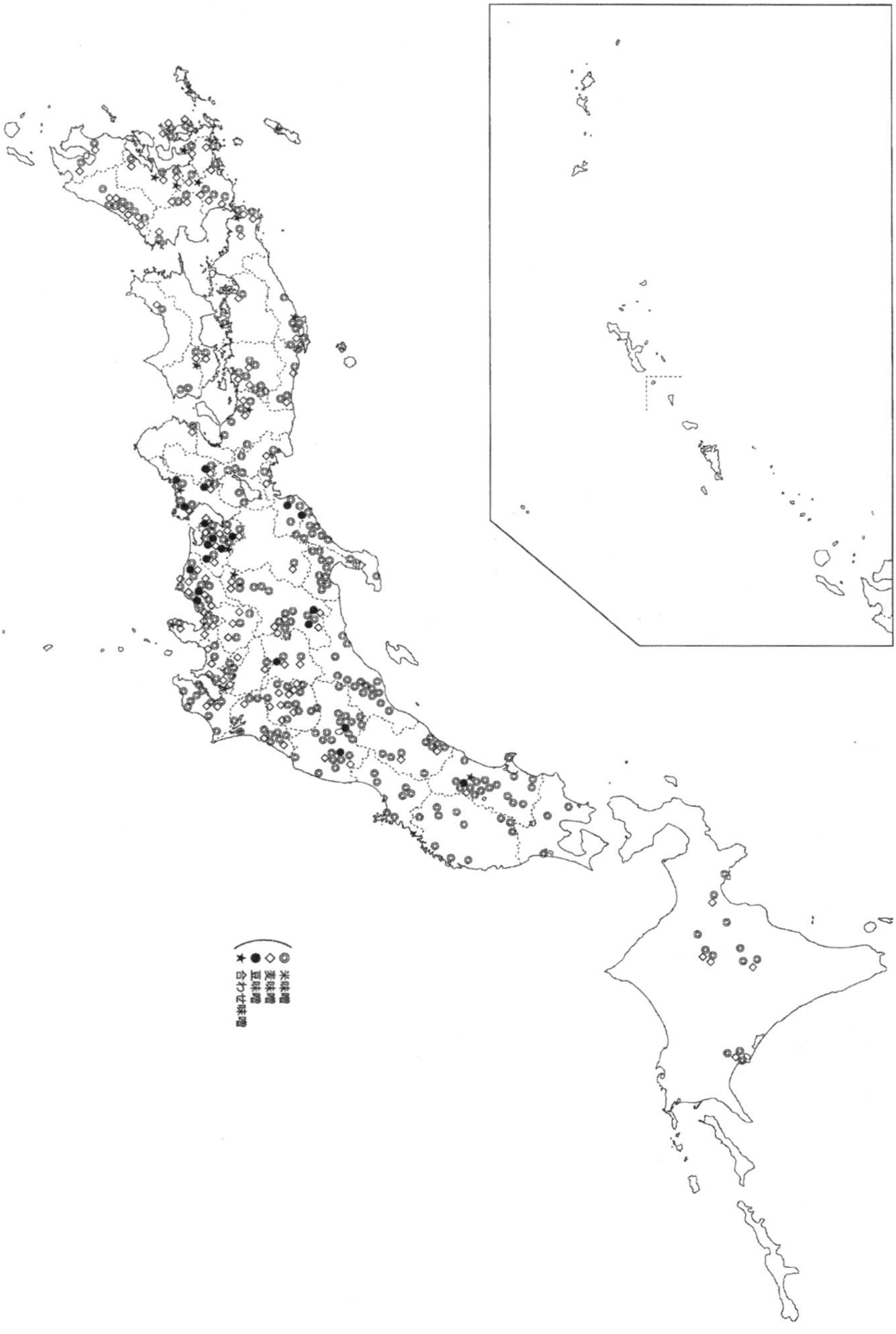

図3－3　現在使用する自家製味噌の分布

展しているわけではない。

平成一九年度の職業別電話帳（タウンページ）に掲載されている全国の麹業は、次のような数である。

○北海道―二八　○青森県―二八　○岩手県―三五　○宮城県―二八　○秋田県―一〇七
○山形県―六四　○福島県―一四六　○茨城県―五三　○栃木県―三七　○群馬県―九
○埼玉県―九　○千葉県―五三　○東京都―一三　○神奈川県―一〇　○新潟県―七九
○富山県―六九　○石川県―三七　○福井県―二一　○山梨県―一三　○長野県―四三
○岐阜県―一四　○静岡県―四八　○愛知県―三〇　○三重県―一九　○滋賀県―九
○京都府―一一　○大阪府―三　○兵庫県―二五　○奈良県―三　○和歌山県―六
○鳥取県―一三　○島根県―一六　○岡山県―二一　○広島県―四　○山口県―四
○徳島県―一八　○香川県―一五　○愛媛県―七　○高知県―三　○福岡県―三六
○佐賀県―一一　○長崎県―一一　○熊本県―一〇　○大分県―一二　○宮崎県―一九
○鹿児島県―一　○沖縄県―一

合計一二六二の麹業が記載されている。しかし、実際に稼働しているのは一〇〇〇程度であろう。最も掲載の多いのは、福島県の一四六であり、二番目が秋田県の一〇七ということから、福島県の自家製味噌使用率は一章でも取り上げたように、全国的に突出しているといえよう。麹業の数だけだと、福島県は四国地方、九州地方の麹業とほぼ等しい。この数だけ見れば、西日本は極端に自家製味噌が短期間に衰退していったということになる。この衰退に地域差があるのは、地域の保存文化の認識が、現代の生活にも何等かの影響を与えているように思える。同じような機能を持つ電気冷蔵庫が全国に普及しているのに、食生活に関する保存の精神は地域によって大きな差がある。

四．味噌桶の機能と形態、使用樹種

四．一．味噌の熟成と容器

味噌桶のことを味噌樽と呼ぶ地域も多い。酒樽を転用したものは別として、板目《いため》の深い桶を樽と呼ぶ習慣は関西地方では江戸初期から認められる。江戸初期に西鶴が著した『好色五人女』に登場する樽屋とは、江戸で言うところの桶屋のことである。本書では、便宜上すべて味噌桶として用語を統一する。図三―四、五、六に示したように、味噌桶の形態は地域によって差があり、図三―四のようなタイプは東日本に多い。図三―五は典型的な関西タイプで、長細い形状をしている。現在では長すぎるので、上部を切り取ってほしいという注文が桶屋にあった代物である。図三―六は九州の味噌桶で、関東以北のタイプと関西タイプの中間的な形態をしている。味噌だけでなく、味噌桶にも地域の嗜好が強く反映している。

図３－４　味噌桶　栃木県那須塩原市

味噌の熟成には木製の味噌桶が良いと多くの人達が認めている。『健康食みそ』では「みそつくりにはみそだるといわれるように、伝統的には木製の容器が使われました。木製品は空気が適度に流通し、しかも外気の温度変化の影響をあまり受けませんので、四季を通して内容物を好ましい状態に保つという点で、みそつくりには最適といえます。しかし今では手に入りにくく、高価なこと、塩分や水がしみ出して周囲がジメジメしやすいために置き場所に困るなど、必ずしも使いやすいものとはいえなくなりました」と解説している(8)。

『味噌大学』では「……仕込み容器は樽かカメが良い。ビニール類似の新容器

図３－５　味噌桶　滋賀県長浜市

図３－６　味噌桶　宮崎県宮崎市

はいけない」と、かなりプラスティック容器には手厳しい[9]。

味噌桶は、台所の隅に置くように設定された容器ではないはずである。味噌蔵、物置といった母屋から離れた場所に置くか、母屋の下屋として専用の味噌部屋を設置し、味噌の熟成に適した環境を整えていた。こうした専用の置き場がない家庭では、扱いが難しいのは事実である。大きさにもよるが、少なくともまったく専用の置き場所がない住宅内では、一斗以上の容量の味噌桶を複数使用することは無理である。使用するのであれば、置き場所を工夫しなければならない。八升程度なら二段に重ねると置けなくもない。一章でも述べたように、農家が新築や改築する際に味噌桶を置く場所を設置しないのは、初めから使う気持ちがないのであって、他人が強要したわけではない。味噌桶は日差しの直接当たる住宅内に置くことは好ましくない。だから味噌蔵や味噌部屋といった専用の場所を確保してきたわけで、使用する気持ちがあれば、置き場所も工夫するはずである。値段が高いことも、五〇年以上の長期使用を考えれば納得もいく。要するに価値観の問題であり、味噌づくりの最適な容器、環境を求めようとしているかどうかである。

近年は海外からの安価な陶製容器が大量に輸入され、味噌の熟成用器として使用されている。少し重いのが難点だが、一五リットル程度の容量なら持ち運びも可能である。陶製容器も本来は木製の桶と同様に、適度に空気が流通することが望ましい。そうした伝統的な図三―七のような甕は、最近見かけなくなった。地域の味噌甕を焼いていた窯場も、観光ブームで利益率のよい商品を優先させるため、経済効率の悪い味噌甕はほとんど焼かれなくなってしまった。味噌桶だけでなく、従来の一斗を単位とした伝統的な味噌甕もすっかり廃れたということになる。

貯蔵容器で万能というものはない。木製味噌桶も百年近く経つと、内側はもろくなり、扱いが悪いと木片が味噌に入る可能性がある。そのまま味噌を出荷すると異物混入となることから、企業では古い木製の味噌桶の扱いは慎重である。

図３－７　味噌甕　福岡県八女市黒木町

現代人の多くは、五〇年以上といった二世代にわたる容器の長期使用を望んでいない。長期使用は経済的であるはずなのに、家庭とメディアを通して体感した労力のいらない食生活に慣れてしまっているためか、メンテナンス自体が面倒なのである。しかし、元々手間暇をかけて味噌をつくっていたのだから、多少は元の生活文化に戻すこともできるはずである。

（石村眞一）

四．二．味噌桶の機能と木材の特性

味噌桶と言うと、伝統的に木製の桶が使われていた。最近では入手しやすいプラスチック製や陶製に取って代わったようである。なぜ、木製が選ばれなくなったのか？ただ単に、プラスティック製や陶製が廉価だからか？それとも木製は味噌桶としての性能に問題があるのか？その辺を明らかにしたいと思う。因みに私は木材の専門家である。味噌づくりのことは正直知らない。しかし、「伝統的に木製が使われてきた」ことに着目したいと思う。なぜなら、そこには昔の方々の知恵が詰まっているからである。この知恵を科学的に検証し、木製味噌桶の再評価に繋がれば幸いである。

○木製の長所？？「厳しい外界から味噌を守る！」

これは木材の調湿機能と熱伝導率のおかげである。これらの性質を説明する前に「木材」について簡単に触れる。木材は樹木から作り出された生物材料である。「木材」という言葉は、樹木の木部を材料として認識するときの言葉である。樹木を切ると中央部に木部、それを取り囲むように外側に樹皮があり、両者の間には「形成層」と言われる分裂組織があり、これが年々樹木の直径を大きくしていく。この木部をルーペや顕微鏡で見ると、いろいろな細胞から出来ていることがわかる。味噌桶でよく使われるスギ（針葉樹）を例にすると、根から吸い上げた水を葉へ運ぶ組織（早材）、樹体が立っていられるように強さを発揮する組織（晩材）がある。これらは解剖学的には仮道管と言われ、木部全体の九割を占める。実はこの仮道管の細胞壁の性質が木材の性質と密着に関係する。

まず、調湿機能について説明する。細胞壁は湿度が上がると水分子を吸着する。逆に湿度が下がれば水分子を脱着する。言い換えれば、木材が置かれた雰囲気の温度や湿度に対して平衡状態になろうとする。よく「木材は呼吸している」と比喩されるところである。したがって、味噌桶の中は木材の調湿作用により、常に外界の変化を受けにくい環境になっている。

もう一つ、木材の熱伝導について触れておきたい。熱伝導というと難しく聞こえるが、熱の伝わりやすさのことである。木材は熱が伝わりにくく、熱伝導率が低い。木材実質の伝導率が低いのに加えて、前に述べたように、木材は中空の細長い細胞から成り立っているため、多孔質であることも熱伝導率を低くする理由である。熱が伝わりにくい木材は、断熱性や保温性に優れており、皮膚への熱の移動量も少ない。このことが木材は感触が良いと言われる所以である。

以上のことから、「厳しい外界の環境から味噌を守る！」は、木製味噌桶の長所と言える。

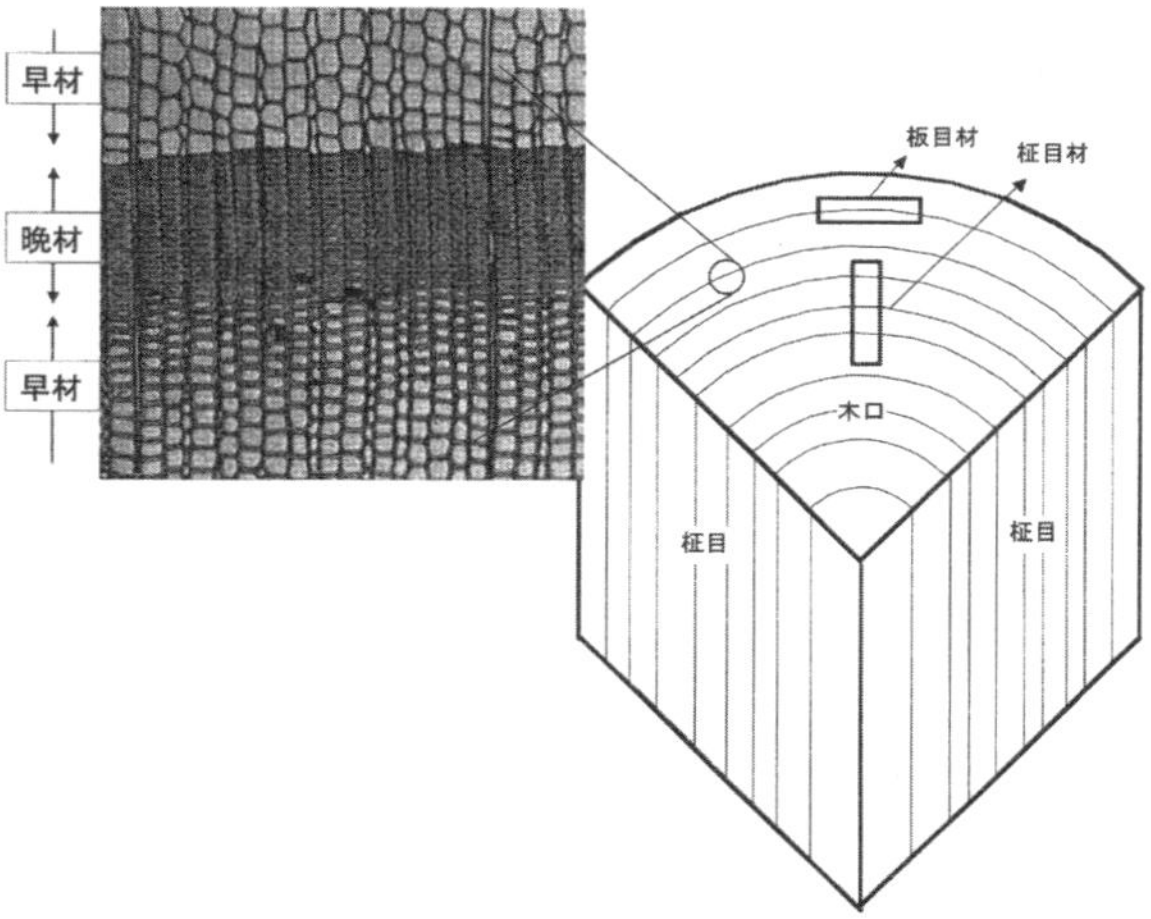

図3－8　征目材と板目材の木取りと年輪構造

○木材の短所？？「味噌桶から水が浸み出る！」

「木製味噌桶は水が浸み出るからよくない」という記述をよく見かける。これを考えてみる。まず、味噌桶を構成する部材はどんなものか？　樹種はスギがほとんどのようである。では、スギのどんな板を部材として使っているのか？　木材が細胞からできた生物材料であることは前述の通りである。プラスティックと根本的に違うのは、異方性があるということである。木材が自然界で作り出された有機物であるというプラスの点を除けば、この異方性は材料学的な立場から見れば歓迎されにくい特徴とされる。したがって、木材を利用するときは三断面（木口《こぐち》面、柾目《まさめ》面、板目面）、三方向（軸方向、放射方向、接線方向）を考えて使う。木部の大部分を占める仮道管は、長さが二～四ミリメートルの細長い中空細胞であり、軸方向に沿って配列している。山で切り株の年輪を数えた経験はあると思うが、この面が木口面であり、仮道管を切断した面である。因みに年輪を数えるときの印となるやや色の濃いところが晩材であり、早材と比べると細胞膜が厚いため色が濃く見える。さて、味噌桶に使われる板としては板目材か柾目材であろう（図三―八）。

スギなどの針葉樹であれば板目材を使わなければならない。なぜ柾目材が望ましくないか？　柾目材では表面から板厚方向に早材と晩材が並列に並んでしまう。これは味噌桶の部材としては望ましくない。なぜか？　早材は樹木が伐採される前は根から水を吸い上げる役割を担っていた。そのため一つの仮道管から隣の仮道管へ水を移動させるために「有縁《ゆうえん》壁《へき》孔《こう》」という連絡路が多数存在する。この連絡路は早材仮道管のある決まった箇所に存在し、その場所が柾目材の丁度表面にあたる。「味噌桶から水が浸み出る！」といった事例の中には、柾目材を使ったことが原因で生じたものもあるかもしれない。但し、水の浸透性がそれほど高い訳ではない。水などの液体の浸透性は木口面からが著しく高い。その理由は、木口が仮道管を切断した面であるためで、液体は仮道管の内こう（中空部）では、容易に浸透し、連絡路である有縁壁孔を介して隣の仮道管へ進み、これを繰り返して木材内を浸透していく。柾目では、有縁壁孔を多数経由して進まなければならず、容易に浸透できない。

一方、板目材で作られた味噌桶はどうか？　板目材では表面から板厚方向に早材→晩材→早材となる。このような板目材が味噌桶の部材としては望ましい。早材は基本的に水分通導のために存在する組織である。晩材にも「有縁壁孔」は存在するが、早材に比べて小さく、また数が著しく少ない。そのため板目材の表面から水が浸透しても、晩材が水の移動をある程度遮断する役割を果たしている。このような考え方を利用した例として、日本酒の酒樽がある。日本酒の酒樽はスギの板目材を使うのが常識になっている。余談ではあるが、酒樽の場合、板目材は心材と辺材の境界部から木取られる。心材は樹幹の中央部にあって着色していることが多い。スギは必ず着色しており、赤色から黒色まで様々である。これは心材成分としてフェノール性成分が生成されたためであるが、樹木にとっては腐らないよう耐久性を増すためにつくる。この心材成分は香りづけに不可欠な要素であるため、日本酒が接する内側を心材、外界と接する外側を辺材にするようである。因みに、ウイスキーなどの洋酒はオークという木の柾目材を使うが、オークは広葉樹であり、構成細胞も細胞配列も針葉樹とは異なることや、乾燥したときに割れにくいことから柾目が使われてきたと思われる。

水が浸み出る問題は、木材が濡れたり乾いたり、繰り返されることにより生じた小さな割れが原因かもしれない。最後にこのことに触れたい。木材は水で濡れると膨張し、乾くと収縮する。木製桶に水分を含んだものを入れると木材は膨張するが、桶の状態では束縛されるため、本来の膨張よりも小さくなる。使用後には洗うだろうが、乾かさずにまた使えばこの種の問題は起きないが、乾かしてしまうと本来の収縮よりもさらに縮んでしまう。これに水分を含んだものを入れると再び膨張するが、最初の寸法までには戻らず、隙間ができてしまうことが多い。肉眼では見えない隙間であっても水分は浸み出てしまう。このように、味噌桶を作るときも、その後のメンテナンスでも「木をわかった」処置をしなければならない。すなわち、木のプロフェッショナルが作った味噌桶であれば、水が浸み出るような問題は起きないといえる。こう言ってしまうと、「面倒だからやっぱりプラスティック製がいい！」ということになるかもしれない。確かに、プラスティックは加工が容易で便利であり、今やそれ抜きの生活は考えられない。しかし、人間が作った合成高分子であることは常に留意しなければならず、環境や人体への影響に注意しながら使っていかなければならない。そしてその影響は未来の人間しかわからない。一方、木は樹木が作り出した高分子である。ほっとけば腐る、すなわち、生分解性を持っている。古来より人々は木でいろいろな道具を作ってきた。環境や人体への悪影響がないことは歴史が証明している。熱帯雨林の消失のきっかけに、「木を切ることは地球環境を破壊する」との声が上がり、木を使うことは悪だと言われた。破壊された天然林を再生するには多大な時間を要するからである。今、地球温暖化防止に果たす森林の役割が期待されているが、二酸化炭素の吸収は樹木が若いときに旺盛であり、老齢木では呼吸による二酸化炭素の放出が吸収を上回るようになる。日本のスギのような人工林は適切な管理をしなければその森林は荒廃する。「樹を植えて、育てて、木材を使って、樹を植える」というサイクルが不可欠である。そして、木製味噌桶には以前吸収した炭素が貯留されているのである。これを出来るだけ長く使うことは温暖化防止に貢献しているのである。これを機に木製味噌桶で味噌をつくり、地球温暖化防止に貢献してはいかがでしょうか？

（松村順司）

四．三．味噌桶の復活は不可能なのか

これだけ安価なプラスチック容器が出回れば、木製の高価な味噌桶は買い手がない。買い手がないからつくらない。こうした社会状況は、昭和三〇年代後半から始まり、今日まで続いている。その結果、味噌桶の使用は激減した。福島県の農村社会であっても、昭和五〇年代以降に味噌桶を注文した人は数少ない。一章でも述べたように、味噌桶の価値観は、戦前の自給性の高い生活を経験した人から、高度経済成長の時代に生まれた世代にはほとんど継承されなかった。

今後も古い味噌桶が捨てられ続け、新造の味噌桶が使われないならば、二〇年後には完全に生活から消えていくことになる。全国的には既に味噌桶の使用率が五％以下になった農村も多く、復活の道は頗る険しい。

桶類は、修理をしながら長期間使用することが前提につくられていた。桶業は新造より修理の仕事が多く、お得意さまを毎年同じ季節に訪問する習慣もあった。こうした習慣がなくなった現在、修理に多額の費用がかかることになる。この修理という問題は、技術者がいる地域なら可能であるが、まったくいない地域では解決は難しい。

味噌桶の復活がまったく不可能かと言えば、そうでもないような気がする。筆者は、平成一五年より職場が研究連携を行っている熊本県阿蘇郡小国町と、味噌桶の生産と普及に関する研究を共同で開始し、平成二〇年度より市販する計画をしている。その概要は次のようなものである。

①食の安全から、人工高分子の接着剤を使用しない桶づくりを確立する。

②価格を下げるため、効率的な製材と乾燥、製作を行う。

③使い手の意見も取り込みながら、製品の容量を規格化する。

④使用期間を三〇年程度とし、その間のメンテナンスを極力少なくする。そのため箍《たが》は強度のあるステンレス（厚さ一㎜）にする。またメンテナンスのための解説を作成する。

⑤ＰＬ法に対応するため、出荷前に漏れも含めた検品制度を強化し、その検査結果を表記する。

図３－９　味噌桶の試作品

⑥梱包の省力化を検討し、通信販売を中心に展開する。さらに各地の消費者団体と味噌づくりを通した交流を深め、味噌桶について議論をすることによって、形態等のマイナーチェンジに備える。

図三－九[10]は、上記の内容を盛り込んだ味噌桶の試作品である。熊本県小国産のスギの板目材を使用している。左から二斗（三六リットル）、一斗五升（二七リットル）、一斗三升（二三リットル）、一斗（一八リットル）、八升（一四・四リットル）容量である。一年に一回味噌を仕込む人は、一斗～一斗三升、甘口味噌を仕込む人は、八升の桶が適している。要望があれば、五～六升という小型の桶も生産することは不可能ではない。実際に仕込む量は桶の容積の七〇％程度である。

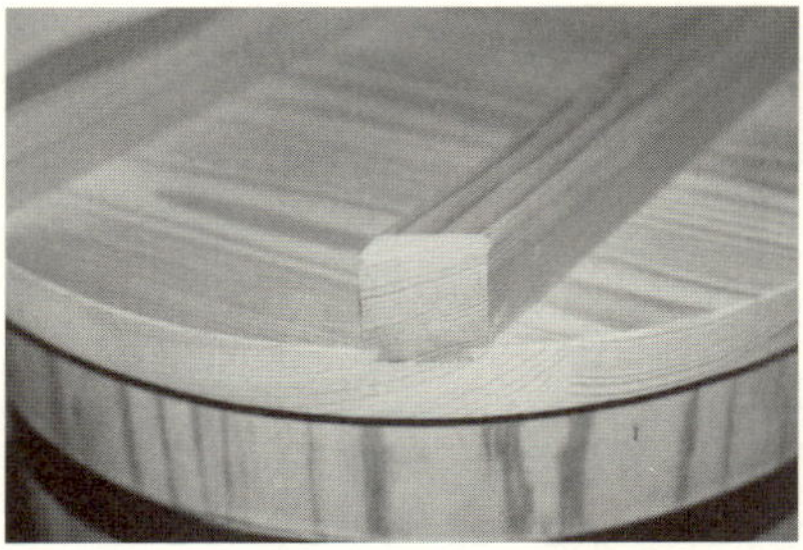
図３－10　蟻接ぎを使用した味噌桶の外蓋

桶には外蓋と内蓋が付き、外蓋は図三―一〇に示したように蟻《あり》接《つ》ぎを採用している。食品を長期熟成することから、接着剤を使用したものは味噌桶に不向きと考える。あらゆる努力をして、最も小さな八升タイプを一二〇〇〇円、二斗タイプを二五〇〇〇円で市販することを目標としている。この値段で販売し、一定の評価が得られるならば、味噌桶の復活も夢ではない。箍《たが》をステンレスにせず、竹にすればさらに値段は安くなる。但し、竹箍は扱いを注意しないと切れやすく、桶・樽業の専門家から、取扱方法を聞いて使用することが大切である。

各地で現在も味噌桶をつくられ、注文に応じていただける桶業に関しては、巻末の資料欄にまとめて記載した。修理に最も迅速に対応できるのは、やはり地元の桶屋さんであり、相談して注文するのが最も確実である。

（石村眞一）

注

（1）成城大学民俗学研究所編、日本の食文化、岩崎美術社、一九九五年
（2）農山魚村文化協会から一九八四年から一九九二にかけて出版されたもので、全四七冊。各県で編集委員会が設置され、聞き取り調査と食文化の再現がなされている。
（3）東　和男：発酵と醸造I―味噌・醤油の生産ライン分析と手引き―、光琳、二頁、二〇〇七年
（4）千葉県立農業大学校より平成六年に御教示をいただく。福島県の調査においても、戦前には稲麹を使用したという事例があった。

（5）神崎宣武：台所用具は語る、筑摩書房、一九六頁、一九八四年　柳田国男もそうした東西の生活用具観を示していることから、戦前から定着していた意見であろう。
（6）『多門院日記』に一〇石桶の記述がある。
（7）全集の四七冊に記載されている自家製味噌に関するすべての記述を整理し、地図上にプロットした。
（8）永山久夫・ベターホーム協会・小室美智世・花谷武：手作り健康シリーズ健康みそ、農山魚村文化協会、六七頁、一九八三年
（9）三角寛：味噌大学、現代書館、四三頁、二〇〇一年
（10）図三－一九に示した味噌桶の販売に関しては、〒八六九－二五〇一　熊本県阿蘇郡小国町大字黒渕一八八〇番地第３セクター悠木産業株式会社にお尋ね下さい。
TEL〇九六七－四六－五三二三　FAX〇九六七－四六－四二一七　E-Mail:K-yuuki@eos.ocn.ne.jp

四章　現代における自家製味噌のつくり方

一．はじめに

味噌づくりに関する刊行物は、工業用の量産タイプに対する解説書と、家庭用の自家製味噌の解説書に大別される。このどちらも、貴重な資料を多数含んでいることは言うまでもないが、実際に家庭で味噌づくりを行うと、具体的な参考をこうした既存の刊行物から見出せない部分も多々ある。例えば、麹づくりの重要なポイントが米麹、麦麹、大豆麹でどのように違うのか、自然の麹菌を活用する味噌玉がどのようなメカニズムで成立しているのか、うま味や風味と製造法との関係はどのようなものかといった疑問が生じる。こうした疑問は簡単に解消されるものではなく、常に学習し続けなければならない課題である。しかしながら、この課題に対し、アプローチするための手引きは必要である。その手引きも、具体的な論拠を数式だけでなく、写真で示したものが役立つ。

本章は、実際に取り組んだ結果を基に、簡単な道具、装置と身近な材料でできる自家製味噌のつくり方を紹介する。業務用の味噌づくりからすれば、道具、装置は極めて簡単なものである。それでも先人の知恵を受け継ぐことを重視し、労力は惜しまないことを原則とする。また、伝統的に行われてきたつくり方であっても、食品としての安全性が保証されていないものに関しては、公設試験機関での検査を不可欠として表記した。検査については、少し面倒なように思われる方もおられるであろう。しかし、自家製味噌であればこそ、何よりも安全な食品であることを大前提としなければならない。

二．味噌づくりと季節

味噌は晩秋から早春に仕込む清酒とは異なって、つくる季節に絶対的な制約があるわけではない。味噌は地域によってつくる季節が多少異なる。そのため地域の麹業は、季節限定で麹をつくる傾向がある。真夏であっても味噌を作れなくはないが、一般的には夏期の仕込みは避けているようだ。

貯蔵の期間、仕込む量と回数、さらに穀類の収穫時期といった要因を統合して計画的に味噌づくりに取り組むことが大切である。少し事例を通してつくる季節を検討する。

○一年間の使用量が家族で一八kgの場合

①一年に一回の仕込み―一八kg

・八ヶ月の熟成で食する場合（桶が一つ）

五月の連休に仕込む。↓翌年の一月に食べ始める。↓翌年五月の連休には桶内の味噌を別の容器に移して仕込む。この方式だと、八ヶ月間は桶に味噌を入れないで保存しなければならない。

・八ヶ月の熟成で食する場合（桶が二つ）

五月の連休に仕込む（桶A使用）。↓翌年の一月に食べ始める。↓翌年五月の連休に仕込む（桶B使用）。この方法だと、一月から五月は桶が一つ常に空いている。

・一年の熟成で食する場合（桶が二つ）

五月の連休に仕込む（桶A）。↓翌年の五月連休より食べ始め、また新たに仕込む（桶B）。この方式だと、桶は常に使用している。

・二年の熟成で食する場合（桶が二つ）

五月の連休に仕込む（桶A）。↓翌年の五月の連休に仕込む（桶B）。翌々年の五月の連休より食べ始め、また新たに仕込む（桶A）。この方式だと、桶は常に使用している。但し、この方式で始めると、二年間待たなければならない。

②一年に二回の仕込み―九kg×二回

・六ヶ月の熟成で食する場合（桶が二つ）

三月末に仕込む（桶A）。↓九月末より食べ始め、また新たに仕込む（桶B）。↓翌年の三月末より食べ始め、また新に仕込む（桶A）。この方式だと、桶は常に使用している。

熟成期間と食する期間が半年、一年というサイクルで桶が二つあるならば、桶の中が空かずにすむ。仮に空いた期間が生じたならば、桶を洗った後に一〇～一三％程度の塩水（味噌と同じ塩分濃度）を五リットル前後入れて蓋をしておくとよい。絶対に空にして桶を長期間乾燥させてはいけない。仮にそのようなことをすると、桶の箍がはずれ、大きな修理が必要となる。六ヶ月以内の熟成で食する麦味噌や、短期熟成の白味噌をつくる場合、一斗以上の容量を持つ味噌桶の使用は大家族でない限り無駄が多い。六～八升程度の容量を持つ味噌桶や陶製容器から適した容量のものを選び、少量つくる方が無難である。とにかく味噌桶に限らず、熟成用の容器は二つ使用することが基本となる。

一年熟成の味噌と二年熟成の味噌、または半年熟成の味噌と一年熟成の味噌、米麹味噌と麦麹味噌を同時につくるとなると、容量の小さな桶がそれぞれ二つ必要になる。味噌づくりには、使用量と熟成期間を併せた計画が必要だ。

三．味噌づくりの材料と用具

味噌に使用する材料は、次のようなものである。△印は必需品でなく、選択する材料。

○麹づくりに使用する材料

・米—精白米を普通使用しているが、玄米を少し搗《つ》いたものでも麹になる。玄米のままでは麹は難しい。

・麦—大麦、裸麦、小麦が使用される。小麦はそのままでは麹にならないため、玄米と同様に皮を一部傷をつけたものを使用する。

・大豆—豆味噌は、大豆自体を麹にする。

・水—穀類を洗い、浸漬《しんし》するために使用する。水道水ならば一晩置いたものを使用する。検査を受けて飲料水として認められている井戸水は、そのまま使用できる。

○味噌の合わせに使用する材料

・大豆—一般的には、ほとんどが大豆を蒸煮して使用するが、そら豆やえんどうを使用することも可能である。

・塩—精製した塩化ナトリウム主体の並塩、完全に精製していない天日塩の両方が使用される。

△種水—大豆を蒸煮した時にできたものを水分調整に使用する。

・水—大豆を洗い、浸漬するために使用する。また大豆を蒸煮する際に使用する。

○味噌の貯蔵に使用する材料

△塩—精製した塩化ナトリウム主体の並塩を、容器に詰めた味噌の表面にかける。また重石とカビ防止の役割として、ビニール袋に入れて容器に詰めた味噌の上に置く。

△重石—大きさや重量は目的によって多少異なる。容器に詰めた味噌の表面に内蓋を置き、その上に置く。

△和紙—カビ防止のために使用する。

△合成樹脂のシート—カビ防止のために使用する。

△植物の葉—笹の葉等をカビ防止のために使用する。

△焼酎―三五度以上の焼酎を、味噌を熟成する容器や容器に詰めた味噌の表面に霧吹きでかけ、雑菌を防止する。

味噌づくりの道具は、専用の道具と、日常で使用する道具の二種類で成立している。さらに厳密に分類すると、日常の道具も一年に数回しか使用しないものと、ほぼ毎日使用するものに分けることも可能である。とりあえず、網羅的にまとめると次のようになる。

△印は必需品ではなく、選択する用具。

○味噌づくり専用の道具

・味噌桶または陶製容器、プラスティック容器―一～四（味噌の熟成に使用）

・麹箱―四～六（製麹に使用。専用の台も含む）

△大型の発泡スチロール製箱―二～三（麹箱の保温）

△厚さ○・六㎜程度のビニールの袋―一（蒸す、または煮た大豆をつぶすため）

・棒状温度計―一（製麹時の温度測定）

・湿度計―一（製麹時の湿度測定、温度計と一体になったものもある）

・天竺《てんじく》木綿布（大）―一（製麹時の引き込みに使用）

△天竺木綿布（小）―四～六（製麹時に麹箱に盛り込む際に使用）

○一年に数回程度使用する道具

△臼と杵―各一（蒸す、または煮た大豆をつぶす。大豆と麹と塩を合わせる際に使用）

・木製またはプラスティック製たらい―一（大豆、麹、塩、種水を合わせる際に使用）

・木製または金属製蒸籠《せいろう》（二段～三段のもの）―一（穀類を蒸す）
△大型鍋―一（大豆を煮る）
・大型のざる―一～二（穀類の水切り）
○日常の生活で使用する道具
・秤（はかり）―一（三kg程度計量できるものがよい）
・擂り鉢、すりこぎ、ヘラ―各一（なるべく大きなもの）
・大型プラスティック容器（一〇～一五リットル程度）―二（穀類の浸漬に使用）
△クーラーボックス―一（麹箱の保温）
△篩（ふるい）―一（種麹を均等にふりかける）

上記の材料、用具は、味噌づくりの解説で写真もまじえて使い方を示す。

（石村眞一）

四．麹のつくり方

四．一．麹のメカニズム

四．一．一．麹とは

麹はカビの一種である。カビは日常生活の中でもパンや菓子に生えたり、ときには、浴室の壁や冷蔵庫のパッキン、タオルなどに生えたりと人の身近に存在する生き物である。これは、カビが微生物でありながら目で確認できるようになるまで成長することと、胞子という形態をもつことによる。カビを植物にたとえると、胞子は種子にたとえられる。空気中に浮遊し、栄養分が十分な環境にくると発芽して菌糸をのばす。菌糸は植物でいうところの茎と根にたとえられる。菌糸がある程度生育すると、また胞子をつくり、胞子は空気の気流・雨のはねあげ・ダニなどを介して環境中に広がるという循環をくりかえす。[1]

味噌・清酒・焼酎づくりに使用される麹菌は *Aspergillus* 属に含まれるカビである。味噌に使われるのは *Aspergillus oryzae*（黄麹菌）という。他にも同じ属の麹菌としては、醤油に使われる *Aspergillus sojae*、焼酎で使われる *Aspergillus Kawachii, Aspergillus awamori*（黒麹菌）などがある。*Aspergillus* 属に含まれるカビは、アフラトキシンというカビ毒を生産する種類もある。アフラトキシンを摂取した場合、肝臓障害が起こり、黄疸や急性腹水症などを引き起こし、ひどくなると死に至る。二〇〇二年にケニアで起こったアフラトキシンによる食中毒事件では、三〇〇人あまりの罹患者のうち、一〇〇人あまりが死亡している。[2]今のところ、黄麹菌がアフラトキシンを生産するという報告はなく、数百年にもわたって人々に利用されてきた経緯からも、アメリカ合衆国食品医薬局（ＦＤＡ）でも黄麹菌の安全性は認められている。[3]だからといって、麹菌を自分で分離して用いることは危険である。麹菌といっても非常に多くの種類があり、形態観察による分離だけでは種を見分けることはかなり難しい。そのため、麹菌がアフラトキシンを生産しているかどうかを判断するには、遺伝子レベルの解析や代謝物の解析という高度な分析を要する。

麹は環境にありふれて存在するため、味噌や醤油に用いる麹のはじまりは自然種付けの際についたものが、長年の間に選抜をうけたものであるといわれている。現在、用いている純粋培養の種麹が使われるようになったのは明治以降のことである。

種麹とは、蒸米に木灰を混ぜて麹菌胞子を接種して五から六日間生育・成熟させて乾燥したものである。製品としては乾燥したままの粒状種麹と、ふるい分けで分離した胞子に乾燥殺菌米粉を混合した粉末種麹がある。[4]粒状種麹の

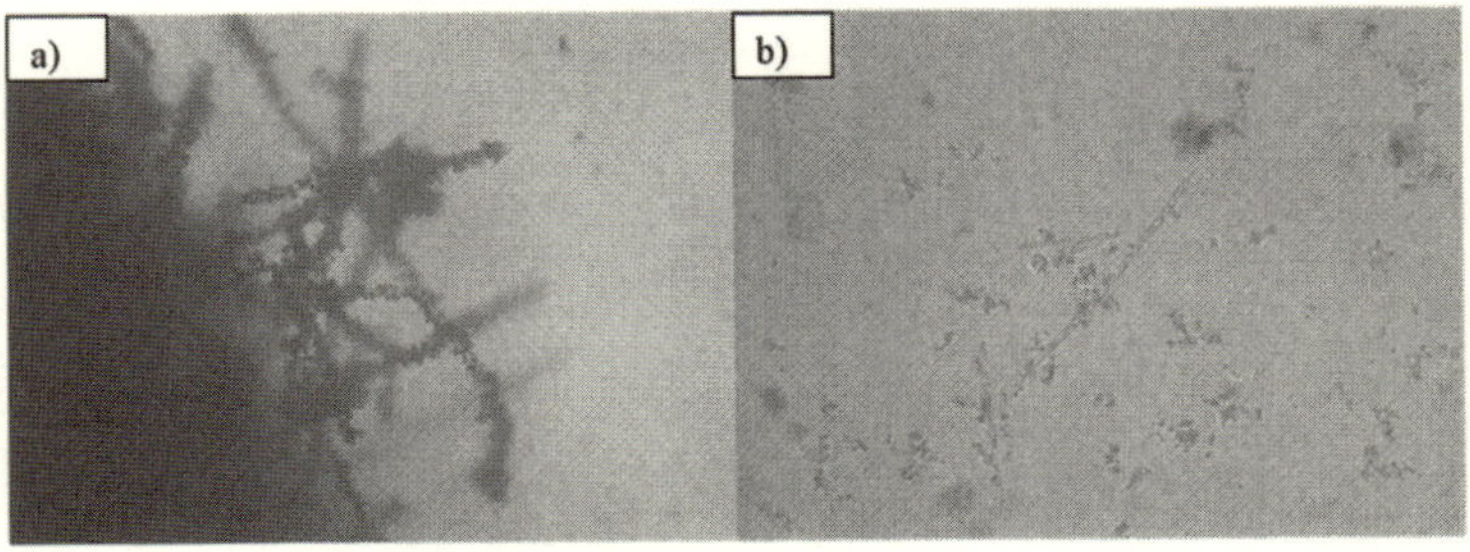

図4－1　種麹の顕微鏡写真　a）粒状種麹　b）粉末状種麹

表4－1　味噌の種類に適した麹の分類

味噌の種類	味噌の色	菌糸の様子	菌叢	酵素の特徴
甘味噌	淡色系	長毛系	黄緑色～淡黄色	アミラーゼ活性が強い
辛味噌	赤色系	短毛系	緑色～深緑色	プロテアーゼ活性が強い

表面を顕微鏡で拡大すると、図四－一－aのように菌糸がからみあい、菌糸に数珠状に胞子がついている様子が観察される。また、粉末状種麹を拡大すると（図四－一－b）胞子が分散している様子が観察される。種麹の使用量は、原料に対して粒状種麹は一／一〇〇〇量、粉末種麹は一／一〇〇〇〇量使用するのが標準とされているが、種麹メーカーの指示に従うのがよい。[5]

四．一．二．麹菌の味噌での役割

味噌づくりに麹菌を使うことで原料の米や麦、大豆から旨みや甘みを引き出すことができる。これは麹菌が生育する過程で、原料に含まれる炭水化物やタンパク質を分解する酵素を生産するためである。生産した酵素は菌体内に蓄積したり、菌体外へと放出されたりする。麹菌の生産する酵素の代表的なものにアミラーゼとプロテアーゼがある。アミラーゼはデンプンを分解してデキストリンやグルコースを生成する。生成したグルコースはおもに味噌の甘みとなる。プロテアーゼはタンパク質を分解し、アミノ酸を生成する。生成したアミノ酸は味噌のうま味となる。

それぞれの味噌に適した麹は表四－一のようになる。[6]

（齋田佳菜子）

図4－2　室　熊本県阿蘇郡小国町　七福醤油店

四．二．米麹のつくり方

本章で紹介する麹づくりは、すべて一般家庭の住居内で行うものであり、麹業で使用されている量産タイプの装置類は対象としない。麹業の方々からすれば甚だ稚拙な方法かもしれないが、簡単な道具と安い経費でつくることに意義がある。現在の味噌づくりに関する刊行物では、加熱や送風をセンサーでコントロールする麹製造機械の解説は多い。ところが、伝統的な室（むろ）での麹箱を使用した解説はほとんど見ない。戦前においては、室での製麹が主たるものであった。自家製の麹づくりは、伝統的な室での製麹方法を参考にする。図四－二、三は、麹業で使用する室で、土蔵や板張りの壁を活かして室内を保温、加湿している。こうした環境を手本として、家庭での麹づくりを行う。

簡易な装置でつくる麹は、機械的な制御が出来ないため、つくる毎に多少の違いが生じる。その程度のバラツキを、ことさら問

図4－3　室　大分県佐伯市　糀屋本店

題にする必要はないようだ。均一の麹をつくることは理想に違いないが、自家製味噌は一年に一度か二度つくるだけであるため、主たるねらいはすべて自力でつくることと、一定の質をクリアーすることにある。

麹は、次のような方法でこれまでつくられていた。

ア．培養した麹菌を一切使用せず、主に空気中に浮遊する麹菌、稲ワラに定着している麹菌を利用する。

イ．稲麹病の稲籾から麹菌を採取してつくる。

ウ．マコモ、モモ、ツバキの落ち葉、稲苗等を天日で乾燥して焼き、焼き米を混ぜて種麹を得てつくる。[7]

エ．種麹を購入してつくる。

上記の中で最も安全なのが、エの種麹を購入して使用することである。確実であり、技術的にも先行研究の蓄積が文献としてあるため、つくり方のポイントを習得しやすい。

ア、イ、ウの方法も興味深い。アの方法は、味噌玉づくりと共通する面があり、後で実際に行った結果を述べる。またアの方法は植物と接点を持つことにより、麹菌を取り込むことが可能となる。いずれにしても、独特の味わいというものは、データの集積が極めて難しい製造法に秘められているような気がする。

イの方法は、稲麹病の籾がなければできない。農薬の発達した現在では、稲麹病の籾を得ること自体が難しい。

ウの方法は、植物の灰に米を混ぜて種麹にするという原理である。日本酒の醸造で使用される種麹＝「もやし」の製造方法に似ていることから、時間にゆとりがあれば試してみたいものである。特定の植物の葉を、どのようなプロセスで発見したのであろうか。とにかく、数多くの試み（実験）が長い年月の中で繰り返しなされた結果、種麹がつくられたといえよう。マコモ、モモ、ツバキ、イネの中で、マコモはイネと同じイネ科の植物である。東南アジアでは、籾が酒の麹づくりに多用される。麹菌はイネ科の植物との関わりが深いということになる。

上記ア～ウの方法は、実験するということでの提示であり、麹として実際に使用するには公設試験機関の検査が必要である。本章では、現在安全性が検証されているエの種麹を購入してつくるという最もポピュラーな方法を紹介する。この種麹は、ウの方法とおおむね同じ原理で得たものであるため、ウとエは同一のカテゴリーということになる。エの方法は夏場でない限り、加温、保温、加湿を行う何等かの装置が必要である。

戦前から継承された麹づくりは、麹床に見られるようなムシロ、ワラを保温材とし、そこに湯をかけて温度と湿度を高くし、湯たんぽで長時間保温する。または室の空間を七輪で温め、湯を沸かして蒸気を出して加湿する方式がある。さらにこの二つの折衷的な方法もある。本章では、こうした伝統的な原理を現代の生活に応用した麹づくりを試みる。

米、麦、大豆といった粒状の穀物を、麹菌を使用して製麹したものは、撒（ばら）麹と呼ばれる。一方、穀物を粉にして水等で練って製麹したものを餅麹と呼んでいる。後者は中国や東南アジアで広く使用されているが、ここで取り扱うのは撒麹である。

米の製麹は次の①～⑫の工程で行う。使用するのは精白米である。近年玄米麹という名称の商品も見かけるが、完全な玄米では麹はできない。実態としては、玄米を少し搗いて表面を傷つけたものを使用している。

図４－４　米の浸漬

図４－５　米の水切り

①米の洗浄→②米の浸漬《しんし》→③米の水切り→④米を蒸す→⑤蒸米の冷却→⑥種付け→⑦引き込み→⑧切返し→⑨盛り込み→⑩一番手入れ→⑪二番手入れ→⑫出麹

製麹とは⑥～⑫を通常指し、①～⑤は米処理と位置づけられている。

①の米を洗浄する目的は、米に付着した汚れ等を除去することにあり、炊飯前に行う洗浄方法と同じでよい。使用する道具は木製の盥（たらい）かプラスティック容器。

②米の浸漬目的は、蒸す前に十分米に水分を吸水させることにある。少なくとも三時間程度は吸水させる。この時使用する水は、水道水であれば前日から用意しておく。米麹の場合、米の吸水は飽和状態になるまで行うことから、夕方から翌朝まで浸漬させることが多い。一晩だと約一二時間になるが、特に問題はなさそうである。おそらく、麹業は仕事の段取りから一晩浸漬させるのであって、六時間であっても差し支えない。使用する道具は、図四－四に示した日常で使用するプラスチック容器で十分である。

③米の水切りは、余分な水分を除去することが目的である。後で解説する麦の場合とは少し意味が異なる。時間は一時間～一時間半程度である。水切り後に米の重さを計測し、吸水歩合が二五～二八であることが望ましい。とは言っても、元々飽和状態まで吸水させているのであるから、くず米や極端な古米でなければ大概この値になる。吸水歩合は、吸水した水分を乾燥していた米の重量で割り、一〇〇を掛

図４－６　蒸籠に入れた米

図４－７　ガスレンジによる蒸籠の使用

けたもので次のように計算する。

一・二五kg（吸水後の米の重量）－一kg（元の米の重量）×一〇〇＝二五（吸水歩合）

水切りに使用するざるは、図四－五のようなステンレス製のものが望ましい。竹製のざるでは目に米粒が埋まり、水切り後の作業がやっかいである。

④米を蒸す（蒸餾《じょうきょう》）には蒸籠《せいろう》が必要となる。蒸籠には金属製と木製がある。値段が安いのは金属製で、木製の曲物を使用したものは予想以上に高価である（一つ五千円～一万円前後、二段にすると鍋、蓋もあわせて二～三万円程度する）。しかしながら、蒸籠は断然木製のものが使いよい。金属製を使用する場合には、べとつかないように底部との接点に何等かの工夫が必要となる。いずれにしても、図四－六に示したように、専用（市販品）の蒸し布を敷かないと使えない。蒸籠一つに二～二・五kg程度の米を入れることは可能で、中央部分を少し窪ませておくと蒸気の通りがよい。

ガスレンジによる蒸籠の使用は、図四－七に示した。最上部から蒸気が出るまではやや強火で二〇～三〇分を要す。蒸気が出てから五〇分前後で蒸し終わるが、そのままだと下の蒸籠が長時間蒸せ、上の蒸籠と蒸し加減が均等にならない。蒸気が上から出て二〇分程度経ったら上と下の蒸籠を入れ替え、蒸し加減を均等に

図４－８　蒸し加減の確認

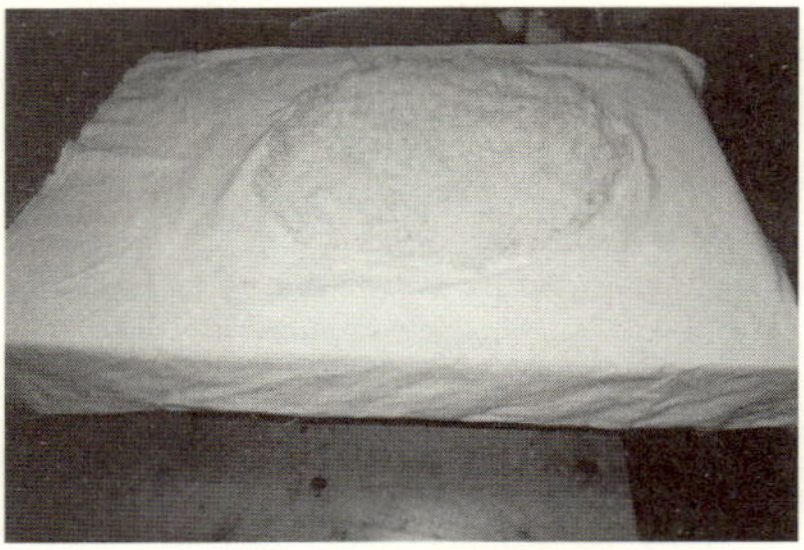
図４－９　蒸米の冷却

する。またガスを強火で連続使用する際は、一時間弱でいったん消して再点火しないと、安全装置が自動的に作動して元栓が閉まってしまうので注意しなければならない。

蒸し終わりの目安は、図四―八のように蒸した米を少量取り出してみて、少しぱさぱさしているが、押しつぶすと餅のようになる状態である。業界ではこのような状態を「ひねり餅」といっている。予想以上に水分は少なく、初めて蒸籠で米を蒸した時は誰でも戸惑う。触ってべとつくような水分過多では必ず失敗する。麹づくりの最初の難関は、蒸米の適正な水分にある。

⑤の蒸米の冷却は、時間を掛けすぎない方がよい。ガスを止めた後、そのまま放置しているだけでは温度はなかなか下がらない。また下からの蒸気が作用するため、手袋をするか布を当てて、蒸籠をすぐ他の場所に移す。その後蓋を取り、図四―九のように天竺木綿を二枚重ねた上に蒸米を取り出す。とにかく熱いので注意する。こうして三〇分程度自然冷却を待つ。仮に少し水分が多いようであれば、扇風機を使用して対応することも可能である。

蒸米を扱う場所は、前日に室内の清掃、換気を行い、雑菌の混入を最小限にするよう心がける。蒸米が少し冷めてきたら、よく手を洗い、全体を少しまぜながら温度を均一化する。次に熱湯等で殺菌した温度計で測定する。目標とする人肌の温度＝三五℃に近づくまで蒸米全体を均一に冷却する。

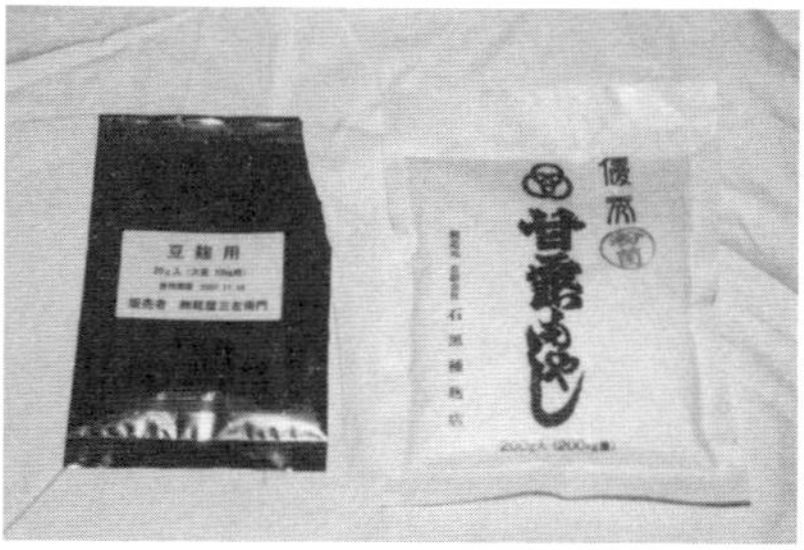

図4－10　市販の種麹

図4－11　種麹付け

⑥はいよいよ種麹付けの作業に入る。図四－一〇は市販の種麹である。人肌の温度に冷めた蒸米を布の上で広げ、種麹をふりかける。その分量は蒸米一kgに対し一グラムである（粒状種麹の場合）。極めて少ない分量であるから、図四－一一のように小さな篩（ふるい）を使用して、均一にふりかけるよう努力する。使用する種麹は、米麹専用のものとする。種麹の入手先に関しては、下記に示したもので、ネットで販売している企業もある。

○種麹店一覧

・（株）秋田今野商店　〒〇一九－二一一二　秋田県仙北市刈和野二四八
　TEL〇一八七－七五－一二五〇　FAX〇一八七－七五－一二五五
・日本醸造工業（株）　〒三一九－一三〇一　茨城県日立市十王町伊師二九四八
　TEL〇二九四－三九－二三〇七　FAX〇二九－三三三一－二三二七
・榊原奥之助商店　〒三一一－三八〇六　茨城県行方市船子三〇七－一
　TEL〇二九九－七七－〇一〇八　FAX〇二九九－七七－〇一〇九
・石黒種麹店　〒九三九－一六五二　富山県南砺市福光新町五四
　TEL〇七六三－五二－〇一二八　FAX〇七六三－五二－〇一八四
・（株）ビオック　〒四四一－八〇八七　愛知県豊橋市牟呂町内田一一一－一
　TEL〇五三二－三一－九二〇四　FAX〇五三二－三一－〇三一六
・（株）菱六　〒六〇五－〇八一三　京都市東山区松原通大和大路町東入二丁目

ＴＥＬ〇七五―五四一―四一四一　ＦＡＸ〇七五―五四一―四一四四

・（株）樋口松之助商店　〒五四五―〇〇二二　大阪市阿倍野区播磨町一丁目一四―二

ＴＥＬ〇六―六六二一―八七八一　ＦＡＸ〇六―六六二一―二五五〇

・今野もやし（株）　〒六五八―〇〇五四　兵庫県神戸市東灘区御影中町三丁目

ＴＥＬ〇七八―八五一―三五八四　ＦＡＸ〇七八―八五一―三五七四

・吉兼商店　〒七七〇―〇八三一　徳島市寺島本町西二丁目三三―一

ＴＥＬ・ＦＡＸ〇八八―六五二―四九五二

・有限会社 椛島商店　〒八三五―〇〇二五　福岡県みやま市瀬高町上庄一七番地

ＴＥＬ〇九四四―六三―三五四五　ＦＡＸ〇九四四―六三―二八九五

種麹は以前薬局で販売していたが、近年は見かけなくなった。種麹には長毛系と短毛系があり、前者は短期熟成の味噌や甘酒に使用され、後者は長期熟成の味噌に使用される。長毛系はアミラーゼを活かすためにやや高温で製麹される。逆に短毛系はプロテアーゼの活力を活かすため、やや低温で製麹される。いずれにしても、目的に応じた種麹を入手する必要がある。

種麹をふりかけた後は、手をよく洗って蒸米全体に麹菌が均一になるように混ぜ、蒸米を最初のように一つの塊とする。とにかく手で直接触れる時間は極力短くし、雑菌の混入を防ぐ。

⑦の引き込みからは、室または室に類似した機能を持つ装置が必要である。麹菌の成長には適切な温度と湿度の管理が必須条件となる。この温度は室温のことで、麹自体の品温とは異なる。

これまでの刊行物では、屋内で室に類似した機能を持つ装置として、電気こたつ、電気あんかを使用したものが紹介されている。電気の加湿器、ホットプレートも含め、家電メーカーは、長時間連続して家電を使用する麹づくりへの使用は認めないであろう。少なくとも筆者の問い合わせに関しては、全メーカーからお断りがあった。稲の育苗機を使用した麹づくりも刊行物に紹介されている。育苗機を既に持っている農家であれば、実に便利な装置だ。小型の専用麹発酵機も既に発売されている。(8) 二日間も家庭で作業をできない方には安全で失敗もない便利な代物といえる。

本章で取り上げる室に類似した機能を持つ装置は、システムバス、発泡スチロールの箱、クーラーボックスの三つである。後の二つは似たような物であるから、実質的には二種類の装置である。

図四ー一二はシステムバスの上に引き込みをしたものである。家屋内の温度が一五〜二〇℃あれば、システムバスは四五℃になるよう追い焚きに設定し、二〜三時間に一度お湯を五分程度かき混ぜ（かき混ぜないと室温は簡単に上がらない）、さらにシャワーで壁や洗い場を中心に部屋中に掛ければ、室温二八〜三〇℃、湿度七〇〜八〇％を維持できる。風呂場をビニールで浴槽部分を仕切ることができれば、室温三〇℃、湿度九〇％という最も理想的な環境を維持することも可能である。部屋の無駄な容積を遮断することが、効率の良い製麹環境を生み出す。

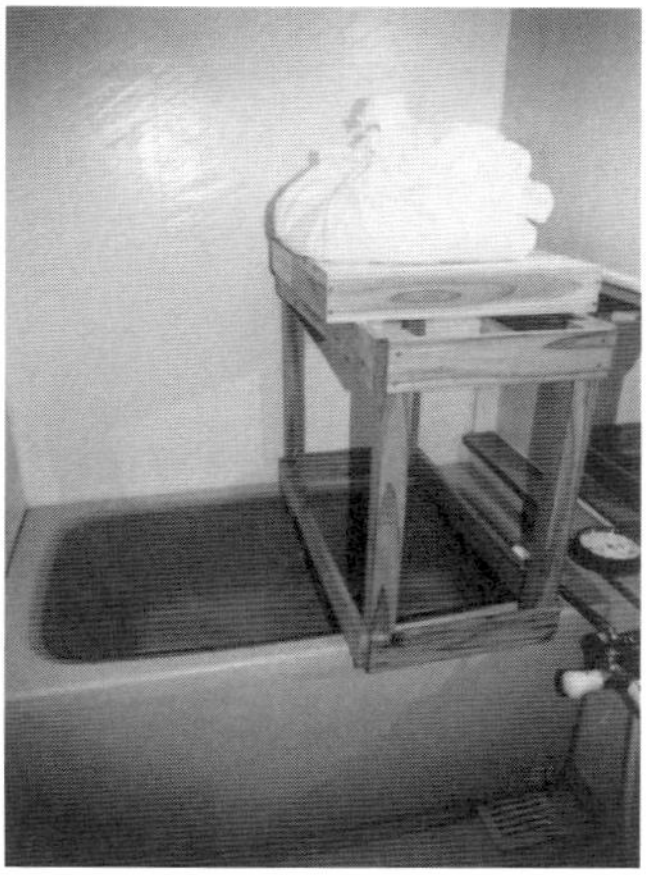
図４－12　引き込み

適正な室温、湿度の管理が麹づくりの基本となる。湿度が上がらない場合は、布に水をしみ込ませて蒸米の上に掛けるなど、対応策はいくつかある。問題となるのは、外気温との関係で、厳冬期の東北、北海道では日中でも氷点下になるため、図四ー一二のようなシステムバス内を、三〇℃に保つことは不可能に近い。日中の外気温が一五℃程度に上がる四月下旬から五月上旬まで待つ

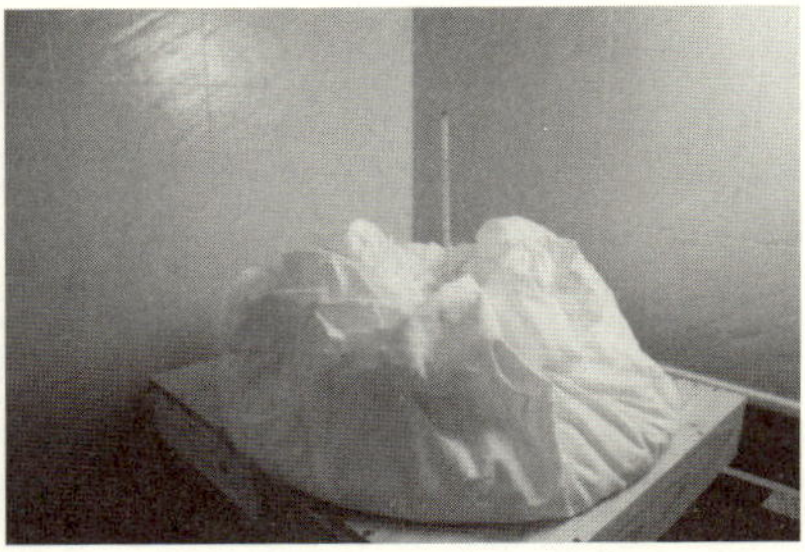
図４－13　品温の測定

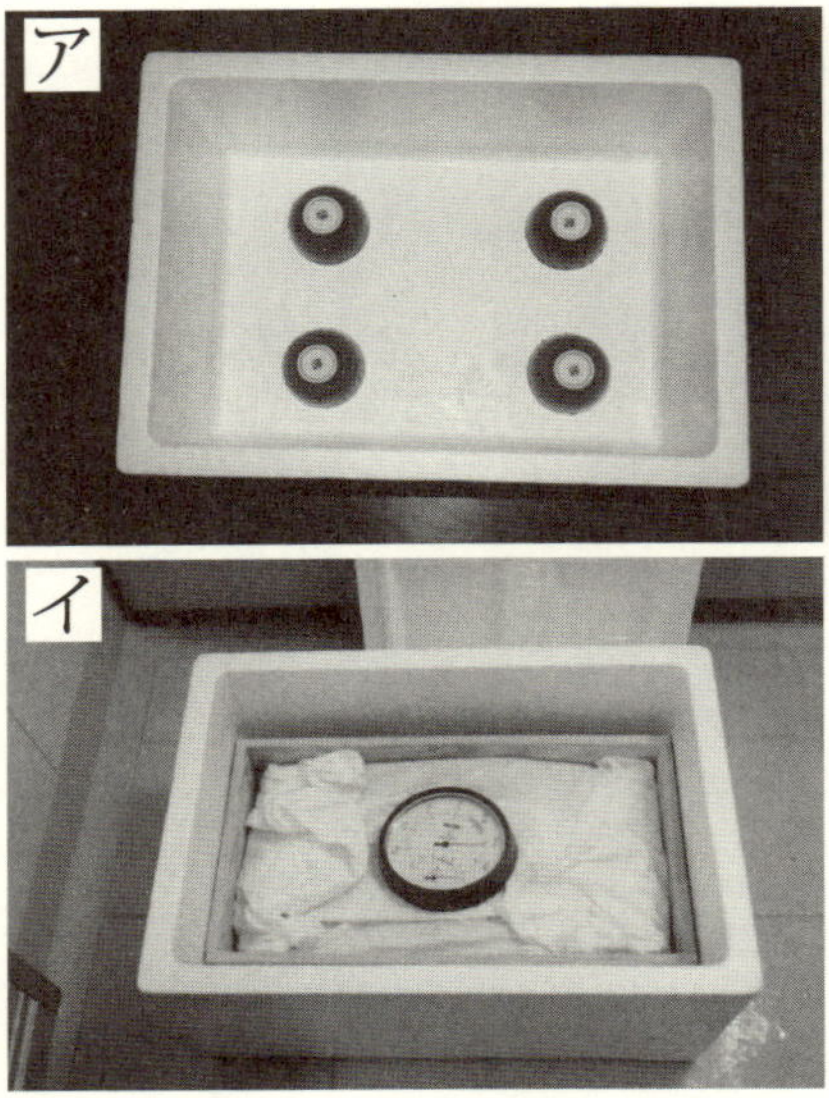

図４－14　発砲スチロールの箱での引き込み

のが無難である。雑菌の繁殖を防ぐには、厳冬期に麹をつくることが理想とされる。しかし無理にその時期に作業を行う必要もない。真夏でも北側に面した室内であれば麹をつくることは可能である。しかし品温が高くなるとコントロールが難しいので、外気温が三〇℃を超える時期はやめた方がよさそうだ。九月につくる地域が西日本を中心に多いのは、適度な外気温を上手に利用するためと考えられる。

まずは図四－一二の状態で二、三時間程度ようすを見る。そして第一回目の品温を測定する（図四－一三）。温度計は清潔に取り扱い、雑菌の混入を防ぐ。品温は種麹を付けた時から下がり、三〇～三一℃になっているはずである。温度計は差し込んだままでも構わない。何回も出し入れする際に雑菌が混入する可能性がある。

図四－一四は発泡スチロールの箱に引き込みしたものである。発泡スチロールの箱は四〇～四五℃程度のお湯を入れて内部の温度、湿度を管理する。使用するお湯は二リットル程度とする。あまり少ないと冷めが早い。とにかく廉価で保温、保湿に優れているので、お金のかからない方法としてお勧めしたい。発泡スチロールの箱は熱に弱く、五〇℃以上のお湯を入れてはならない。クーラーボックスはやや熱に強いが、それ

でも五〇℃以上のお湯を入れることは避けるべきである。また細長い形態なので、麹箱も図四―一五に示したように、細長くつくらなければならない。発砲スチロールの箱は、魚屋さんに相談すれば入手方法を教えてくれる。インターネットでも購入することができる。釣り具店で販売している青色に着色したものも試してみたが、どうも熱に弱いようで、異臭を発することから使用は避けた方がよさそうだ。

　発泡スチロールの箱で問題となるのは容量である。図四―一四では麹箱が二つしか入らず、約三kgの麹しかつくれない。麹を六kgつくるには、どうしても発泡スチロールの箱を二つ用意するしかない。いずれにせよ、箱は一つが千円以下なので、経済的な負担は少ない。システムバスの中で発泡スチロールの箱を使用すれば、浴槽内を加温する必要がないことから熱効率がよく、極めて経済的である。外気温が一五℃以下でも製麹が可能となる。システムバスの追い焚きを併用すれば、室温が厳冬期の一〇℃以下でも可能である。但し、盛り込みまでは、数時間に一度は中に入れるお湯を取り替える労力が必要となる。お金をかけないのだから、労力を惜しんでは話にならない。

図４－15　クーラーボックスの利用

　⑧は切返しといって、引き込みをした蒸米を混ぜて温度を下げることである。混ぜるという作業は、蒸米全体を空気に触れさせ、麹菌に酸素を供給することにつながる。

　麹菌を付けて引き込みされた蒸米は、一二時間後より品温が上昇する兆しが認められ、一時間に〇・五度程度上昇する。ここで品温が一切上昇しなければ、正常な製麹がなされていない可能性がある。一四時間を経ても品温が上がらなければ、室温を確認して二~三℃程度上げてみる。通常は一五時間を過ぎると品温が

図4－16　麹箱

急速に上昇する。一八～二〇時間後には三八℃に達する。この三八℃が切り返しの目安となる。手をよく洗い、手早く蒸米を均一に混ぜ、少し全体を平らにならして空気に触れる面積を増す。蒸米には白い斑点が付く。これをハゼがつくという。このハゼの分量が、全体の三割程度になることを三歩ハゼと呼び、切り返しの目安にもなる。仮に二〇時間を経ても三歩ハゼになっていなければ、元の引き込み状態に戻し、室温を上げてみる。少し時間が経過してもあわてないことが大切である。

⑨は、⑧の切り返し後にムロブタと呼ばれる木製の箱に盛り込むことである。全国で使用されるムロブタは、室蓋の意味であろうか。容器であるのに、何故蓋と呼ばれるのかがよくわからないので、本章では麹箱という名称で統一しておく。麹箱は、米一升を蒸して入れる容積を持つとされている。すなわち一・五kg程度の麹をつくる容器ということになる。

一八世紀末に刊行された『日本山海名産図会』には、酒造の場面に土の室と麹箱が描かれている。[9]麹箱はかなり幅広で浅い。こうした形状から、箱ではなく、蓋と呼ばれるようになったのではなかろうか。同様の形態は、図四－二、三に示した九州の麹箱と共通している。

麹箱は地域によって少し形態が異なる。北陸では曲物の技法で高さの低い箱状にした麹箱も使用されている。本章で取り扱う麹箱は、図四－一六に示したもので、長さ四五〇㎜幅二七〇㎜高さ七〇㎜、材質は一五㎜厚のスギ材である。底板は一枚板が理想的であるが、高価なので三枚の板を集成している。ステンレスの釘か、鍍金を施した細いねじを使用しても、一つの箱が四〇〇円以下で製作できる。麹の使用量が多い家庭でも、一〇箱程度あれば一五kgの麹が一度にでき、何年かすると元が取れる。二〇年位は使用可能である。但し、製作には当然日曜大工の技術が前提となる。近頃のホームセンターは、電動鉋や電動鋸を装備しているところも多く、ホームセンターで材料を購入してつくるのも一つの方法である。くれぐれも乾燥している木材を使用すること。

筆者は、天竺木綿を麹箱の上に敷いて使用している。図四―一七のように三歩ハゼに溝を三本つけて温度の急上昇に備える。システムバス内の湿度が七〇％程度の時は、霧吹きを使用して布を加湿する（発泡スチロールの箱やクーラーボックスは、密閉していると湿度が八〇％以下にはならない）。戦前の麹業は、湿したワラを麹箱の中に置いて湿度の確保に対応していた地域がある。

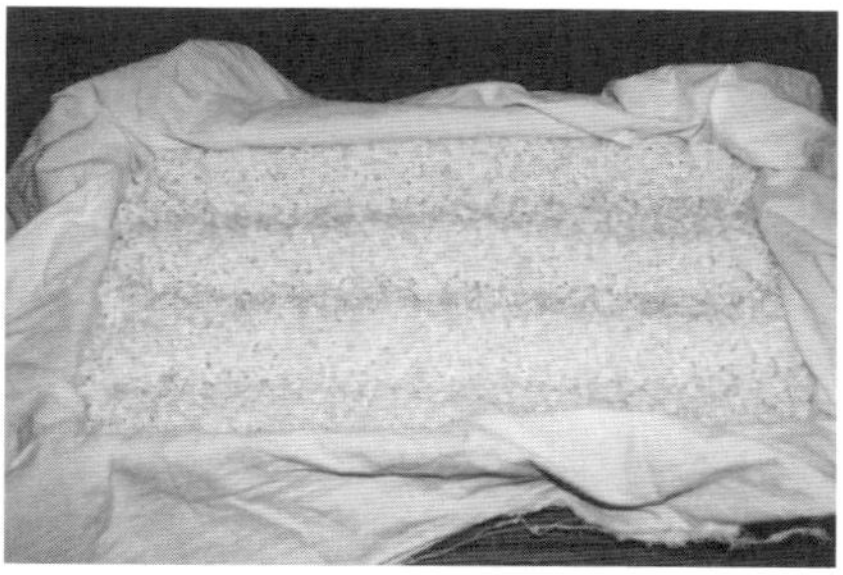

図4－17　麹箱への盛り込み

麹箱に盛り込む厚さは約六㎝とする。このために麹箱の高さを七〇㎜にしている。室温は少し下げて二八℃程度とし、湿度は八七～八八％あたりにする。

発泡スチロールの箱やクーラーボックスは、密閉していると品温が高くなるので、上の蓋を少し開けて中の温度、湿度をコントロールしなければならない。室温が二〇℃以上あれば、お湯の入れ替えをする必要はない。

⑩の一番手入れは、盛り込みを行ってから五時間後に行う。八歩ハゼの状態になり、全体が白くなっていることが目安となる。盛り込み直後には三五℃以下に品温が下がっても、四～五時間後には四〇℃に達する。このまま放置していると品温が四二℃に達し、何時間も四二℃以上を保つと、全体がべとつき、麹にならなくなる。よって麹箱内をよく混ぜ、さらに一部は別の麹箱に移し、厚さを四・

図４－18　麹箱の積み上げ

五cm程度に薄くする。温度の上昇への対応である。室温は二八℃、湿度は八五％に減らす。とにかく品温を四〇℃以上に上げないことが大切である。

麹箱の積み方も、図四－一八に示したように、箱と箱の間に板を挟めたり、箱を互い違いに積むなど、品温の上昇を抑制するよう工夫する。また最も高い場所に置いている麹箱から先に麹になるので、麹箱の位置を変えることも、製麹の進展を均一化させる大切な手段である。麹箱は木製であるため水分を含んでおり、麹箱内の上下で水分差が生じるため、霧吹きで布の上から再度加湿することも一つの対応策となる。湿度が八五％あればそのような必要はない。過度な水分供給は禁物である。

⑪の二番手入れは、一番手入れからさらに五時間を経過した時、すなわち種麹を付けて三〇時間以上経った時に行う。品温は四〇℃に達しているので、全体をよく混ぜる。一部は少し固まってきている部分もあり、素早くほぐす。今度は厚さを三cm程度にする。六cm、四・五cm、そして三cmと徐々に薄くしてきたのは、発熱に対する一つの対応であり、最終的に麹箱の内容量を一・五kg≒米の約一升分にするための作業でもある。湿度は八〇％程度とし、品温がなかなか下がらない場合は、室温を二五℃あたりまで下げる。

二番手入れの後においても、品温が四二℃に達したならば、緊急に手入れをし、室温を下げる。このあたりの時期は目が離せない。

⑫の出麹《でこうじ》は、麹づくりの完了を意味し、四二～四五時間が目安とされているが、簡易な装置で室温、湿度が不安

定な状態では、それより長くかかることが多い。大正時代後期から昭和初期における自家製の麹づくりも、不安定な温度、湿度であったようで、四日間をかけてつくった（製麹としては三日）という話が各地に伝えられている。一般的に室温が二六〜二八℃度といった低い室温ならば、盛り込みまでに時間がかかり、五〇時間を要することもある。

出麹の目安については、後で詳細な解説がなされているので参照していただきたい。一般的には、品温が三五℃あたりまで下がり、湿度が少なく軽いこと、さらに麹の香りがすることが目安となる。米麹は出麹の状態になると板状に固まる。麹箱による製麹で出来るこうした麹を、板麹と呼ぶ場合もある。図四―一九のような出麹の状態になると胞子が飛ぶようになり、健康面も配慮して取り扱いの際はマスクの着用が望ましい。出麹の重量は米の重量の一・〇二〜一・〇五あたりである。一・一〇以上の重い麹は水分過多であり、雑菌が入っている可能性が高い。

図４－19　出麹の状態

出来上がった麹は、すぐに使用すべきである。そうもいかない場合は、保存しなければならない。この保存法は三種類ある。

①保冷する（ビニール袋等に入れ、電気冷蔵庫で保管する）。

②塩切りにする（こうじ重量の二〇％以下の塩を加えて容器に保管する）。

③乾燥させる。

最もポピュラーなのが②の塩切り麹にすることである。西日本の農村の中には、九月に麹をつくって塩切りにし、大豆を収穫する一一月以降に味噌を仕込む習慣がある。こうした方法は、塩切り麹という技術があったから成立しており、麹は樽に入れて保存していたようである。塩の量は味噌の塩分濃度との関係もあるので、麹の歩合が二〇以上もある味噌では、塩の量を事前に検討しなければならない。

③の乾燥する方法は、麹業で行われているもので、五〇℃以下の温風にて乾燥させたものである。現在は研究が進み、麹の活力は生の麹に近くなったが、専用の乾燥機がないとつくるのは難しいようである。

（石村眞一）

四・三　麦麹のつくり方

麦味噌における麦麹づくりにおいては、通常、原料に丸麦を使用する。しかし、丸麦は市販されていないので、手に入らない場合は押麦でも代用できる。

丸麦の場合は水で良く洗浄して糠や異物などを除き、水に浸漬する。麦は米よりも水を吸いやすく、洗浄時の吸水も米より多く、浸漬時間は米よりも短くなっている。吸水時間は水温に

表４－２　水温と麦の浸漬時間の関係[10]

水　　温	浸漬時間
15℃以下	3 ～ 6 時間
17 ～ 23 ℃	1 ～ 3 時間
23℃	40 分以内

よって調整する（表四―二）。

浸漬後、約一時間水切りを行う。水切り後の重量比は一・二八～一・三〇倍、水分含量は三五～三八％となるのがよい。[11] また、押麦を使用する場合、精製し、蒸して押しつぶすという加工過程を経ているため、丸麦以上に吸水しやすくなっている。洗浄後は浸漬せずにすぐに水切りを行う。

吸水が多すぎたり、水切りが不十分で麦に水分が多すぎると、麹菌が十分に生育しなかったり、雑菌が繁殖する原因となったりするので注意する。また、麦に水分が少ない状態でも、麹菌が十分に生育しない原因となる。水切りを

行った後の麦は、かたまりになってしまうことがあるが、蒸気の通りをよくするために、よくほぐしてから四〇分程度蒸す。蒸すことによって麦のデンプンが麹菌の利用しやすい状態に変化する。蒸し上がりは麦がふっくらし、指先でつぶしたときにもちもちした感触があり、中心部には芯が少し残った状態がよい。蒸した麦はすぐに扇風機などで冷却する。冷却すると、麦がかたまりになってしまうので、ここでもよくほぐす。麦がまんべんなく人肌程度に冷めたら、麹菌の種麹をまぶし（種付け）、温度三〇℃の状態で保温する。

約四時間経つと胞子の発芽がはじまり、約一二時間後になると、肉眼で白い斑点状の菌糸が麦についている様子が観察できるようになる。発芽した胞子はさらに菌糸をのばし、原料の中まで入り込む。菌糸がさらに発達すると、お互いにからんで固まりを形成するようになる。

約一〇時間前後たち、生育がさかんになってくると徐々に発熱がはじまる。麹の温度が四〇℃近くになってしまうようでは、切り返しを行って温度を下げる必要がある。四〇℃以上になると麹菌の生育が抑えられてしまうためである。また、このときに麹が固まり状になっていたら十分にときほぐす。なお、麹菌の生育の際には、大量の酸素が必要となる。酸素が不足し、炭酸ガスがふえると生育速度がおそくなり、アルコール発酵を始めてしまう。切り返しには、酸素を麹全体に十分に行き渡らせるという意味もある。そのため、工場で扱う製麹機械には通風を行う装置が備えられている。通風によって発熱した麹の温度を下げ、十分に空気を供給するためである。しかし、三〇時間を経過すると、菌糸がからみあって通風が不均一になるので、やはり切り返しを行わねばならない。(12) 切り返しはせいぜい二～三回が妥当である。何回も切り返しを行ってしまうと、雑菌が混入する原因ともなるので頻繁には行わない。それでも温度があがってしまうなら保温をやめて、麹づくりをおこなっている環境の温度を下げる。

出麹は約四〇時間から四六時間後になるが、そのタイミングは菌糸が麦全体にまわっていることがポイントとなる。麹菌の生育がよければさらに胞子が生成する。生育が悪ければ菌糸が全体にまわらない。出麹のタイミングは、それぞれの味噌の品質や好みに対応した時間をとればよい。一般に、赤色系味噌は酵素活性の強いややひねた麹が良く、淡色系味噌は胞子のついていない若い麹がよいとされている(13)。

米による製麹に比べて、麦による製麹で気をつけるべき点は、一般的に麦麹には雑菌が生育しやすいところにある。麦は米に比べて吸水しやすいことから、製麹後期まで水分を多く含んだ状態が続く。そして、製麹後期には米よりも高温になる傾向があるため、高温多湿という細菌が繁殖しやすい環境になりやすい。さらに、麦には米よりもタンパク質成分が多いことも細菌の繁殖を手伝う要因となる。雑菌の混入を防ぐために衛生管理や温度・湿度の管理に気を配ることが必要である。

（齋田佳菜子）

四．四．大豆麹のつくり方

○撒麹《ばらこうじ》

大豆麹は、大豆そのものを麹にするものである。その主な使用目的は、大豆以外の穀類を混合しないで味噌をつくることにある。大豆麹には、撒麹と味噌玉麹の二つの製麹法がある。撒麹の方法は次のように行う。

①大豆の洗浄→②大豆の浸漬→③大豆の水切り→④大豆を蒸熟する→⑤蒸した大豆の冷却→⑥種付け→⑦引き込み→⑧切返し→⑨盛り込み→⑩手入れ→⑪出麹

大豆を麹にすることは、米や麦より難しいとされている。難しい理由は、製麹中に枯草菌《こそうきん》の繁殖が盛んになると、味噌に使用できる麹を得ることができないためである。では何故枯草菌が発生するかというと、蒸した大豆の水分が多く、また大豆一粒の大きさが米や麦に比較して大きく、ハゼが内部に簡単には食い込まないからである。そのため下記のような方法で対応されている。

ア．大豆の浸漬時間、水切り時間を調整し、吸水率を低くする（一・六程度）。

イ．蒸す時間も大豆の吸水と関係する。米麹や麦麹と合わせるような軟らかい状態にする必要はないことから、やや短くする。

ウ．香煎等を表面にまぶし、製麹を他の穀物の力を借りて促進させる。

エ．引き込み後の品温を二七〜二八℃とし、盛り込み後も最高で三五℃とする。

アの内容は①〜③に相当する部分で、季節に影響する。冬期間は水が冷たいので二〜三時間はかかり、逆に春や秋といった季節では一〜一時間半程度となる。こうした時間は一応の目安であって、一年に一回つくる自家製味噌では、吸水率の確認は、実際に重量を計測することで対応することが望ましい。特に大豆は収穫した新大豆と、前年収穫した二年目の大豆とでは吸水時間が異なるので（一般的に二〜三割増し程度の時間を要す）、あらかじめ使用する大豆の収穫時期を確認しておく必要もある。

イは④に相当する部分で、やはり水分の調節と深くかかわってくる。蒸す時間は火力にもよるが、蒸籠の上に蒸気が出てから二〜三時間程度が一つの目安になる。指で簡単につぶれるほど軟らかくする必要はない。

ウは麦とか米による製麹の力を借りるもので、麦を炒った粉である香煎（こうせん）や餅米を蒸して粉にした寒梅粉（かんばいこ）をプロテアーゼの強い大豆麹専用の種麹に混ぜ、蒸した大豆の表面にまぶして製麹を促進させるというものである。こうして得られた大豆麹は、二〜三％他の穀物が加わっていることから、純粋な大豆麹とはいえないかもしれない。

図４－20　大豆麹の出麹状態

図４－21　大豆の味噌玉

エは、ア～ウの準備段階を経て、引き込み後の対応として最も重要なポイントとなる。製麹後のプロテアーゼの働きを重視したもので、豆味噌が長期熟成（一・五～三年）を前提としていることと深くかかわった製麹法ということになる。出麹は米麹や麦麹と比較して時間を要し、図四－二〇の状態で約七〇時間である。これくらい時間が経つと水分も減り、種麹を付けた時よりかなり軽くなったように感じる。この軽さが出麹の目安にもなる。図四－二〇は米麹と同じように板麹になっている。製麹中の湿度は米麹と基本的に同じでよいとされている。安全を期すならば、四〇時間を過ぎたあたりから八〇％以下に湿度を下げることも枯草菌に対する一つの対応策となる。

○味噌玉麹

豆味噌にするには、通常大豆を味噌玉麹にする。この味噌玉麹はすこぶる難しい（撒麹の方が難しいとする人もいるが）。撒麹と異なるのは、約六〇℃という蒸した大豆が熱いうちにピンポン玉程度の大きさにすることである（八丁味噌の場合）。玉状にする前に大豆を少しつぶさなければならないため、熱い大豆を短時間に八歩搗き程度に加工する。この目的は内部を嫌気的な状態にすることにあり、枯草菌への対応であることは間違いない。約六〇℃という熱いうちに硬く握って玉状にすれば、製麹時に内部は乳酸発酵をするため、枯草菌の増殖を抑制するという理屈である。

図4－22 大豆の味噌玉麹づくり
愛知県豊橋市　まるや八丁味噌

図四―二一は、種麹に大豆の重量の二％程度の香煎を加え、玉状にした大豆にまぶしたものである。この状態から引き込み後の品温を二六～二八℃で二〇時間程度経過すると、味噌玉の表面が少し白くなり製麹は一応進む。しかし、この工程以降が実に難しい。筆者は雑菌が比較的少ないとされる厳冬期に二度試みたが、すべて四〇時間を過ぎると枯草菌に侵され失敗に終わった。外見は麹化しているように見えるが、納豆臭があり、中にハゼのくい込みがまったくない。また色も褐色をしていない。蒸した大豆の水分が少し多かったことも影響しているが、とにかく味噌玉麹は難しい。味噌玉麹の製麹時間は三～四日間とされている。四〇時間を過ぎたあたりから枯草菌の影響が顕著にあらわれる。まずは麹特有の臭いから納豆臭を放つようになる。外見がべとついた状態になった製麹は、即座に中止して捨てるしかない。

素人向きの解決策としては、種麹を付ける前に市販の乳酸飲料に味噌玉の表面をまぶし、乳酸発酵の促進を助けるという方法がある。三度目にこの方法を六月に試みたが、また失敗に終わった。六月だから駄目だと思っていたら、本場の愛知県では六月でも味噌玉麹をつくっているという。プロの味噌玉麹を見学するため愛知県に出かけた。

まず最初に、豊橋市の株式会社まる屋八丁味噌を訪問した。この味噌店は、隣接する合資会社八丁味噌と共に、創業が江戸期以前に

図4－23　大豆の味噌玉麹
愛知県豊市　まるや八丁味噌

遡る老舗である。平成一八年に放映されたＮＨＫ朝の連続テレビ小説『純情きらり』のロケが行われたことでも知られている。以前にも一度訪問したことがあり、社長から味噌づくりの精神と木桶との関係についてお話をうかがった。今回は味噌玉麹について、工場長から製麹中の留意点に的を絞ってお話をうかがった。図四－二三は味噌玉麹を量産型の装置で行っている場面である。大豆を細かく切りつぶして玉状にする作業も、すべて機械で行われている。伝統的な食品工業においても部分的には機械化が進んでいる。図四－二二は約四日間の製麹を経て出来上がった味噌玉麹である。表面は乾燥していて、一部は麹の胞子が黄色になっている。中央の味噌玉麹を割ったものは、内部が褐色で白色のハゼが少量くい込んでいる。こうした表面と内部の状態、全体の重さが味噌玉麹の特徴であり、出麹の条件でもある。

プロの世界でも枯草菌の対応は難しいようだ。室の消毒、大豆の水分調整、味噌玉の成形時の強い握り、製麹の初期品温を二六～二八℃に設定するという基本の対策は、専門の業界でも共通している。

次に知多郡武豊町の合名会社仲定商店を訪問した。この味噌店は、先のまる屋八丁味噌より規模が小さく、個人企業という雰囲気で味噌玉麹がつくられている。ここでも七月まで味噌玉麹をつくるらしく、冬期間に限定してつくるという既存の刊行物の記述とは少し様子が違う。こうした製造期間に関する内容は、文書にも遺されているようだ。しかしながら、愛知県では自家製の豆味噌は冬期間につくられていた。だとすると、専門の業界と自家製味噌とは製造時期に当初からズレがあり、自家製味噌は失敗の少ない時期につくっていたということになる。高い技術があれば、冬期間でなくともつくれるのである。

中定商店で現在つくられている味噌玉麹は、図四―二四―アに示したように、花林糖を少し大きくしたような形をしている。図四―二三に比較してかなり小さな形になっている。この形も機械による加工であり、手ではこれほど小さな形に握れない。合資会社八丁味噌でも、断面が十字形のような味噌玉麹をつくっており、容積自体は大きいが、外側から中心部までの距離が一部分短い。これは枯草菌への対策と、味噌の熟成期間との関係から開発されたのであろう。図四―二四―イは、味噌玉麹を割ったものである。内部までハゼが入り込んでいることがよくわかる。味噌玉の大きさが少し小さくても、味噌玉麹の原理は同じということになる。味噌玉の大きさは味噌の熟成期間にも関与するのであろうが、図四―二三の味噌玉麹もローラーでつぶして仕込まれるので、どの程度熟成に差があるかについては外観からは判断し難い。

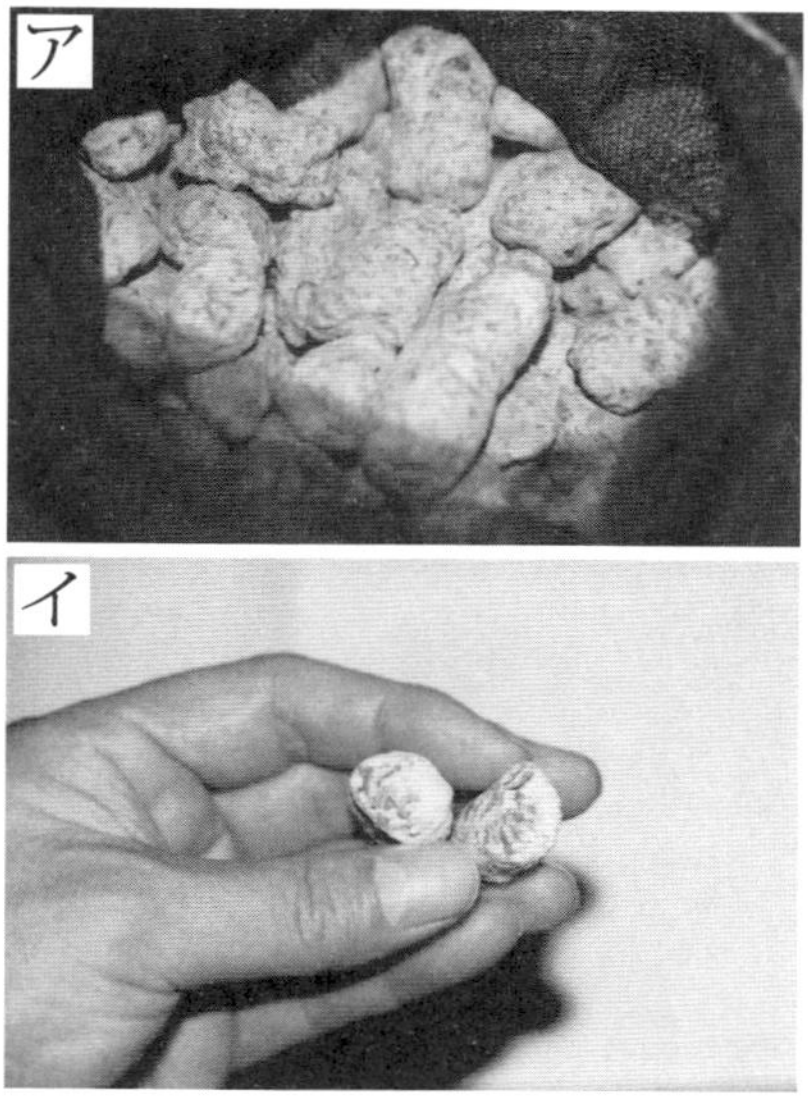

図4－24　大豆の味噌玉麹
愛知県知多郡武豊町　中定商店

図四―二三、二四というプロがつくった味噌玉麹を見る限り、自家製味噌の一つの方向として、味噌玉は必ずしも玉状にこだわることはなく、とにかく硬く握り外側から中心までの距離を小さくすることがポイントとなるように感じた。機械を使用しない自家製味噌にあっては、味噌玉に直接触れる手を清潔にすることも大切である。プロの機械は、大豆を短時間でカットしたりつぶしたりすることができる。これと同等の方法は自家製味噌には見当たらない。この対応策としては、水分の少ない大豆を臼で一気に適度な大きさにつぶすか、ミキサーを五～一〇秒程度動かし、適度な大きさ

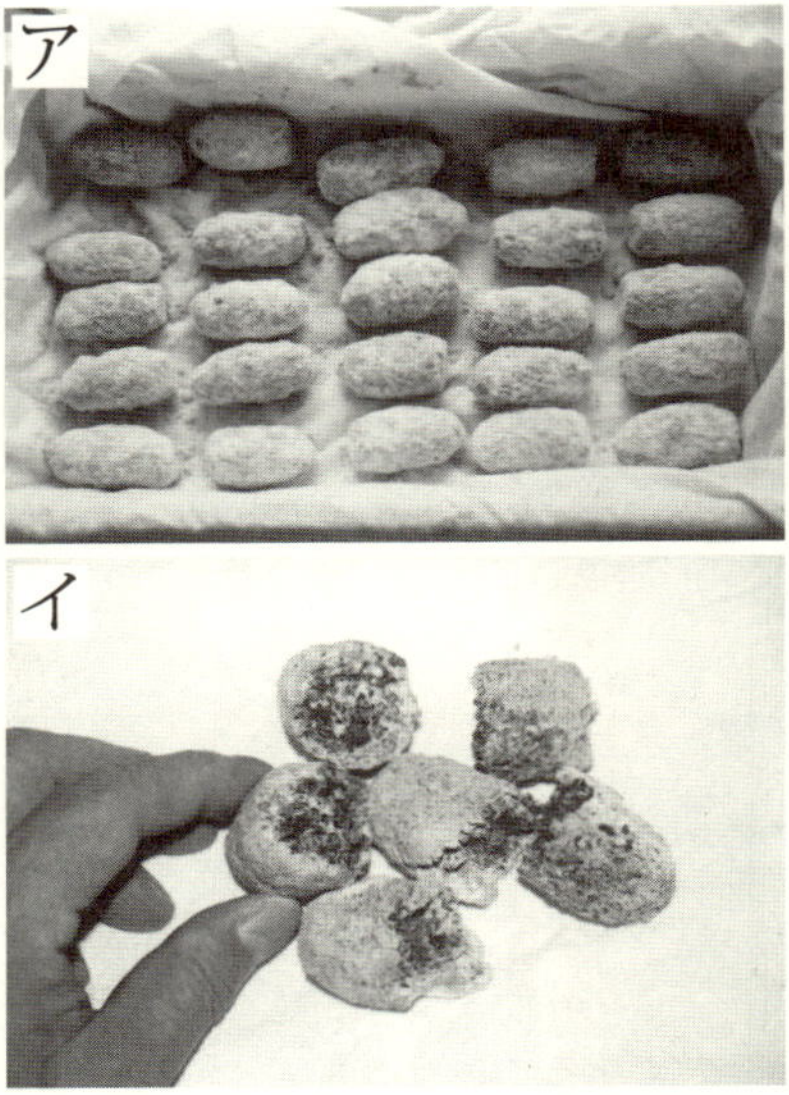

図４－25　大豆の味噌玉麹

にカットするという二つの方法がある。

ミキサーの使用は、蒸した大豆を熱いうちに短時間でカットすることが目的である。ミキサーに入れる量は容器の三割程度とし、入れた大豆の全体がカットされるよう量を加減する（量が多いとモーターが止まる）。

カットした大豆は水分がないため握りづらいが、頑張ってにぎり鮨状の大きさにまとめる。次に香煎に麹菌を混ぜた粉を表面にまぶし、製麹に入る。室温二八℃で一五時間以上経過すると発熱してくる。それからは品温を調節し（温度計は差し込むことができないので、味噌玉の上に布を敷き、その上に置いて判断する）、最高で三五℃で合計八〇時間経たものが、図四－二五である。苦労はするものの、頑張れば一応味噌玉麹らしきものにはなる。図四－二五は、一二月に発泡スチロールの箱を使用して、自宅のマンション内でつくったものである。発泡スチロールの箱は二〇時間を過ぎると品温が予想以上に高くなるため、蓋の一部を開けて温度調節をする必要がある。また三〇時間を過ぎると湿度を九〇％以下にし、さらに四〇時間を過ぎると八〇％以下に落とす方が無難なので、発泡スチロールの箱内入れたお湯は、ほとんど捨てなければならない。枯草菌は温度だけでなく、湿度にも配慮が必要となる。プロの世界では、温度と湿度のプログラムを細かく設定し、機械による製麹を行っている。

図四－二五－イは八〇時間で撮影しているが、その後もハゼの食い込みは多少ある。室温が二五℃以下でもこの食い込みは続く。一般の刊行物には、味噌玉麹は四日間（九六時間）を製麹の適正時間としている。しかし現在のプロ

による製麹は、味噌玉が小さければ三日以内で出麹としている。味噌玉内部が褐色であることも絶対条件ではないようだ。[14]仕込み後の熟成期間も含めて、味噌玉の大きさや形態で出麹の状態が決定されているように感じる。

枯草菌がどの程度繁殖すれば不適当かについては、見定め方が問題となる。枯草菌も含めた *Bacillus* 属は、耐塩性に弱いので、味噌を仕込んだ後は増殖できない。味噌玉麹に納豆臭がなければ、味噌づくりに使用することは可能かもしれない。但し、香味は保証できないので、目視による判断だけではなく、公設試験機関に枯草菌の繁殖程度を定量化してもらうことが望ましい。

現在の八丁味噌は、種麹を香煎で増量して味噌玉の表面にまぶしているが、江戸時代の一七二一（享保六）年に記された史料では、「はたき粉」という用語が出てくる。これが味噌玉に相当したとしても、種麹をふりかけたといった記述はまったくない。また「はたき粉」＝製麹と規定しても五〇〜六〇日を要しており、種麹を使用しない味噌玉づくりと似たような工程を経ている。[15]

（石村眞一）

四．五．麹・味噌づくりにおける衛生管理の注意点

（1）機材

麹や味噌を仕込む環境は清潔に保ってよく乾燥させ、雑菌や異物の混入を防がなければならない。仕込みに使う容器はよく洗浄し、さらに、七〇％アルコールなどで殺菌するとよい。また、容器にさらしなどの布を引く場合、布はあらかじめよく洗浄し、天日乾燥させたものを用いる。仕込みを終えた後には容器などはよく洗浄し、乾燥させて清潔に保つことが大切である。

代表的な雑菌として枯草菌があげられる。枯草菌は土壌、空中、水など自然界に多く存在する細菌である。納豆菌も枯草菌の一種である。枯草菌は芽胞という特徴的な形態をもつ。芽胞は一〇〇℃、一五分の加熱によっても死なないほど丈夫で、芽胞を死滅させるためには高温高圧滅菌が必要となる。芽胞の耐塩性は比較的弱いので、味噌中では芽胞の発芽、細胞の増殖・芽胞の形成は行わない。しかし、製麹中に異常増殖すると麹菌の生育を抑え、雑菌臭・納豆臭が発生してしまう。これらの麹を用いた味噌は、雑菌臭・納豆臭がつくとともに、色が濃くなり、くすみが強くなる。

枯草菌の増殖には製麹時の水分と、製麹初期の品温のとりかたが影響する。大豆麹・麦麹においては水分が多く増殖の危険があり、初期の品温が三〇℃以上の高温では枯草菌の増殖が先行して麹菌の増殖が抑制される危険性がある。米麹は比較的低水分で安全であるが、製麹容器の濡れや結露水の発生には注意する。[16]

他に注意すべき雑菌として、大腸菌や黄色ブドウ球菌、酵母がある。大腸菌も枯草菌同様、土壌、空中、水などの自然界、人の腸内にも多く存在する細菌である。黄色ブドウ球菌は自然界の他、人の皮膚にも常在している細菌である。酵母も自然界に多く存在する微生物で、種類によってはアルコールや香気成分を生成して味噌に有益な特徴を付加する。しかし、逆に悪臭を発生し、くすみの原因となる種類もいる。

(2) 雑菌の汚染

雑菌の汚染を防ぐために、麹づくりや味噌製造時には手洗いを徹底し、髪の毛などの異物の混入を防ぐことが大切である。

四．六．出麹の品質評価方法

四．六．一．一般的に良いといわれる麹[17]

①味噌に応じた酵素活性があること。
②麹菌以外の雑菌におかされていないこと。
③菌糸がついていないものがなく、菌糸が深く入り込んでいるもの。
④着色が少なく、明るい感じのもの。麹がひねるとだんだん色が黒ずむ。
⑤麹としての芳香があり、異臭のないもの。
⑥握ったときふっくらとした感触のもの。製麹中乾燥しすぎると硬くなる。

◎出麹簡易試験法（河村法）[18]

家庭でも器具さえそろえれば、詳しい実験知識や技術をもたなくても評価できる方法として出麹簡易試験法（河村法）があげられる。

（1）器具

・三〇〇ml三角フラスコ
・二〇〇ml三角フラスコ
・一二cm漏斗
・糖度計
・一〇〇mlメスシリンダー

・pH試験紙、または簡易的なpHメーター
・濾紙《ろし》No.二二四cm
・温度計
・恒温槽、または湯をはった洗面器を五六℃にセット、もしくは五六℃程度のお湯をはる。
・ガラス棒
・はかり

（2）方法

①麹をよくもみほぐしてかたまりをなくし、一〇〇gを三〇〇ml三角フラスコに入れる。
②七〇℃前後のお湯をメスシリンダーで測って二〇〇ml加え、撹拌して五六℃にする。
③五六℃に保った恒温槽、もしくは五六℃のお湯をはった洗面器につけて、お湯が入らないよう注意して一時間放置して酵素分解させる。
④一時間たったら、冷水で三〇〇ml三角フラスコを冷やして室温程度に温度を下げる。冷水が三角フラスコに入らないよう注意する。
⑤濾紙と漏斗《ろうと》、二〇〇ml三角フラスコをつかって正しく一時間かけて濾過する。

（3）結果判定

①残渣

濾紙の上に残った残渣《ざんさ》を指でつぶすことによって、米、麦の蒸しの良否（芯がないか、水分が多く溶けすぎていないかなど）、麹の生育状況（米や麦の内部まで麹が生育しているか）を判断する。

②濾液

・液化力　メスシリンダーで濾液の量を測る。通常八〇ml以上で、五〇ml以下は好ましくない。

・pHを測る。通常は五・七から六・〇程度を示す。この範囲外ならば、雑菌の汚染が疑われる。

・官能試験　香りの悪いもの、甘味の少ないものは好ましくない。

・にごり　麹菌がよく育っているものは黄色っぽく透き通る。雑菌に汚染されている疑いがある場合はにごる。

四．七．二．麹の保存方法

出麹後の麹はなるべく早く利用することが好ましい。やむを得ず保存する場合は、食塩をまぜて塩切り麹として、発熱やさらなる生育を防ぐ。塩切り麹はムレ臭の発生防止・食塩耐性の弱い雑菌の繁殖を抑えるといった利点がある反面、酵素の活性を低下させる・麹表面の麹菌の菌糸が剥離しやすいという欠点もある。そのため、配合する食塩の全量を混合するのは避ける。食塩配合量の一／三程度混合すれば十分に停止させることができる。

理想的なのは、低温で貯蔵する方法である。バットに麹を三〜五㎝になるように盛り、一五℃前後の低温室にいれるといった方法がとられるが、いずれにせよ麹表面の麹菌の菌糸が剥離しやすいという欠点が認められている。[19]

（齋田佳菜子）

五．大豆の蒸煮と擂砕

五．一．大豆の蒸煮

麹づくりの目途がたてば、次に大豆の蒸煮作業の準備をしなければならない。大豆の蒸煮作業は次のように進める。

①大豆の洗浄→②大豆の浸漬→③大豆の水切り→④大豆の蒸煮→⑤大豆の冷却

①の洗浄は、汚れや異物を取り除く作業である。大豆は洗浄すると泡がでる。強くかき混ぜれば泡の量が増える。完全にこの泡がなくなるまで洗浄する必要はないようだ。この泡の出る洗った水を、戦前は頭髪を洗うシャンプーのような使い方をしたということから、捨てないで保存した家庭もあった。

②の浸漬は水道水を前日から用意し、殺菌剤を除いた状態にしたものを使用する。新大豆では、一晩（約一〇～一二時間）浸漬する。前年の大豆であれば、その一・三～一・五倍程度の時間浸漬にする。いずれにしても、大豆の吸水が飽和状態になるまで浸漬する必要がある。この時点で大豆の重量は二・〇～二・二倍に増大する。このことから、あらかじめ大豆の体積が倍以上になることを想定して容器を用意しなければならない。一部大豆の皮が自然に剥ける。そうした皮は捨てるしかない。

③の水切りは、特に蒸籠で蒸す場合、アメの量が多くなるので一時間程度行う。逆に鍋や釜で煮る場合は、それほど時間をかける必要はないようだ。大豆の水切りには竹のざるが便利である。

④の大豆の蒸煮は、蒸籠で蒸す、鍋や釜で煮る、圧力釜で蒸煮するという三つの方法がある。業務用はほとんどが圧力釜を使用している。また、公民館等の食品加工施設でも圧力釜を備えている。短時間で作業を終えること、大豆の着色をコントロールできる、燃料費が少なくて経済的であるといった利点があることから、圧力釜が普及している。しかしながら、本章は家庭の自家製味噌を目的としていることから、燃料の効率は悪いが、蒸籠と通常の鍋という伝統的で単純な用具での使用を紹介する。

○蒸籠で蒸す（蒸熟）

大豆は、蒸した場合比較的濃い色なり、鍋で煮た場合やや淡い色になる。したがって、信州味噌のような淡色の味噌は煮ることが多く、仙台味噌のような赤味噌は蒸すことで色がつく。味噌を仕込む前から、味噌の色はある程度決定されると言っても過言ではない。煮る場合でも、度々換水すれば大豆の色はさらに白くなる。大豆から出る粘り気のあるアメが着色とかかわっているようだ。

蒸籠で大豆を蒸す時間は、蒸籠の蓋から蒸気が出て四～五時間程度は必要である。二～三時間経つと大豆の表面に粘りのあるアメがからみ、蒸気の出が悪くなる。さらにアメがからむと蒸籠の下から湯がこぼれ、ガスレンジを使用している場合はガスが消える可能性がある。この予防策としては蒸籠の蓋を取り、上から湯を何回か注ぎ、アメを釜や鍋の部分に流し落とすしかない。とにかくガスレンジを使用する場合は、換気扇を回し、湯がこぼれていないかを常にチェックし、また一時間以内に一度ガスを消して再点火することも励行しなければならない。蒸した大豆は、煮た大豆よりアメを多く含んでいる。蒸す作業には邪魔な成分として捉えられがちなアメも、タンパク質を大量に含んでいる（八〇％水分、四％タンパク質、一三％炭水化物、三％灰分）。このことから、大豆のうま味と関連性があるという指摘も文献に見られ、蒸した大豆の方がうま味があると主張する人も多い。

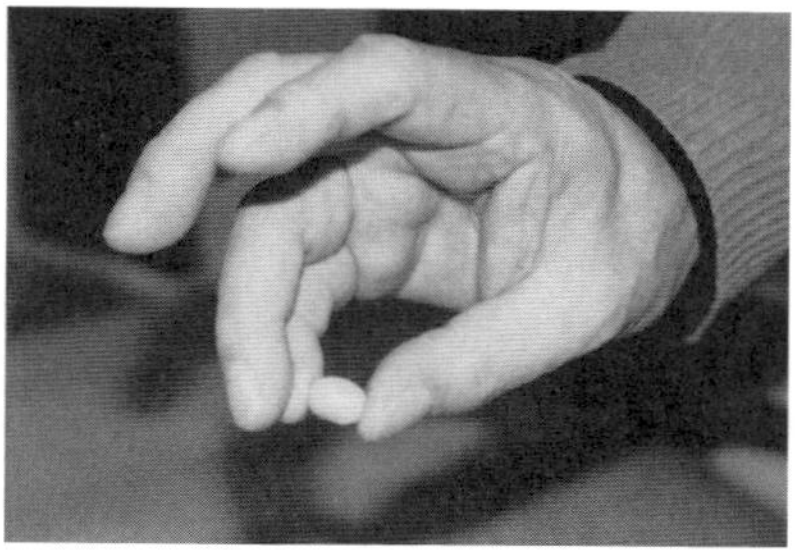

図４－26　大豆の硬度を判断する

大豆の軟らかさを判断する目安は、親指と小指でつぶれる位といった表現に代表されるように、指でつまんでつぶれる程度としている（図四－二六）。地域によっては親指と人差し指、親指と薬指でつぶれる程度という伝承もある。いずれにしても、小指は力が入らない象徴として捉えているのであろう。味噌製造業では、硬度は秤を用いて測定するが、五〇〇グラム前後の加圧でつぶれることを目安としてい

図４－27　大豆の硬度を計測する

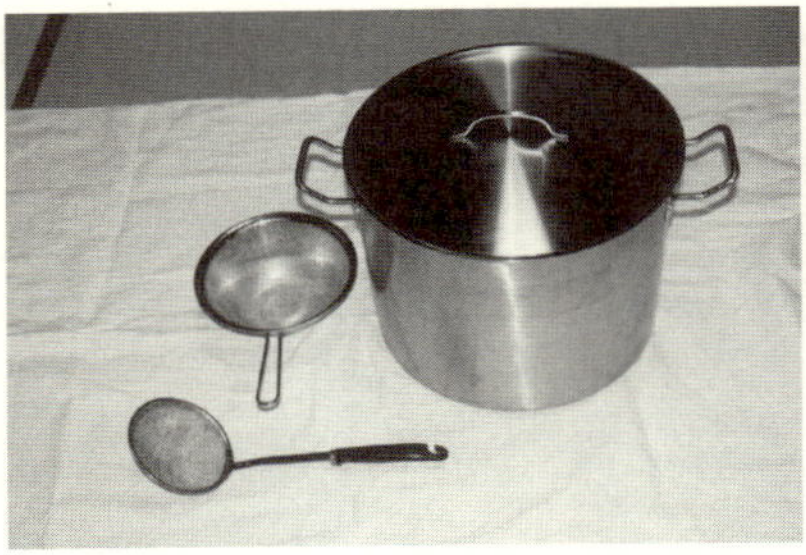

図４－28　大豆を煮るための道具

る。家庭でも秤で測定することは可能である（図四—二七）。普通の感覚を持っていれば、秤を使わなくとも経験で対応できるはずである。実際に測ってみると、五〇〇グラムの加圧はやや硬いように感じられる。三〇〇グラム程度の加圧でつぶれないと、親指と小指ではつぶれない。このことから、戦前はかなり軟らかい大豆を使っていたことになる。

○鍋で煮る（煮熟）

薪で大豆を煮る場合は、八〜一〇時間前後必要としたいう伝承が各地にある。また夕方になると火を消し、オキの余熱を翌朝まで利用する留釜《とめがま》を行う習慣も過去には見られた。薪の火力と大釜の容量から、八〜一〇時間も要したのであろう。留釜の効果は出来ないものの、ガスレンジで鍋（一五〜二〇リットル）を使用した場合、約四時間程度で大豆は軟らかくなる。大豆を煮る場合、鍋に入れる水の量をあまり多くしない。大豆が浸っていればよいとされている。大豆を煮る、泡を取る、煮た大豆を移すには、図四—二八のような用具がいる。鍋はステンレスのものが使いよい。

鍋が沸騰すると白い泡が図四—二九のように大量に生じる。初めて大豆を大量に煮るときはあわてふためく。この泡を取り去らないと、吹きこぼれてガスが消える危険性があるので、ガスを弱火にしてしばらくはこの泡をとり続ける。泡の主成分はサポニンで、生では多少毒性がある。しかし熱処理した後に毒性は残らない。一

図４−29　大豆から生じる泡

般にはこの泡を何故か取っている。おそらく、大豆のアクを取るといったイメージで作業をしているのであろう。確かにアクも含まれているだが、高麗人参は、このサポニンを大量に含んでいることが効力と関連していると解説されている。そのため高麗人参は蒸して保存している。だとすると、泡が吹き出てガスの火が消える心配がなければ、特に泡は取る必要もないということになる。このあたりの科学的な論拠は、一般の刊行物では具体的に示されていない。まあ一応泡は取ることは作業上無難ではあるようだ。

その後鍋の湯が減れば水を足し、じっくりと煮る。西京味噌のような白味噌は、度々換水する必要がある。蒸籠ではアメが多少下の釜や鍋に溜まるが、鍋で煮る場合には煮汁の中にアメが大量に溶け込む。この煮汁自体を全国で広くアメと呼んでいる。文献史料では先に挙げた一七世紀の『本朝食鑑』にアメ（飴）の記述が見られる。それくらい大豆のアメは特徴のある要素を持っていたのである。アメは味噌を仕込む時の種水として使用する地域が多い。またそれ以外にも料理に使用するため、農村では大切に保存していた。現在では、このアメを種水にすることが好ましいとする考え方と、褐変や酸敗する原因の一つとする二つの考え方がある。この是非については、味噌の塩分や熟成期間の相違も関連するので、一概には判断できない。大豆を蒸した場合と煮た場合では、アメの溶出度合いに差があるのは当然である。一般的には蒸した大豆の方が煮た大豆よりうま味があるとされるが、このうま味はアメの溶出が少ないことと関係があるのかもしれない。大豆のアメには栄養分が多く含まれているので、酸敗する可能性があるから捨てるのではなく、いかに有効に活かすかという方策も検討すべきである。

大豆は煮た場合、長く煮すぎると固形状の大豆が一部溶ける。この容量が一〇%に達し、アメを種水に使用しないとなると、蒸した大豆に対して容量が減る。適度の固さに煮ることは、大豆の固形量を減らさないことにもつながる。煮すぎて軟らかくなりすぎた大豆は、味噌に仕込んでも粘性が強く、酸敗の原因ともなりかねない。

現代の調理では煮ることが多く、蒸すことは少なくなった。しかし大豆に限らず、蒸すという調理法の利点を、うま味と栄養面から再考する必要がある。

⑤の大豆の冷却は、短時間で行われている。長く放置しておくと大豆の色が濃くなる。また大豆は冷めると硬くなり、雑菌が入りやすくなることから、手で触れて作業できる温度まで下がると、次の擂砕《らいさい》の工程に入る。

五．二．大豆の擂砕

蒸煮した大豆は、そのままでは味噌の仕込みに使わない。通常は何等かの方法でつぶさなければならない。一般には次のような方法で大豆をつぶしている。

①チョッパーでつぶす。

②臼で搗く。

③ビニール袋に入れた後、足で上に乗ってつぶす。

④擂り鉢ですりつぶす。

チョッパーという道具は便利だ。労力だけを考えたら、誰でも電動のチョッパーが使いたくなる。昭和二〇年代には手動式のチョッパーが農村でもてはやされ、集落単位で賃貸のチョッパーが使われたりもした。換言すれば、大量の蒸した大豆を臼で搗くことは、大変な労力を必要としたということになる。図四－三〇は家庭で長く使用されてい

図４－31　臼で大豆を搗く

図４－30　手動のチョッパー

る小型のチョッパーである。単純な構造なので、分解して掃除することも簡単にできる。体力の衰えた方や、時間に余裕のない方には重宝される。

結いによって大豆を臼で搗く場合は、縦杵を使用して多人数で作業し、地域によっては歌で調子を合わせていた（単調な作業は疲れるので歌が必要なのかもしれない）。このウサギの餅つきにイメージされる縦杵の使用は近年激減し、結婚式場の千本杵の餅つき以外は見かけなくなった。労力を軽減するならば、公民館等で設置しているチョッパーを使うことも、一つの対応策である。しかしながら、筆者はこの臼で搗くという作業に楽しみを感じている。一〇kg程度の大豆を搗くことが、それほど大変だとは思わない。図四－三一は、ケヤキ材の臼で煮た大豆を搗いているところである。臼はケヤキやマツを使用したものが多い。ケヤキを使用した二升用の臼で一〇万円前後、三升用で一五～二〇万円というのが現在の相場だ。木臼は伝統的な用具では最も高価である。味噌搗きには特に大きな臼や杵は必要としない。横杵は伝統的に男の作業であったが、図四－三一程度の大きさ（高さ五〇〇㎜、上部の径四二五㎜、二升用）であれば、体力のある女性なら十分使える。

臼で搗く作業は、餅を搗くように杵を高く上げると大豆が外に飛び出しやすい。軽く叩いてつぶれるので、強く搗く必要はなさそうである。臼で搗く時間は一〇～一五分程度である。チョッパーでつぶした大豆は、必ず均質な粗さになる。しかし臼で搗く場合は加減が出来、二〇分も搗けばチョッパーと同様に均質な粗さになり、短い時間だと粗さが不均一になる。臼を使用するメリットは、不均一な粗さを上手につくることにある。不均一な粗さは食感と関連し、一般には八歩搗きにされることが多い。これも最終的には好みであって、臼を使用する場合、どの程度の時間で均一になるかを、経験で習得するしかない。定量化したデータは持ち合わせていないが、大豆の粒子は熟成作用と関連していることは間違いない。熟成期間が短い場合は、ある程度細かくつぶすことも有効な手段である。

臼で叩きつぶすことと、チョッパーによるつぶす原理は根本的に異なる。チョッパーは土錬機と似た原理で、基本的には大豆をつぶすというより練っているのである。チョップは叩く、叩き切ることを意味することから、本来は臼を杵で搗く方がチョッパーという用語にはふさわしい対象と思えるのだが。用具の名称は必ずしも実態と整合性を持つわけではないようだ。

蒸煮した大豆を搗くのに、石臼を使用するという話はあまり耳にしない。石臼の使用も少数あったことは事実だが、全国各地でもっぱら木臼が使われてきた。臼は使う前に熱湯で消毒し、水を入れて適度な水分を与えなければならない。問題なのは使用後の管理である。乾燥した場所に長期保存すると割れが生じ、場合によっては使えなくなってしまう。少し乾燥したら、毛布等を巻いて急激な乾燥を防止しなければならない。場合によっては、ステンレスのような金属板を加工して、桶の箍《たが》のように上部を固定すれば、割れが入る確率は少なくなる。木臼の管理はなかなか難しく、高価なだけによく知っている人から学ぶことが大切である。

③のビニール袋に入れた後、足で上に乗って踏みつぶすという作業は、特に道具が必要ないことから、極めてお手軽である。しかしながら、この作業だけでは大豆がすべてつぶれないので、④の擂り鉢ですりつぶす方法を併用しなければならない。足でつぶす作業は、麺類をこねる作業、焼き物の土を練る作業と共通性がある。図四―三二がその

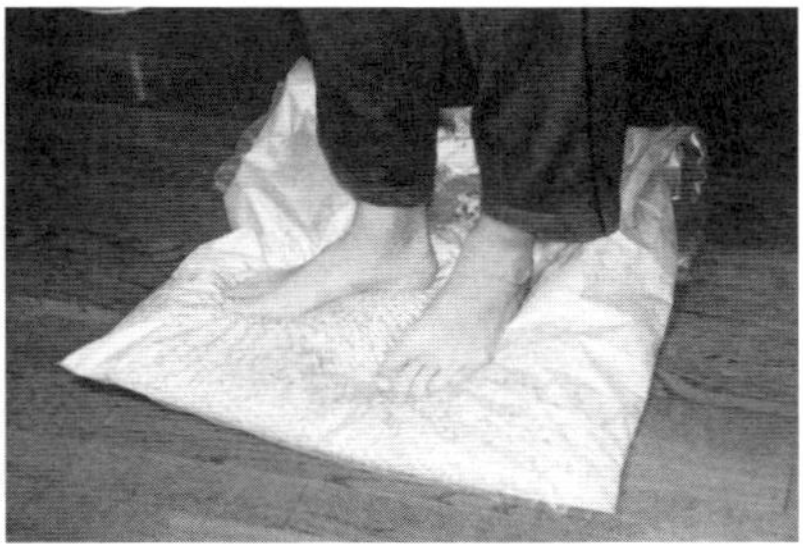

図４－32　足で大豆を踏みつぶす

図４－33　擂り鉢で大豆をつぶす

作業で、板の間で行う方が効果的である。この時足で踏みつぶれなければ、大豆が十分軟らかくなっていない。使用するビニール袋は、少し厚い〇・六㎜以上が丈夫でよい。

三～四kgの大豆を踏みつぶすのに、二〇～三〇分程度必要である。踏む、そして塊をまた別の方向から踏むという繰り返しの作業は、実に根気のいる作業である。この作業後は、擂り鉢につぶした大豆を少量入れ、擂り粉木でつぶれ具合を確認し、一部粒の大きなものは調整する（図四－三三）。この作業も繰り返すと結構疲れる。擂り粉木は市販のものより、自作で下部を太くしたものをつくった方が効率がよい。道具をつくることも楽しみの一つである。擂り鉢では、動作の主体は上からつぶすことにある。つぶす度合いは好みもあって、臼と同様に八歩搗き程度とする人、さらに細かくする人と様々である。細かくする利点は、味噌漉しを使わないで調理することが出来る点である。漉し味噌自体の歴史は古いが、こうした利便性に特化した調理方法の発達と、伝統的な漉し味噌の使い方は必ずしも同じ系譜とは限らない。

大豆を搗いたときは、近所にまだ熱い内に少量配るという風習が各地にあった。また子供や孫に食べさせると体が丈夫になるとの言い伝えもある。栄養のある大豆だからこそ、こうした伝統行事が各地で継承されてきたのであろう。年輩の方々からの聞き取りでは、大豆に少し塩をかけ、子供達のおやつにもなっていたようである。今の言葉で言えば、味噌づくりを通して、近所同士のコミュニケーションがあったということになる。

五．三．味噌玉づくり

東日本から西日本の一部では、大豆を臼で搗いた後、玉状に丸めて一定期間軒先につり下げたり、囲炉裏の上の火棚に置いたりする。地域によっては、部屋の床にムシロ等を敷いて置いていた。大豆麹でも味噌玉麹という用語を使用したが、一般的に味噌玉という用語は完全な麹ではなく、搗いた大豆を一～一・五kgの塊にして、四日～二ケ月間、家屋の内外につり下げて保管したたものを指している。[20] どの程度麹になっているかは判然としないが、明治時代以前は、現在使用している種麹を自家製味噌にはほとんど使用しておらず、何等かの方法で麹菌を仕込む前に取り込んだのである。味噌玉づくりは、その一つの方法であり、朝鮮半島から伝来したという説が既に定着している。[21]

味噌玉の形、大きさ、保管の方法は実に多様で、地域的な特徴がある。主な形は球、角柱、円錐で、縄の両端に固定して連ねてつるすことが多い。さらに二～三個連ねてつるす地域もある。形のバリエーションにどのような効果があるのかについては、これまで詳しく紹介した刊行物はないようだ。味噌玉の代表的な作業工程は下記のようなものである。

①大豆の蒸煮→②大豆の擂砕→③味噌玉の成型→④味噌玉の乾燥→⑤味噌玉の洗浄と浸漬→⑥味噌玉の擂砕→⑦仕込み

大豆は蒸す、または煮るのどちらでもよい。②の擂砕は、臼で搗く人達も少数いたが、東日本では大きなたらいの中に蒸した大豆または煮た大豆を入れ、男性がワラ靴で踏みつぶした。この方法を図四－三四のように再現してみた。大きなたらいは市販されていないので、板の間に厚いビニールを敷いてワラ靴で大豆を踏みつぶした。ワラ靴に

図4－34　ワラ靴による大豆の踏み込み

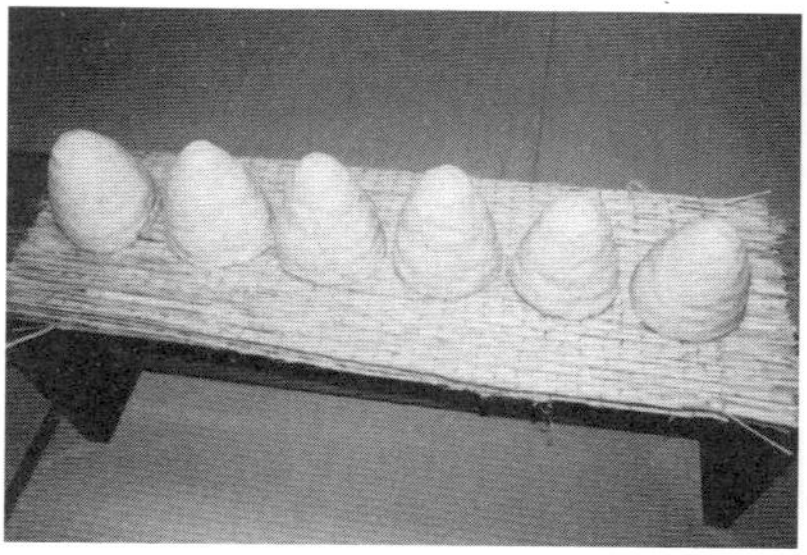
図4－35　味噌玉

こだわるのは、麹菌のスターターに稲ワラを利用するためだと推定したからである。仮にそうでなければ、すべて臼で搗くはずである（臼で搗いている地域も一部ある）。大豆は少し温度が下がった頃に踏みつぶし、作業の終了時には人肌の温度以下にする。すべて麹菌の作用を配慮して作業をしている。この味噌玉づくりを行う時期は、地域にもよるが真冬が圧倒的に多い。その理由は、味噌玉にした際、雑菌の繁殖を防ぐためと考えられている。しかしながら、福島県においても四月下旬～五月に作業を行う地域があることから、[22]真冬の温度が絶対的な条件にはならない。また、地域間の温度差があり、屋外での作業が氷点下であっても、大豆の温度はそれほど低くはならないはずである。

③の味噌玉づくりは、内部に空隙をつくらないようにする必要がある。このことは大豆麹の方法と同じである。実験的に図四―三五のような円錐形を採用する。その意図は、ムシロに接する面積を大きくし、麹菌の付着に活用するためである。重さは一・三～一・六kgという標準的なものとした。味噌玉づくりは、屋外で行う場合もあるが、屋内で行う場合もある。ということは、作業環境に大きな差が生じていることになる。味噌玉には塩が入っていないことから、水分があるうちに氷点下になれば、たちまち凍結してしまう。このような状態のままワラ縄で縛って囲炉裏の上に置いたりすると、解凍した際崩れる。つまり、味噌玉は〇℃以上のところでつくっているか、〇℃以下の場所でつくっても、品温が〇℃以下になる前に屋内に

図４－36　味噌玉のヒビ

図４－37　縄で縛ってつるした味噌玉

移動していたはずである。屋内であると、場合によっては一〇℃前後の室温でつくっている可能性もある。

愛知県安城市では、大豆を臼で搗き、その後つくる味噌玉は、真ん中に縄を通すために穴を開けている。この場合は形ではなく、穴を開けてワラ縄との接点を味噌玉の中心部で増すことも一つの目的にしていると思われる。

④の味噌玉の乾燥は、自然乾燥と人工的な乾燥がある。乾燥という用語が適切ではないという指摘もあろう。しかしどう考えても、長期間つるす、置くということは乾燥させることである。この方法を製麹と言えなくもないが、麹菌とのかかわりが完全に検証されていない以上、大豆麹の概念とは区別しておかなければならない。本章では製麹とは敢えて規定せず、単に乾燥と規定しておく。

味噌玉を成型した後、二〜三日間ほど経なければワラ縄で縛る硬さにならない。それでも成型してから一日経てば、図四―三六のように表面にヒビが生じる。室温六℃〜一二℃、湿度約五〇％で一日後にヒビが入る理由は、味噌玉の内部と表面の湿度差が生じるためである。このヒビは、大豆の味噌玉麹でハゼがくい込む主な要因となっていることから、重視しなければならない。二日経てば図四―三七のように縄で縛ることができる。福島県郡山市の筆者宅で物置に使用している下屋（プラ

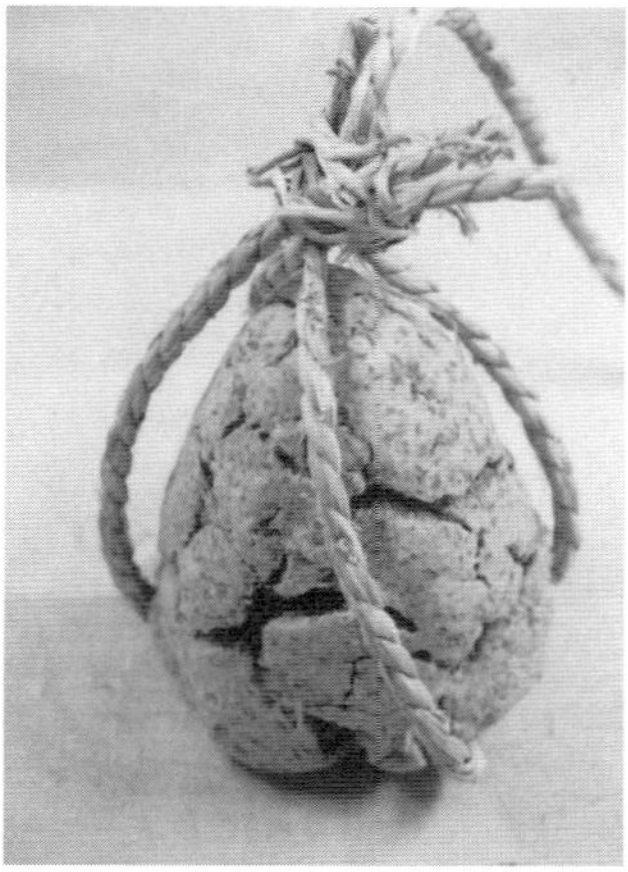
図４－38　35日間経過した味噌玉

図４－39　味噌玉を割った状態

スチックの波板で密閉しているだけ）に一部つるし、一部は室内でムシロの上に三五日間置いた。季節は一二月末から二月上旬で、下屋の室温は二℃〜八℃である。室内は日常では使用しない空間ではあるが、三℃〜一〇℃と少し下屋よりは暖かい。この室内は、味噌玉をつくった日から三日間は作業のために、加温して日中は一五℃前後であった。

　製麹の理想的な室温は米麹で二八℃〜三〇℃、大豆麹はそれより少し低い温度とされる。この理想的な温度以下では麹にならないのかというと、実はそうではないようだ。少なくとも室温が一〇℃以上、そして大豆に適当な水分があれば、麹菌の活力はゼロではない。味噌玉が乾燥するということ、また乾燥の進展でヒビが内部にまで及ぶことで、味噌玉の表面の水分が徐々になくなる。この乾燥の過程で、麹菌が関与する可能性がある。

　大豆麹は、先に述べたように、直径が五〜六㎝程度の小さな味噌玉の上に、香煎で増量した種麹をまぶしている。つまり麦で増殖した麹で表面を覆い、内部の一部にハゼが食い込んでいるということになる。この一部とは、表面のヒビ割れから菌糸がのびたものであることは間違いない。麹菌も含めたカビは、ヒビを通して空気に触れないと増殖できない。味噌玉にヒビが入り、それが徐々に内部まで時間をか

図 4 − 40　ムシロの上に 35 日間置いた味噌玉

図 4 − 41　味噌玉の底面

けて進行することは、麹菌にとっても増殖するチャンスが増す。

図四−三八はワラ縄でつり下げ、三五日を経過した味噌玉である。表面のヒビは大きくなり、割れ口あたりに白いカビが部分的に認められる。図四−三九は味噌玉を割ったもので、内部はほとんど乾燥していない。一ヶ月以上経過しているのに、全体の七割前後は軟らかく、簡単に割れる。ヒビの入った部分にハゼの食い込みもなく、少量の青カビが見られた。軟らかいのは、乳酸とのかかわりと推察する。

図四−四〇はムシロの上に三五日間置いた味噌玉である。表面は図四−三八と似たようなヒビが入っている。ところが、図四−四一に示したように、ムシロと接する面はほとんど乾燥しておらず、青カビが多く繁殖している。ムシロと接する部分にも麹菌らしきものは見られない。麹菌の可能性が感じられるのは、図四−四〇のヒビ付近に密集する図四−四二のカビである。全体が白く、一部は黄土色に近い色が認められる。麹菌と思われるが、顕微鏡で確認しない限り断定はできない。

麹菌が明確に判別出来ないことに加え、一ヶ月以上乾燥させても、味噌玉の内部はほとんど乾燥しないのは予想外である。

乳酸発酵とのかかわりも予測され、味噌玉による麹化の実体解明は想像以上に難しい。

味噌玉は表面を水で丁寧に洗い、水にうるかした後、臼で叩きつぶして米麹の歩合を二〜五程度で仕込む。戦前は、岩手県、群馬県、愛知県等の一部で、味噌玉に麹や種味噌を一切加えない完全な豆味噌もつくられていたようだ。現在つくられている味噌玉は、そのほとんどが米麹を加えて仕込まれている。では味噌玉をつくる目的は何かということになるが、鮮やかな色と独特な風味があると答える人が多い。貴重な自家製味噌文化の継承であるこの風味も、残念ながら尊ぶ人は極端に少なくなっている。

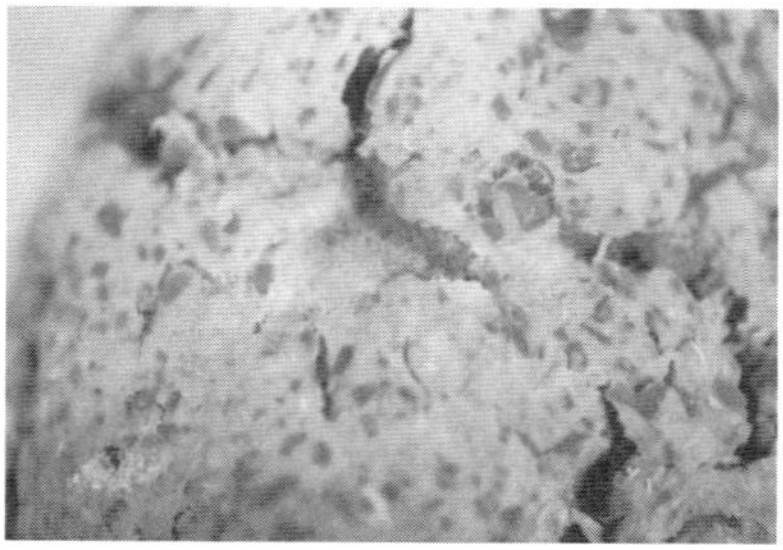

図４－42　味噌玉のヒビとカビ

ワラ靴による大豆の踏みつぶし、ワラ縄でつるして乾燥するといった味噌玉づくりの作業は、ワラの混入や埃がつくなど、衛生面での問題点も多い。それでも、味噌づくりの原点ともいえる自然の麹菌を活用した自給性の高い製造法は、実に興味深い技法である。種麹を使う味噌づくりの技術が定着していなかった時期の文化が、現在も東日本では少数の人によって継承されている。

ワラそのものの質には触れなかったが、陶芸で使用するワラ灰は農薬を使用した稲ワラは使わない。農薬の影響が釉薬に出るからである。よって通常農家と契約し、無農薬で栽培した稲ワラを使っている。味噌玉に使用するワラとその加工品である縄、ムシロも、農薬が使用される以前の技術文化であるため、当然無農薬で栽培された稲ワラが望ましい。

これまで述べた味噌玉は、麹菌を使わないで仕込むことを前提としたものである。しかしながら、味噌玉は福島県に限っても、四～七日程度しか乾燥させないものも認められ、長期間乾燥するものだけではない。一～二ヶ月を長期乾燥タイプとすれば、短期乾燥タイプも存在するのである。短期乾燥タイプは麹としての役目はないらしく、もっぱら味噌の色に関与するとされている。乾燥後には崩して麹と混ぜて仕込むことから、鮮やかな味噌の色と、特有の風味を少し加味することに貢献することが短期乾燥タイプの目的である。この技法が何時確立したかについては判断する資料が見当たらない。穿った見方をすれば、戦後になり麹をつくる、または購入する豊かな時代となったので、色に特化した味噌玉づくりに変容したと読み取れなくもない。しかし、これはあくまで推測であって、具体的な根拠はない。戦前から短期乾燥タイプと長期乾燥タイプがあったとすれば、このルーツは意外に古いのかもしれない。

六、味噌の仕込み

六、一、味噌仕込みに関する計算式

米味噌に限らず、味噌の仕込みについては大豆、麹、塩を使用する。その仕込みに際しては、次のような計算式が一般的に使用される。

◎出麹の重量

○米・麦の重量×一・〇五（一・〇～一・一）

麹の重量は実際に計測することができるので、曖昧な計算をする必要はない。良い麹は案外軽い。高い湿度の室で製麹するわけなのだが、出麹の際にはかなり水分が減少している。場合によっては一・〇一～一・〇二といった軽いものがある。

◎味噌の塩分

○使用する塩の重量÷味噌の総仕込重量（蒸煮した大豆＋麹＋種水＋塩）×一〇〇

塩は天日塩の場合、塩化ナトリウムの含有が九〇～九五％であるため、計算は塩化ナトリウムの重さでなされなけばならない。実際には九二％であっても、九五％程度で計算されていることが多く、補正が必要になる。また、この塩分の計算式だと、味噌の総仕込量の中で種水の量が決まらないと、塩分濃度は計算できない。このことから、自家製味噌では種水を加えて水分を調整してから塩を加えることが多い。

◎味噌の水分

○蒸煮した大豆の水分量＋麹の水分量＋種水÷総仕込重量×一〇〇

この水分の計算式は、工業用に使用されるもので、自家製味噌で用いる人は少ない。この式の問題点は、大豆、麹、種水の水分量を秤から求めることができないことにある。例えば、購入した米の重量が五kgであって、浸漬後に製麹して五・二五kgになっても、水分については測る術がない。市販の米自体に水分が明記されていないのだから、算出できないのである。大豆も同じである。種水にアメを使うとなると、どのようにして水分を測ればよいのだろうか。アメの濃さで水分量も多少異なるはずである。既存の刊行物では、蒸煮大豆の水分を蒸熟で五八～五九％、煮熟で六三～六五％、麹の水分を二三～二七％としている。[23] こうした値を基礎として適正な水分、すなわち四七％の水分を持つ味噌を仕込むことが一応可能ではある。

○煮た大豆の重量×〇・六四＋麹の重量×〇・二五＋アメの重量×〇・九八÷総仕込み重量×一〇〇＝〇・四七

※アメの水分を仮に≒〇・九八と規定した。

この式から、種水にアメを使用した場合の重量は方程式で解ける。しかし、例えば必ず四七％になるかといえば、おそらくならない。一つの目安にすぎない。目安はそれなりの意味を持つのではあるが、大豆や麹の正確な水分は、すべて浸漬以前の水分から計測しなければ求められない。自家製味噌は、手で仕込むのであるから、好みの水分を経験で体得することが現実的には得策である。

（石村眞一）

六．二．米味噌の仕込み

六．二．一．甘味噌の仕込み

甘味噌は西京味噌、府中味噌に代表されるような甘い白味噌である。和え物等に使用されることが多く、極めて限られた地域でつくられるものである。麹の歩合は一五〜三〇、塩分五〜八％、熟成期間が二〜三週間ということで、製造方法も難しいとされることから、次のような諸点に留意しなければならない。

①製麹は白味噌用の種麹を使用する。アミラーゼ力価の強いもので、比較的高い温度で製麹した若い麹を使用する。

②使用する大豆は、タマホマレに代表されるように、白味噌に適した品種を選定する。

③大豆は煮て使用する。煮る際は度々換水し、煮汁の色をできるだけ薄くする。工業的には薬品で漂白されることが多いが、自家製味噌ではそうした漂白は一切行わない。

④大豆は、最初から皮を取り去ったものを用いる。

⑤大豆は熱いうちに細かくつぶしてしまい、麹（歩合は二〇〜二五程度）及び塩（六〜七％程度）、種水（アメは使用しない方が安全）を熱湯で消毒したタライで素早く合わせる。冷めると色が濃くなるため、大豆の酸化を最小限におさえる。

⑥仕込んだら、清潔な容器に詰め込み、表面には和紙またはフイルムを密着させ、空気を遮断する。容器は雑菌を入

れないため、あらかじめ熱湯で消毒する。
⑦和紙やフイルムの上には、内蓋を置き、ビニールの袋に塩を入れ重石とする。塩の量は、仕込んだ味噌の重さの二～三割程度とする。この内蓋も熱湯で消毒しておく。
⑧仕込んだ容器の上には蓋を置き、その上を米袋を切って覆い、紐で縛っておく。
⑨保存場所は比較的暖かい場所がよく、二週間程度で食べることができる。
⑩出来上がった味噌は、調理器具にて漉して使用する。

白味噌をつくる時期は一一月末から一二月初旬が多く、正月料理に関西ではよく使われる。暖かい六月～九月につくることは避けるべきである。塩分が五％になると酸敗しやすく、冬期間に仕込むのはそのためで、大豆を熱いうちに仕込むのも雑菌の繁殖を防ぐことが目的である。熟成後は保存がきかないため、一ヶ月以内で食べなくてはならない。冷蔵庫で保管すれば二～三ヶ月程度保存がきく。仮に一二月に仕込んで五月あたりまで使用するのであれば、五kg仕込む上の一kgは六％の塩分、下の四kgは八％の塩分とすれば、冷蔵庫に保管しなくても使用できる。いずれにしても、塩分が四～五％のものは、基本的に暖かい時期につくったり、食したりする味噌ではない。冷蔵庫のない時代には長期間の保存はできなかった。食物には旬があり、関西の人は白味噌で正月が近づいたという季節の到来を感じたはずである。

六～九月といった暖かい時期につくる場合は、次のような手順で行う。

・麹の歩合を二五とし、塩分濃度は必ず八％とする。
・保存期間が短いので、つくる量は少量とし、大豆四〇〇g、米麹一kg、食塩一六〇gとする。
・米麹をほぐし、食塩と良く混合して塩切り麹とする。

・大豆を水で洗い、一五～一六時間浸漬しておく。
・大豆が親指と小指でつぶれる位に煮熟して、熱いうちに粒が残らない程度につぶす。煮汁のアメはとっておく。
・大豆と塩切り麹をむらなく均等に混合する。同時に種水として、一～二／三カップの煮汁を加えて、やわらかくする。
・隙間のないように、仕込み容器にしっかりと、仕込む。
・表面に食塩を少々振りかけ、ラップを貼りつける。
・押し蓋をして、仕込んだ味噌の二〇～三〇％の重しを置く。
・冷暗所で湿気のない所に保存し、発酵させる。熟成を早める時は三〇℃前後の暖かい場所に置く。
・二〇日を過ぎると食べられるようになるが、頃合は好みにより決めるのが良い。

甘味噌に江戸甘味噌という種類がある。西京味噌が白味噌であるのに対し、江戸甘味噌は赤色である。すなわち、大豆を蒸熟して使用する。つくり方そのものは、白味噌に類似しているが、多量のアメを含んでいるため、酸敗しないために熱いうちに仕込むことと、雑菌が入らないよう作業中は衛生面に注意しなければならない。

（石村眞一・古賀民穂）

六、二、二、甘口味噌の仕込み

甘口の米味噌は東海地方の一部、四国や九州の一部で食されるもので、麹の歩合が一二～一五、塩分が八～一一％、三～六ヶ月で熟成させる。料理や味噌汁に広く用いられる。麹の歩合が一五で塩分が八％のものは甘味噌に近くなり、逆に麹の歩合が一二で塩分が一一％のものは、辛口味噌に近くなる。また淡色味噌と塩分が少ない甘口味噌は、近年の減塩ブームで形成されたものと規定することはできず、二章の文献に見られるように、江戸時代中期以前の味噌製造法を継承している可能性もある。

甘口味噌にも淡色味噌と赤味噌がある。甘味噌でも述べたように、大豆を煮れば淡色になりやすく、逆に大豆を蒸せば赤色になりやすい。大豆のうま味が強いのは、アメを大量に含む赤色であることはいうまでもない。甘口味噌が長期熟成の辛口味噌と少し異なるのは次の諸点である。

①味噌の醸造期間が三～四ヶ月という短期間であると、四月～七月、六月～九月、九月～一二月、といった季節を選ばなければならない。すなわち、味噌の品温が二〇℃以上になっている期間がなければ味噌は熟成しない。

②米味噌用の種麹の中で、アミラーゼ力価の高い長毛系のタイプを使用して製麹する。麹は比較的若いものがよく、出麹はやや高い三七～三八℃位にするのも一つの方法である。

③味噌の熟成後に真夏を迎えると、八％の塩分でつくったものでは保存が難しいことから、そうした時期は冷蔵庫に保管することが望ましい。天然醸造における短期熟成の味噌は、熟成期間と同じような期間で食べ終えるべきである。つまり、年中甘口味噌を食べるならば、一年間に少量の味噌を三回仕込むような計画を作成しなければならない。しかしながら、塩分が八％と一一％とでは、保存期間に大きな差が生じる。

六．二．三．辛口味噌の仕込み

（一）材料の配合比に対する変遷

米味噌の仕込みに関する写真は、最も多くつくられる辛口味噌を中心に掲載する。現在の辛口味噌は、麹歩合が一〇～一二、塩分が一一～一二％といったものが好まれている。ではこうした配合がいつからなされたということになるが、福島県の文献からその変遷を辿ってみる。

○大豆一升（味噌玉無）、米麹一升、塩五合（『保原町史』昭和五六年）
○大豆一升（味噌玉有）、米麹五合、塩（五合、七合、八合）（『梁川町史』平成三年）
○大豆一斗（味噌玉無）、米麹一斗、塩五升（『本宮町史』平成七年）
　大豆一升（味噌玉有）、米麹七合、塩五合　〃
　大豆一升（味噌玉有）、米麹四合、塩五合　〃
○大豆一升（味噌玉有）、米麹五合、塩七合（『岩代町史』昭和五七年）
○大豆一升（味噌玉有）、米麹一升、塩五合（『天栄村史』平成元年）
○大豆一升（味噌玉有）、米麹一升、塩（四合、五合）（『新地町史』平成五年）
○大豆一升（味噌玉有）、米麹一升、塩五合（『原町市史』平成一八年）
○大豆一升（味噌玉無）、米麹五合、塩五合（『富岡町史』昭和六二年）
○大豆一斗（味噌玉有）、米麹一斗、塩三升（『広野町史』平成三年）
○大豆一升（味噌玉有）、米麹五合、塩六合（『いわき市史』昭和四七年）
　大豆一斗（味噌玉有）、米麹五升、塩五升　〃
○大豆一升（味噌玉有）、米麹三合、塩五合（『浅川町史』平成七年）
　大豆一升（味噌玉不明）、米麹八合、塩五合　〃
○大豆一升（味噌玉有）、米麹八合、塩（六合、七合、八合）（『塙町史』昭和六一年）
○大豆二斗（味噌玉無）、麦麹一斗、塩（一斗、一斗四升）（『矢祭町史』昭和六〇年）

○大豆二斗（味噌玉有）、米麹二斗、塩七分（『猪苗代町史』昭和五四年）
○大豆一升（味噌玉無）、米麹五合、塩五合（『会津若松市史』平成一四年）
○大豆一升（味噌玉無）、米麹五合、塩五合（『会津坂下町史』昭和四九年）
○大豆二斗（味噌玉無）、米麹二斗、塩一斗二升（『柳津町誌』昭和五二年）

上記の内容は、市町村史の発行年の実態より少し古い内容を示していることが多い。味噌玉を使用した味噌づくりは、昭和四〇年代前半になると福島県内ではほとんど終わっているので、発行当時の実態とは異なる。市町村史のねらいは、伝統的な生活文化の記録にあることから、戦前から昭和三〇年代前半あたりまでの味噌づくりを聞き取り調査しているのであろう。それでも、一部は発行年に近い味噌づくりを併記している場合もあり、また古い方法と新しい方法が混在している場合もある。

味噌玉づくりの配合比は、大豆一斗、米麹五升、塩五〜六升といった記述が多い。二章で使用した大豆一升≒一・三kg、麹一升≒八〇〇g、塩一升≒一・七三kg、大豆の蒸煮後の重量を二・一倍で換算すると、塩五升で塩分は二一％以上となる。種水を四kg加えたとしても、一九・七％である。塩が天日塩であったとして塩分を九二％と仮定しても、一八・％の塩分となる。塩六升だと二一％以上という極めて高い塩分になる。昭和三〇年代の福島県では、一八〜一九％の塩分を持つ味噌を食べていたのであろうか。

最も新しく刊行された原町市史には、味噌玉をつくっているのに、大豆一升、米麹一升、塩五合という配合が記載されている。それでも味噌の塩分は一六％以上になる。おそらく、伝統的な農村の味噌づくりでは、現在でも一六％の塩分を使用している人達が相当数いるように思われる。

筆者による福島県郡山市における聞き取り調査では、昭和四〇年代までは米麹の歩合が八程度で、一〇になるのは昭和五〇年代以降である。近年は麹の歩合が一二～一五という辛口味噌もつくられている。塩分は現在でも一五％程度の味噌も見られるが、おおむね一二～一三％程度である。味噌屋、麹屋で仕込んだ委託味噌には一一％台のものも散見される。福島県の自家製味噌は、味噌玉を使用していた時代には麹の歩合が五程度、その後味噌玉を使わなくなった昭和四〇年代より麹の歩合が増したということになる。麹の歩合が増した背景には、電気冷蔵庫が普及したこと、食品の流通が活発になったことで、保存食に対する生活者の意識が希薄になったことも影響している。さらに他地域における味噌の麹歩合が増したことも影響している。信州味噌、秋田味噌の変化は、周辺の味噌・麹業に伝えられ、福島県でも自家製味噌は、大手の味噌・麹業の動向と常に密接な関係を示している。

(二)　標準的な仕込み

それでは実際に辛口味噌の仕込みを紹介する。まず最初に、味噌玉を使用しない標準的なタイプの材料及び用具と作業手順を下記に示す。

(1)　材料及び用具　※は選択で使用する。

○使用する材料

大豆五kg（蒸して一〇・五kg）、米五kg（麹にして五・一五kg程度、短毛系の辛口味噌用の種麹を使用）、種水（アメ）一kg、天日塩二・三五kgを用意する。これで予定では麹の歩合一〇、塩分一二％の味噌を約一九kg仕込むことができる。※重石に使用する食塩五kgも用意する。

○使用する用具

木製のタライ（プラスチックのタライ）、プラスチック容器（一〇リットル程度）×二、秤、味噌桶（二三～二四リットル程度）、※和紙またはフイルム、※笹の葉、※ビニール袋、※重石（総重量）が五～一〇kg

（2）作業手順

①材料の最終確認

材料の中で特に問題となるのは麹の出来具合である。麹の湿度が多くてほぐれにくい、香りがまったくないようなものであったならば、仕込みは中止すべきである。仮に仕込んでも良い味噌になる可能性は極めて少ない。半年以上熟成させる楽しみは、仕込み前の材料が一定の条件をクリアーしていなければならない。換言すれば、製麹の状態を見て大豆の蒸煮は行うべきであり、出麹は味噌づくりの重要なポイントということになる。出麹後の麹は、図四－四三のように丁寧にほぐして冷蔵庫に入れておく。

図４－43　麹をほぐす

②衛生面の配慮と新しい桶の取り扱い方

作業場所は作業の前日に清掃を行い、室内の換気をしておく。作業する衣服も洗濯してよく乾燥したものを容易する。使用する用具の中で、タライは青カビ類が発生していることがあるため、熱湯で消毒しておく。味噌桶は長年使用して味噌が少量入っているものならば、ぬるま湯に浸した清潔なタオル等で拭くだけでよい。洗うのであれば、作業の前日に洗い、陰干しする程度で日向には絶対出さない。直射日光に曝《さら》されれば、たちまち箍《たが》が緩んでしまう。広葉樹のクルミ、クリといった樹種を使用した桶は、桶が変形して使えなくなってしまう。酸敗したような味噌が入っていた桶ならば、熱湯消毒をしなければならない。

図4－44　タライに大豆と麹を入れる

図4－45　アメによる水分の調整

新しい桶を使用する場合は、一週間程度は水を入れ、時々水を取り替えて少しでも木香を除く。スギのような強い木香《きが》が味噌に移ることを嫌う人は意外に多い。木香と共に、桶の吸水は材料を詰めた後も続くので、新しい桶を使う場合は、仕込んだ味噌の水分を多少多く設定する。

③材料の合わせ

一九kgの味噌を一度にタライで合わせることは結構大変である。大きなタライであれば可能であるが、そうした容器がない場合は、二つに材料を分けて合わせることで対応しなければならない。最初に図四―四四に示したように、タライに大豆、麹を入れる。大豆は完全に冷めると着色が進むため、出来るだけ暖かい状態にしておく。アメはタライに水分が五%前後吸われるので、図四―四五のように混ぜながら臨機応変に対応する。このアメの分量によって塩の量を最終的に決定する。一二%の塩分に設定しても、標準値の換算だけで水分は必ずしも四七%になるわけはないので、経験で適度な水分量を体得するしかない。煮た大豆を使用する場合、アメは少なく、逆に蒸した大豆を使用する場合は、アメを少し多く用意しておく方がよい。図四―四六は塩を加えて混ぜているところである。この作業は短すぎると塩分が均一にならず酸敗の原因となる。最後にこねるという作業を行うが、この作業は焼き物の土を練る、うどん等の麺類のこねる作業と基本的には同じで、繰り返した動作が必要となる。この時間が長すぎると全体に粘り気が生じて味噌の熟成に

図４－46　大豆、麹、塩、種水の合わせ

図４－47　桶への詰め込み
熊本県阿蘇郡小国郡

よくない。いわゆる手際の良さが要求される。塩分を一二％に設定することは、仮に若干塩分の不均一が生じても酸敗する可能性が少ないという理由も含まれている。

　味噌の塩分濃度は、簡易的なデジタル表示の測定器でも一〇万円近くするので、家庭で測定するのは無理である。公設試験機関でなくとも、食物栄養学科や調理を教える大学でも測定できる。測定器さえあれば簡単に数値化できるので、気軽に相談すべきである。こうした相談に応じるのも、大学の社会貢献としての使命ではなかろうか。

④桶に詰める

　混ぜ合わせた後は桶に詰める。この桶には、殺菌のために焼酎を使用する人もいる。仮に焼酎を使用する場合は、霧吹きで桶の内部に吹き付ける程度でよく、量が多いと味噌の発酵を抑制するアルコール（酒精）と同じような働きをする。

　味噌桶は材料を詰めた後に移動すると重いので、四斗のような大型の味噌桶は、先に熟成させる場所に移動しておく方がよい。その場所については後で述べる。

　味噌を詰めるには、古くから塊を投げつけるという例えがあるように、空隙をつくらないよう工夫しなければならない。図四—

図4－48　桶への詰め込み

四七は、四斗の味噌桶に詰め込んでいるところで、ビニールの少し大きな袋を詰めている材料の上に置き、袋の中に足を入れて踏み込みを行っている。二五リットル以下の味噌桶では、この方法は無理なので、団子状にして投げつけて入れたら、その都度図四－四八のように拳で上から叩きつける。

桶の容量と詰める味噌の量であるが、桶の容量の七〇％程度を標準とする。桶の容量が一八リットルならば、一二・六リットルの容量、味噌の比重を≒一・二で換算すれば、約一五kg程度ということになる。今回は一九kgの味噌を仕込むので、二三リットル以上の味噌桶であれば問題はない。

詰め込みが終わったら表面を平らにならしておく。その後のカビ防止は多様で、次のような内容の組み合わせである。

ア．表面に塩をふる。
イ．表面に焼酎を吹きかける。
ウ．表面を専用のフイルムで密閉する。
エ．表面をさらしで密閉する。
オ．表面を和紙で密閉する。
カ．表面にササの葉のような植物の葉を敷く。
キ．ビニールの袋に塩を入れて置く。

上記の中で、キについては重石の役目も併せ持っている。次に具体的な方法を示す。

図４－49　和紙を敷く

図４－50　塩をビニールの袋に入れて置く

A．味噌の表面に軽く塩をふり、フイルムを密着させる。その上にビニールの袋に四～五kgの塩を入れて置く。四～五kgの塩は重石の作用も持っている。この方法が圧倒的に多く、失敗が少ない。

B．味噌の表面に塩をふり、さらに焼酎を吹き付ける。その上にフイルムを密着させ、最後にビニールの袋に四～五kgの塩を入れて置く。

C．味噌の表面に塩をふり、その上にさらしを密着させて敷く。さらに上にビニールの袋に四～五kgの塩を入れて置く。

D．味噌の表面にフイルムを密着させ、その上にビニールの袋に四～五kgの塩を入れて置く。フイルムが密着していればカビはできない。塩や焼酎を使用すると蓋味噌といって食べられない部分が生じる。

E．味噌の表面に和紙を敷き、その上にビニールの袋に四～五kgの塩を入れて置く（図四―四九、五〇）。和紙は伝統的に使用されており、現在も自家製味噌では少数の人が使用する。和紙は味噌表面の水分を吸うと密着するため、ほとんどカビは生えない。自然素材を使用するなら、まずこの方法を試していただきたい。

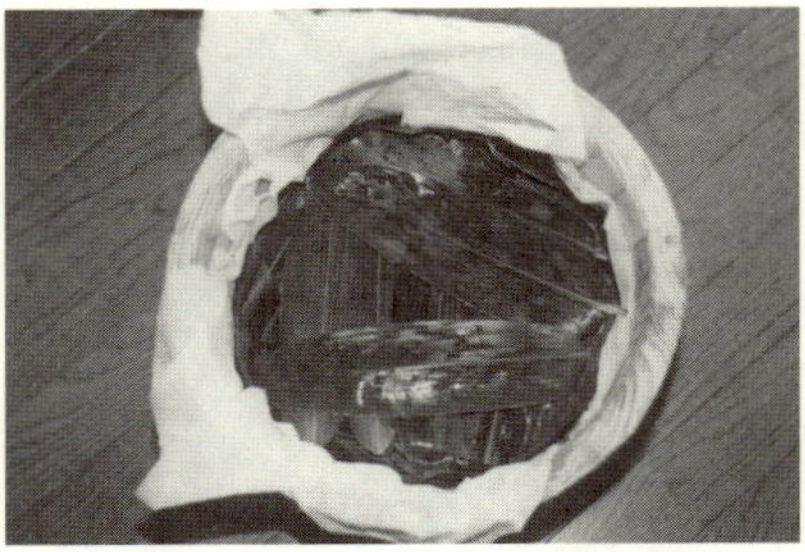

図４－51　笹の葉を敷く

図４－52　植物の葉をカビ防止に敷く
福島県南会津郡南会津町

F．味噌の表面に和紙を敷き、その上に笹の葉を敷き詰め、さらにその上にビニールの袋に四～五kgの塩を入れて置く。ササの葉は殺菌力があるといった指摘もなされるが、科学的な根拠がどの程度あるのかについては判然としない。しかし、長期間葉は緑色のままであること、他のものに粘着しないという特質があり、現在も各地で少数の人は使用している。ササの葉以外にも、フキ、イタドリ、サトイモ、ダイコン、ビワ等の葉が使用されている。山間地には現在もササは豊富にあり、道路から少し中に入った場所のものを採取し、よく洗って軽く湯を通せば衛生上も特に問題はないように思う。図四－五一は、ササの葉を三層敷き詰めた場面である。図四－五二は福島県の南会津郡で現在使用される植物の葉で、樹種名は特定できていないが、広葉樹の葉であることは間違いない。フィールド調査で、こうした植物の葉を使用した味噌づくりに出会うと、先人の知恵に感銘を受ける。自然素材を使える環境にあるならば、ぜひ積極的に使っていただきたい。自給的な生活の基本は、とにかく自然素材を上手に取り込むことにある。

⑤重石の使用

次に重石を使用する方法について触れる。重石を置く目的は、仕込んだ味噌を上部から加圧することによって、内部に空隙ができることを防ぐと共に、夏期の炭酸ガスの発生（湧く）によって生じる味噌の膨張を抑えて、均一な熟成を促すことにある。重石を置かなければ、仕込んだ味噌の上部は水分が少なくなり、品質に偏りが生じる。重石は、仕込んだ味噌の重量と同じとする解説もあるようだが、しかし実態としては重さに幅があり、仕込んだ味噌の五割以下がほとんどである。仮に一九kgの味噌を仕込んだ場合、六〜八kg程度でよいのではないだろうか。

味噌桶に重石を置くには、次のような下準備が必要となる。

○味噌桶の大きさに適した内蓋（押し蓋）を用意する。使用する前には熱湯で消毒する。

○重石は市販のプラスティックでコーティングしているものであれば、重さの少し軽いものと二つ用意する。自然の石を使用するのであれば、川原や海に出かけて丸みのある一kg位の石を一〇数個拾ってくる（特に問題とはならないと思うのだが）。この石は不衛生なので、外側をワイヤーブラシで汚れを落とし、その後鍋等で煮る。

塩をふり（ふり塩はなくても可能）、その上にフイルム、和紙、さらし、ササの葉等を単独または複合させて置き、

図４－53　桶に内蓋を置く

図４－54　重石を置く

図４－55　重石の使用例
福島県南会津郡南会津町

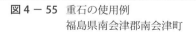

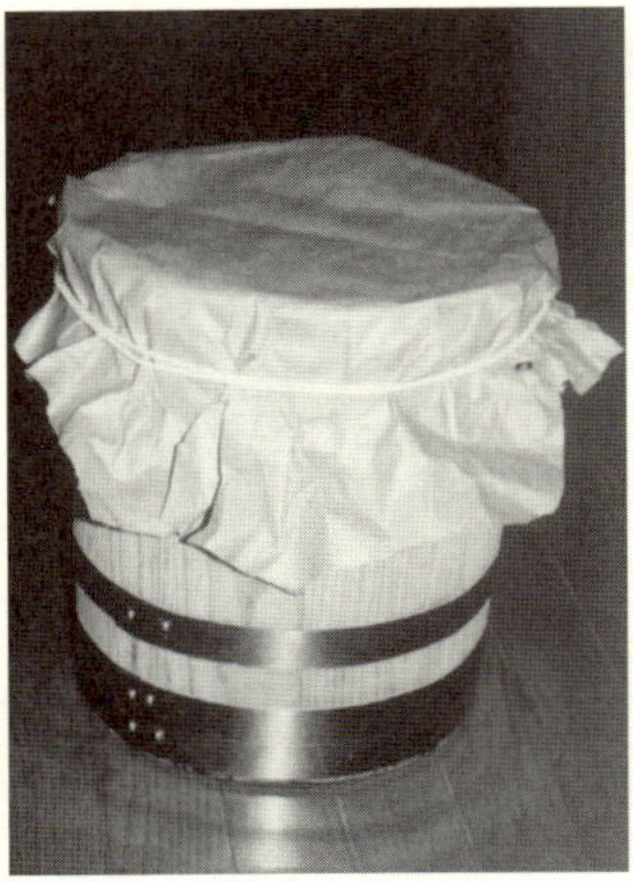
図４－57　桶の上に袋をかぶせる

図４－56　桶に外蓋を置く

さらに消毒した内蓋を図四－五三のように置く。この上に重石を置くのだが、図－五四のように内蓋に均等に加圧されるよう石の置き方に配慮する。これで約八kgとなり、味噌の重量の四〇％程度である。これ以上重くする必要はないはずである。図四－五五は福島県南会津郡の味噌業で行っている天然醸造で、桶の上部には重石が乗せられている。一般的にはこの程度の量を使用しており、八丁味噌のような大量の重石を置いているわけではない。

⑥袋をかぶせる

桶の詰め込みは、最後に外蓋を図四－五六のように置き、さらにその上をビニールや紙で覆って紐で縛ると多少埃の出る場所でも安全である。紙を使用する場合は、市販の米袋を切って使うと図－五七のようになる。米袋は五〇円以下である。

（三）味噌玉を使用した仕込み

味噌玉を使用した辛口味噌についても少し触れたい。味噌玉は、短期間乾燥のものと長期間乾燥のものとではつぶし方が少し異なる。

一週間程度乾燥したものは、外側の一部しか乾燥していないので、表面を洗った後、表面の硬くなった部分は包丁で刻む。この程度で臼で搗くとよい。一ヶ月以上乾燥させた味噌玉は、まず最初に表面のカビや汚れを丁寧に洗い落とし、一晩水に浸して少し軟らかくした後、水を少し加えながら臼で搗く。いずれにしても、臼の使用が前提となっている。仮にチョッパーを使うとなると、固さに応じて適度な水分を与える必要がある。

味噌玉を搗き終わったら、麹と合わせるが、麹の歩合は多くて五程度とする。それ以上麹が多ければ、麹の風味の方が強くなりすぎる。大豆の蒸煮時に出来るアメは、塩を入れて保存しておく。アメに入れた塩の重量は記録しておき、仕込み時はその塩を差し引く。

仕込みの手順自体は、先に示した辛口味噌の方法とおおむね同じであるが、仕込みもすべて臼を使用する地域が多い。この場合に使用する臼は、三升用の少し大きなものである（二升用で少なく搗いてもよい）。麹の歩合が少ない仕込みでは、熟成した味噌を種味噌として少量いれることもあった。すべての仕込みを終えると、約一年半＝夏を二度経て食する。こうした長期間の熟成で四七％の水分とするならば、塩分は一三％とやや高めにした方が無難である。

（石村眞一）

六．三．麦味噌の仕込み

大麦や裸麦を使用した麦味噌は、主に東日本の一部と西日本で食される。特に四国、九州では一つの麦味噌文化圏を形成しており、独特の食文化を育んできた。

大麦は米よりタンパク質含量が多く、うま味のもととなるアミノ酸量もそれだけ多く、特に呈味成分であるグルタミン酸が米の一・八倍含まれており、米味噌より旨味が強い味噌である。鹿児島県、宮崎県、熊本県あたりでは、仕込んで一ヶ月くらいで食べ始める地域がある。いわゆる麦甘口味噌である。麦の強い麹香に地域の強い嗜好があり、東日本の辛口の米味噌とは対照的である。東日本でも麦味噌を食する習慣はある。しかし麹の歩合は四国や九州に比較してかなり低い。それでも麦味噌の風味に魅了されている人は意外に多い。

九州では、戦前から甘口味噌が圧倒的に多い。麹の歩合が二〇～三〇もある味噌を一ヶ月～三ヶ月の熟成で食している。九州も北部では、甘口味噌と辛口味噌の両方がつくられているが、やはり甘口味噌の占める割合が多い。麦甘口味噌（塩分九～一〇％）を少量つくるには、大豆四〇〇g、麦麹一kg、食塩一八〇～二〇〇gの配合とする。麹は、事前に塩切り麹としておく。種水は米甘味噌より少し多くし、アメを二カップ程度加える。仕込みは三〇～三二℃で行い、押し蓋をし、二〇％程度の重しを乗せ、三〇日ほど熟成させる。麹香が残った甘みのある味噌となる。

麦の辛口味噌は、大豆一升、大麦または裸麦二升、塩四合という割合でおおむね配合され、塩分は一一％程度である。塩を三合にすれば甘口味噌になり、塩分は八％程度になる。麹の歩合が同じでも、塩の量で調節していた地域もあった。但し、辛口味噌でも半年程度熟成すれば食べる。長期熟成する地域でも長くて一年であるから、東日本に比較すれば熟成期間は短い。それでも辛口味噌は、九州では保存性を重視した食文化に位置づけられる。

戦前の関東では、辛口味噌の配合は、大豆一升、大麦または小麦一升、塩五～六升といった割合が多い。塩分が二〇％近くあり、二年間熟成させることから保存食としての役割が強かった。

このように、戦前の麦味噌は、東日本と西日本とで麹の歩合と塩分に大きな差があった。現在においては、西日本は戦前の伝統を継承しているのに対し、東日本では麹の歩合が増え、塩分が一二～一三％とかなり減ってきている。つまり、関東に対し、四国や九州では、麦の辛口味噌の配合比に戦前から大きな変化はないということになる。

宮崎県南部においては、麦の製麹に種麹として米麹を用いる地域がある。地域の特徴ということになろうが、興味深い技法である。麦味噌の場合、麹は塩切りにしたものがよく用いられている。このことも麦麹の特徴ということになろう。

近年は低塩化が進み、関東においても辛口味噌は一一％という塩分で仕込まれることが多い。注意しなければいけないのは、米味噌の仕込みでも述べたように、大豆、麹、塩、種水を合わせた際、塩の偏りが出来ると酸敗の原因になる。特に麹の多い麦味噌については、混ぜる、こねるという作業に細心の注意を払わなければならない。先に挙げた塩切り麹の使用は、塩分の均一化をはかる一つの対応策と読み取れなくもない。

仕込みの全体的な流れそのものは、米の辛口味噌と変わらない。異なるのは熟成期間で、関東でも一年以上寝かせる地域はほとんどなくなってしまった。

（石村眞一・古賀民穂）

六．四．調合味噌（合わせ味噌）の仕込み

一般に調合味噌といってるものは、次のような方法でつくられる。

①配合に応じて米と麦をそれぞれ洗い、浸漬し、その混ぜたものを製麹して大豆、塩、種水等と合わせて仕込む。
②配合比に応じて米麹、麦麹を別々に製麹する。その後二種類の麹を混ぜ、大豆、塩、種水等と合わせて仕込む。
③配合比に応じて米味噌、麦味噌を仕込み、熟成後に混合する。

九州の佐賀県では、戦前より①の方法で調合味噌がつくられていた。つまり、調合味噌もある程度歴史があるということになる。九州で使用される調合味噌は、麦味噌に米味噌の特徴を加えたとするもので、ベースになっているの

は麦味噌である。近年は九州北部での需要が多く、①と②の方法によって、おおむね米一に対し、麦二で製麹を行っているようだ。この米と麦の配合比は嗜好の問題であり、東日本であれば米味噌をベースとすることから、逆に米二に対し、麦一という配合でもかまわない。麹の歩合は一五〜二〇である。塩分濃度は八〜一二％で、甘口味噌と辛口味噌がある。九州では熟成期間の短い甘口味噌が多い。

丸麦の入手が難しい地域では、スーパーでも入手できる押し麦を使用すればよい。種麹も調合味噌用に適したものを選ぶ必要がある。

合わせ味噌の考え方は江戸時代から定着しており、二種類の味噌を混ぜて料理に使用している。すなわち、この二種類とは米味噌と麦味噌だけでなく、米の辛味噌だと、若い一年味噌と三年味噌を混ぜるというように、合わせて何等かの効果があればよかったのである。今後も自家製味噌では、多様な合わせ方が出現しそうな予感がする。

図４－58　大量の重石
愛知県岡崎市　まるや八丁味噌

六．五．豆味噌の仕込み

豆味噌の仕込みは、味噌玉麹を使用したものと、撒麹を使用したものに分かれる。

六．五．一．味噌玉麹を使用した仕込み

八丁味噌は愛知県岡崎市の一部の地域でつくられる味噌のことで、豆味噌の古い歴史を現在まで伝えている。とはいっても江戸時代の製造方法とは少し異なり、機械も一部使用されている。味噌玉麹はローラーでつぶされ、味噌桶で

図４－60　味噌玉麹の仕込み
愛知県知多郡武豊町　中定商店

図４－59　大量の重石
愛知県岡崎市 まるや 八丁味噌

仕込まれる。それでも図四－五八、五九に示した三〇石の桶に重石を置いて蔵内で熟成する作業工程は、伝統的な技術を忠実に継承しているといえよう。これほど大量の重石（味噌の仕込み重量の約五〇％）を使用する味噌づくりは、おそらく日本で八丁味噌だけであろう。円錐形に積み重ねるのは、加圧を平均化するためである。四四％の水分、塩分一一％以下で熟成させるために、重石の量と積み方が開発された。塩水の濃度は約二二％と高く、飽和塩水の二六・五％に近い。塩と種水をつぶした味噌玉に加えて混合するより、塩水を使用した方が塩分の均一化を促進させる。

これまで紹介した味噌の仕込みは、手で材料を合わせることで水分を確認出来たが、味噌玉麹に関しては、混ぜて確認することが難しい。まるや八丁味噌では、約二二％の塩水にふり塩を加えて機械で混合し、三〇石の桶に踏み込みをしながら仕込んでいる。出麹の重さを計測し、それに使用した大豆の水分を加え、ふり塩と食塩水の量を決める。図四－六〇は愛知県知多郡武豊町の中定商店で行われている仕込みで、少し時間をおいてから重石が乗せられるのであろうか。とにかく味噌玉麹の仕込みは経験がないと難しい。

六．五．二．撒麹を使用した仕込み

撒麹を使用した豆味噌は、先に紹介した武豊町の中定商店で、ごろがきとい

図4－61－1

図4－61－2

ごろがき　愛知県知多郡武豊町　中定商店

う実にユニークな仕込み方が見られる。使用する撒麹は長毛菌を使用したもので、元々は農村地域で行われていた自家製味噌づくりの方法だ。図四―六一―一は二斗樽で、この中につぶした撒麹（足でつぶした程度）を二六kgと一二％の塩水を入れる。元々は塩と種水を入れていたらしい。塩水の使用は技術の進化ということになる。味噌の水分は五〇％以上もあり、八丁味噌の固さとは異なる。仕込んだ後に図四―六一―二のように樽を横にしてころがす。それも一日一回ころがす習慣がある。この転がすことで水分を均一にするという技法は、他地域で見たことがない。熟成期間は一～一年半で、以前はタマリも取っていたようだ。豆味噌からタマリをとるとは考えてもみなかった。樽の大きさは二斗と四斗がある。この技法は農家の自家製味噌が原点であるようだ。

撒麹を使った比較的簡単な方法がある。筆者の行った仕込みは次のようなものである。

①大豆三kgで撒麹をつくり、軽くつぶす。
②大豆三kgを四～五時間蒸籠で蒸し、つぶす。
③大豆の撒麹、蒸した大豆、種水を混ぜ、その総重量を測定して塩分一二％になるよう塩を加えて再度混ぜ、こ

ねる。

④容器に仕込み、塩を少量ふり、その上に和紙を敷き、中蓋を置いて重石を六kg乗せる。

⑤外蓋を乗せ、上で上部を覆って紐で縛る。

この方法で約一三・五kgの豆味噌が一年後にできる。愛知県では一部しか撒麹の入っていないものは豆味噌と呼ばないらしい。しかしそれは愛知県のことであって、最もお手軽なつくり方は、撒麹の歩合を五～一〇程度で仕込むことである。泡盛はすべて麹で醸されるが、通常の焼酎は、麹に蒸した芋や米、麦、蕎麦等を足して醸される。どの方法が良いとか悪いとかは言えないわけで、自家製の味噌の基本は、自身の力でつくれるものから始めるということである。

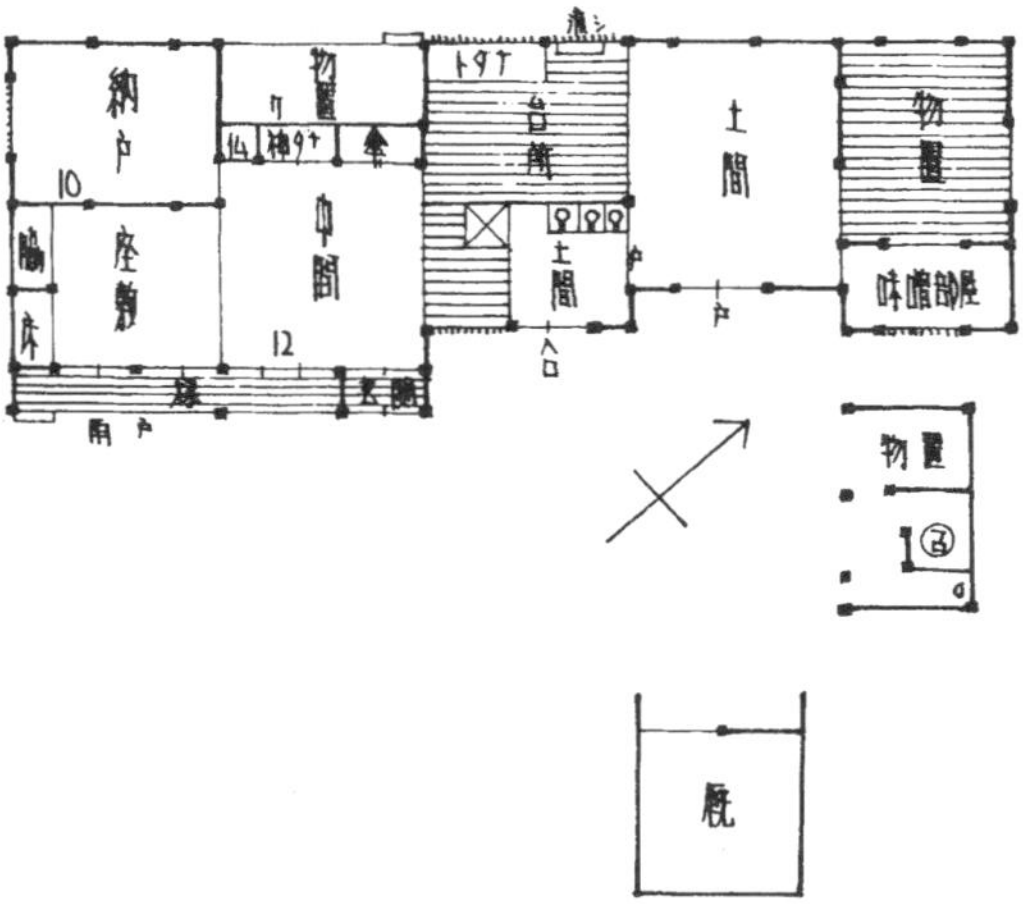

図４－62　宮城県志田郡松山町（旧）の農家

七、味噌の熟成場所、熟成期間、味噌の評価

七・一　味噌の熟成場所

七・一・一　味噌部屋

戦前は全国各地で味噌部屋が見られた。その地域的な特徴まで調査は行っていないが、文献から見る限り一様ではないようだ。図四―六二[24]、六三[25]、は宮崎県と宮城県の古い形式を伝える農家である。日本の北と南の地域では民家の様式はかなり異なる。しかし、味噌部屋の設置目的は共通している。味噌を生活で使

図４－64　味噌部屋
大分県国東市

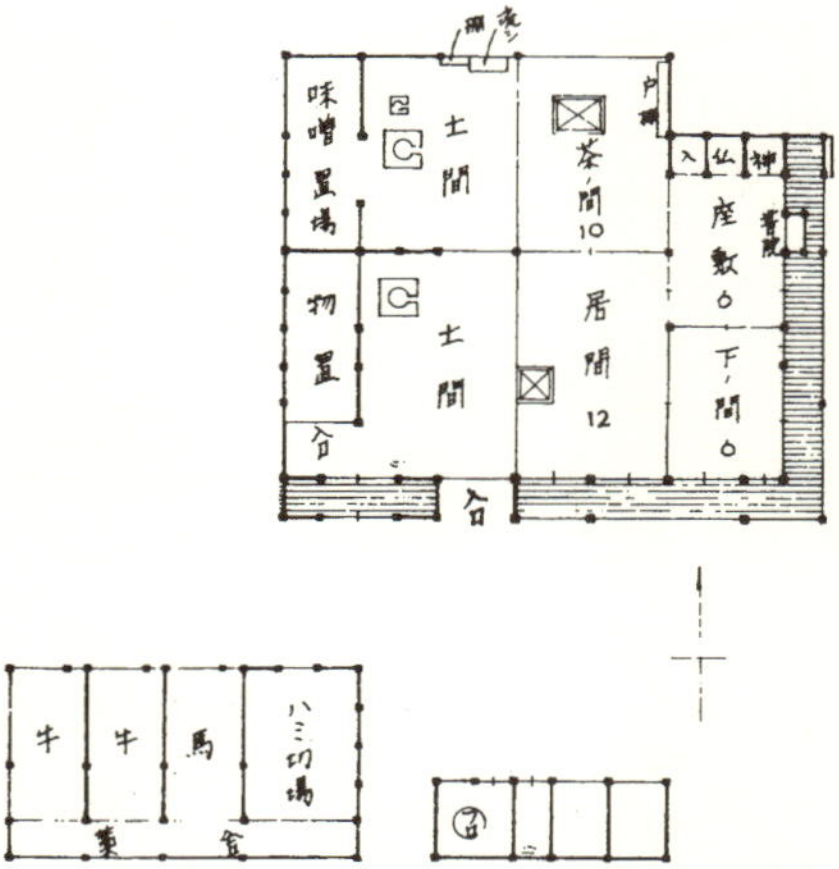

図４－63　宮崎県東臼杵郡富高村（旧）の農村

用する動線は、味噌部屋の方が味噌蔵より短い。しかしながら、土間で湿気がこもる、常時味噌の臭いがするなど、問題点もあり、戦後の高度経済成長期には、多くの味噌部屋が改築されてなくなっている。それでも少数の味噌部屋は現在も遺されている。図四－六四は大分県国東半島の農家で、母屋ではなく納屋に併設されている。図四－六五は筆者宅の下屋で、専用の味噌部屋ではないが、部屋の半分近くを味噌桶が占領している。

味噌の熟成は、冬期間の温度管理も大事である。しかし、天然醸造では夏の室温が重要で、三五℃以上になる場所は不向きであるとされている。仮に室温が三五℃以上になると、味噌の

図４－65　物置きを利用
福島県郡山市

品温も三〇℃以上になり、こうした状態が長く続くと、長期熟成の味噌は塩分が少なければ酸敗の原因にもなり、味噌の色にも影響が出てくる。

味噌部屋と共に漬物部屋も設置されていた農家があった。乳酸発酵主体の漬物は、味噌に何等かの影響を及ぼすと考えられていたのかもしれない。

七．一．二．味噌蔵

各地の農家に蔵はあるが、必ずしも専用の味噌蔵とは限らない。福島県の調査より味噌を貯蔵する蔵と類似する建物を次のように分類する。

①蔵の一部（一階部分の土間、コンクリートのタタキ）を利用する。
②蔵に下屋をつくり、そこを味噌専用の場所とする。
③専用の味噌蔵を使用する。
④蔵の形式ではなく、土壁の味噌専用の物置、小屋を使用する。

①の蔵は多目的なもので、一〇〜一五坪前後のものが多い。都市の商家の蔵とは異なり、一階部分は一部を土間にしている。図四－六六はその典型的なもので、一階の一部を保存食を置く場所にしている。福島県においても蔵そのものの歴史は古いが、現存する蔵の多くは明治中期以降に建てられたもので、とりわけ明治後期以降のものが多い。遅いものでは戦後に建てられたものもある。農家の敷地に蔵のある現在の景観は、おおむね明治中期より形

図４－66　多目的な用途を持つ蔵
福島県大沼郡会津三島町

図４－67　蔵の下屋を利用　福島県二本松市

図４－68　味噌蔵　福島県郡山市

成されたことになる。その蔵は多目的な利用がなされ、味噌蔵としての機能も含んでいた。

蔵は屋敷の北側に建てられ、また厚い土壁にすることで、室内の年間を通した温度差を少なくしている。蔵は味噌の熟成に最も適した場所ということになろう。

②は蔵の片側を下屋にしたもので、一種の改築を施したものである。図四―六七がその典型的な事例で、明治期に改築を行っている。こうした形式は二本松市付近にいくつか見られることから、下屋を味噌蔵にするという同じ目的で改築したことは間違いない。おそらく、湿気を嫌ったことから、味噌の置く場所を独立させたのであろう。下屋ではあるが、蔵と同じような構造で施工している。

③は専用の味噌蔵で、三坪程度の小さなものが多い。筆者はこの専用の味噌蔵は、元々粗末なもので、建築としての見栄えを意識するようになったのは、早くとも昭和初期と考えている。専用の味噌蔵がある家庭には、大概別の蔵がある。すなわち、②の下屋と同じように、味噌の湿度を嫌って元の蔵から分離したということになる。図四―六八、六九、七〇、七一は郡山市郊外から安達郡、二本松市東和町にかけて見られる味噌蔵

図４－69　味噌蔵　福島県本宮市

図４－71　味噌蔵
福島県二本松市

図４－70　味噌蔵　福島県本宮市

である。すべて似たような大きさで、阿武隈山系にはことのほか専用の味噌蔵が多い。大きさは標準化が進んでいても、意匠面は持ち主の好みが反映されており、見ていても飽きない。日常生活の中に、少しでも美を求めようとする生活者の精神が投影されているように感じる。何よりも味噌蔵を新築する家庭が現在もあることに驚かされる。興味のある方は、特に本宮市旧白沢村一帯の味噌蔵見学をお勧めしたい。

④の味噌専用の小屋は、専用の味噌蔵に対し、実用本位で建てられたものである。基本的には土壁で、外観にはさほど意匠は施していないが、図四－七二に示したように、内部は手入れが行き届いている。実に清潔で味噌桶に対する愛着心が伝わってくる。こうした実用本位の付属屋が農村生活の原風景といえよう。

図４－72　味噌小屋内部
福島県大沼郡会津三島町

戦前の農家では、味噌部屋、味噌蔵等に置かれた味噌桶を、主婦が毎日拭いて清潔に保っていた。この労力は大変だったようで、戦後の高度経済成長期になると兼業農家が増え、手入れを毎日するといった習慣は急激に衰退していった。

味噌の熟成に最も悪い環境は、スチール製の物置である。夏期に直種日光が当たれば、物置内の温度が五〇℃にも達する。これでは味噌はつくれない。物置を使用するのであれば、木質系のものがよく、必ず住宅の北側に置くべきである。

七．一．三．住宅内の利用

農村の生活者は屋敷内にスペースがあるので、味噌桶の置き場所には困らない。確かに、農村に比較して都市の生活者にはスペースはない。それでも、様々な工夫をして味噌桶を収納している人もいる。ガレージもその一つで、部屋の隅に置いて熟成させている。北向きのガレージは夏場は涼しい。冬場は、蔵と違ってシャッターがあっても、厳冬期では氷点下になる地域も多い。それでも味噌は塩分濃度が一〇％以上あるため、簡単には凍らない。年間の温度差が少ないことが望ましいが、なかなかそうした場所は見つからない。小さい味噌桶であれば、台所の隅に置けないこともない。二つの桶を重ねて置けば、それほどスペースはいならい。但し、味噌の臭いは多少するので、好き嫌いに個人差がある。古い町屋では階段の下に置いているのを見たことがある。臭いが気になる方にとっては、住宅内で臭いが気にならない場所、衛生的な場所を探すことが先決条件のように感じる。

七、二、味噌の熟成期間と手入れ

七、二、一、味噌の熟成期間

天然醸造の味噌は、米の辛口味噌では、品温が一五℃以上になるのは次のような季節である（福島県郡山市を事例として）。

①品温二五℃以上―約二ヶ月（七月、八月、九月）
②品温二〇℃〜二五℃―約二ヶ月（六月、七月、九月）
③品温一五℃〜二〇℃―約二ヶ月（五月、六月、一〇月）

福島県郡山市の各月の平均気温は、一月（〇・七℃）、二月（一・〇℃）、三月（三・九℃）、四月（一〇・一℃）、五月（一五・四℃）、六月（一九・二℃）、七月（二二・五℃）、八月（二四・二℃）、九月（一九・八℃）、一〇月（一三・九℃）、一一月（八・二℃）、一二月（三・五℃）となっている。この平均気温に対し、味噌蔵等の室内平均気温は多少高くなるわけで、味噌の品温にも室内平均気温が大きく影響する。全国味噌鑑評会に出品された米の辛口味噌には、三〇℃に加温しているものも多く見られ、中には三二℃に加温したものも散見される。一年程度熟成させる天然醸造では、味噌の品温は一応三〇℃あたりを上限にしておくことが無難なようだ。

品温が一五℃以下では、味噌の熟成は著しく低下する。しかしながら、品温が一〇℃以下の冬期間から再び一五℃以上になっていくことも、それなりの意味があり、塩が熟れるといった言葉で表現されるが、成分の変化だけで簡単に味覚は検証できない。五月に仕込んだ辛口味噌は、六ヶ月を経過した一一月あたりから食べることはできる。しかし冬を越した味噌の味覚とは微妙に違うはずである。この一見微妙に異なる味覚を、日本人の多くは共有している。比較的暖かい九州では、九月末から一〇月初旬に仕込んだ麦の辛口味噌は、品温が二五℃に達しない熟成状態で翌年の五〜六月に食べる。おそらく、盛夏を越した味噌とは味が多少異なると思われる。東日本は年間の平均気温が西日本に対し低いためか、盆を越さないと熟成しないという考えが広く浸透している。各地に独自の嗜好もあり、やや低温で長期熟成することを評価する地域もある。

七．二．二．重石の効果とその確認

味噌の仕込み重量の二〇〜三〇％の重石（塩も含めて）を置くと、仕込んでから一週間程度で、仕込んだ味噌の上に水がにじみ出てくる。この状態を早い内に確認しておく必要がある。四〜五月に仕込んだ辛口味噌は、七〜八月の温度が高い時期では盛んに炭酸ガスを発生し（湧く）、重石を持ち上げる。八丁味噌でも、あの大量の重石を持ち上げてしまう。この最も気温の高い時期を越すと、重石の量を少し減らす。当然一度上に上がった水分も、また次第に下がっていく。このことから、自家製味噌では一kg程度の重石を数多く使うことが理にかなっている。また水分が味噌の表面より上に上がることは、衛生面でも注意が必要で、桶の内蓋や重石を熱湯消毒するのはその対応である。夏を二回越す場合は、夏近くなると重石を元の重さに戻す人もいる。

七．二．三．天地返し

味噌の熟成を均一化し、また酸素を供給することで熟成期間を短縮するために、天地返しを行う人がいる。天地返

しとは、例えば五月に味噌を仕込んだ場合、夏の盛りに入ろうとする前の七月上旬から中旬という時期に、仕込んだ味噌を一度桶から外に出して混ぜ直し、再び桶に戻すことである。自家製味噌では、天地返しを行うのは一般的に一回だけである。ところが、天地返しではなく、味噌を桶から出さずにそのまま専用の道具で混ぜる＝切り返しを行ってきたことが各地に伝えられている。この切り返しが出来るということは、少なくとも味噌の水分が五〇％以上である。手でかき混ぜるということが出来るのであれば、水分は五五％近くある。こうした水分の多い味噌を仕込む習慣は、タマリを醤油の代用として使用するためと筆者は捉えている。すなわち、タマリの量だけ、あらかじめ水分を多くしておいたのである。現在でも、そうした影響が一部の地域には残存しており、しばしば切り返しを行っている。これも自家製味噌の地域特性ということになろう。

天地返しや切り返しで注意しなければならないのは、雑菌への対応である。夏の暑い時期に熟成途上の味噌が空気に触れるのだから、当然雑菌が入りやすい。塩分の少ない味噌は雑菌の影響が出やすいので、やめた方が無難である。

天地返しは、一切行わないという人も多い。三年味噌をつくる際、一度も天地返しを行わない人がいる。むしろ文献では、戦前の長期熟成の辛口味噌は、天地返しを行わないという記述が多い。大豆を八分搗きにすることも、天地返しを行わないことが前提であったという見方もできる。じっくりと熟成させることが、天然醸造の醍醐味であったのだろう。

七．三．味噌の熟成完了と評価

予定の熟成期間の中で、味噌のうま味、香り、色は徐々に変化していく。プロの業界では、味噌の品質を維持するために、添加物等を加えたりしている。本書では、敢えてそうした添加物を取り上げることはしない。熟成の観察ノートを作成しても、自家製味噌の熟成を年間を通して一定にコントロールすることは難しい。とにかく自家製味噌は、無添加であることが大前提である。

辛口の長期熟成した味噌、比較的短い熟成の甘口味噌も、蓋を開け、少し蓋味噌を取り去った後、完成した味噌が姿をあらわす。予測していた味になったのか、また予測していた味にならなかったのか、とにかく不安と期待が入り交じったこの瞬間がたまらなく魅力的だ。

新しい味噌桶を使用した場合、桶に接した部分の味噌は木香《きが》が強いことから、食べない方がよい。味噌桶の真価が問われるのは、二度目の仕込みからである。

うま味、香り、色の中で、全国味噌鑑評会に出品されたもので高く評価されたものから、色について紹介する。食品の評価はおおむね官能評価であり、各項目を加点法や減点法で主観評価を行い、その結果を統計処理している（六章に評価内容を示している）。全国味噌鑑評会では、色について測定（色彩輝度計または分光光度計）した結果が示されている。この数値は客観的なものであり、印刷である程度再現は可能である。計測器は高額であるため、家庭で購入することはできない。よって全国味噌鑑評会において、国産の大豆、米、麦を使用し、酵母や乳酸菌を添加せず、天然醸造で（優）の成績を収めたものを、味噌の種類に応じて下記に一例示す［注二六］。このY、x、yの数値より再現した色は、口絵に掲載したので参照していただきたい。（但し、数値からの再現なので、この程度の色と理解していただきたい。）

①米味噌・淡色系・辛口・粒味噌

大豆（秋田）・米（丸米）・麹歩合（一〇）・Y（一九・一%）・x（〇・四二四）・y（〇・四〇五）

②米味噌・赤色系・辛口・粒味噌

大豆（オオスズ）・米（破砕米）・麹歩合（一〇）・Y（一二・〇%）・x（〇・四三五）・y（〇・三九七）

③麦味噌・淡色系

大豆（フクユタカ）・麦（大麦）・麹歩合（一八・五）・Y（一九・二%）・x（〇・四一四）・y（〇・四一四）

④麦味噌・赤色系　※（優）がなく（秀）のものから選んだ。

大豆（とよまさり）・麦（大麦）・麹歩合（二五・〇）・Y（一〇・〇%）・x（〇・四三一）・y（〇・三九四）

⑤米と麦の合わせ味噌

大豆（産地不明）・米（丸米）・麦（大麦）・麹歩合（一五・二　麦二三：米一五）・Y（一一・一%）・x（〇・四二五）・y（〇・三八九）

上記の内容を見る限り、全国味噌鑑評会において、米味噌の辛口は淡色や赤色に限らず、麹歩合は一〇程度で、歩合の高いものが評価されているわけではなさそうである。米味噌や調合味噌に比較して、麦味噌はやはり麹の歩合が高い。この麦味噌の産地はいずれも九州であるため、地域の伝統に根ざした仕込みの配合ということになろう。

（石村眞一）

注

（1）社団法人日本食品衛生協会編：食品・施設 カビ対策ハンドブック、社団法人日本食品衛生協会、二〇〇七年

（2）前掲（1）

（3）Machida, M., Progress of *Aspergilus oryzae* genomics. Adv. Appl. Microbiol. 51, 81-106, 2002

（4）村上英也編著：麹学、財団法人日本醸造協会、一九八六年

(5) 中野政弘編著：味噌の醸造技術、財団法人日本醸造協会、一九八二年
(6) みそ技術ハンドブック付基準みそ分析法、全国味噌技術会、一九九七年
(7) みそ健康づくり委員会編：みそ文化誌、全国味噌味噌工業協同組合連合会・社団法人中央味噌研究所、二四九－二五〇頁、二〇〇一年
(8) 白米三・〇kg、五・〇kg、七・五kgの「こうじ君3」、「こうじ君5S」、「こうじ君7」といった装置が八一九〇〇円～一六八〇〇〇円で販売されている。
〒九九〇－二三三八　山形市蔵王松ヶ丘二－二－九　池田機械工業株式会社　ＴＥＬ〇二三－六九五－六〇〇一
(9) 蔀関月：日本山海名産図会、名著刊行会、一六頁、一九七九年
(10) 前掲（6）
(11) 前掲（6）
(12) 前掲（5）
(13) 前掲（6）
(14) 愛知県産業技術研究所食品工業技術センターよりご教示をいただく。
(15) 佐藤常雄他編：日本農書全集五二農産加工三、農山漁村文化協会、二〇二－二四三頁、一九九八年
(16) 前掲（6）
(17) 前掲（5）、前掲（6）
(18) 今井誠一・松本伊左尾編著：味噌技術読本、新潟県味噌工業共同連合会・新潟県味噌技術会、一九九五年
(19) 前掲（5）
(20) 岩代町編：岩代町史 第4巻 各論編 民俗・旧町村沿革、岩代町、五一頁、一九八二年　岩代町では味噌玉が一週間ほどでカビがつくとしている。つまり一週間程度しか乾燥させていない。但し、味噌玉はつぶして麹を加えている。
(21) 前掲（7）：五一頁
(22) 本宮町町史編纂委員会・本宮町専門委員会編：本宮町史 第九巻 各論編Ⅰ 民俗、本宮町、四五頁、一九九五年　本宮町の高木地区では、四、五月ころに味噌搗きが行われ、味噌玉を一週間程度乾燥させている。この場合も、味噌玉をつぶして麹を加えている。

(23) 今井誠一：食品加工シリーズ六　味噌、農山漁村文化協会、七八頁、二〇〇二年
(24) 石原憲治：日本農民建築 第一輯、南洋堂書店、八九頁、一九七二年
(25) 石原憲治：日本農民建築 第八輯、南洋堂書店、一一〇頁、一九七三年
(26) 社団法人中央味噌研究所：味噌の科学と技術 第五三巻第八号、全国味噌技術会、一四六—一六五頁、二〇〇五年

五章　味噌の栄養と調理

一．はじめに

大豆の栄養価が高いことはよく知られている。大豆を大量に使用している味噌も当然栄養価は高いが、熟成期間との関連性についても検討しなければならない。全国的に昭和三〇年代まで継承された三年味噌は、数ヶ月の短期熟成タイプの味噌と栄養価は変わらないのであろうか。味噌づくりを経験すると、一度はこうした疑問を持つ。この疑問を完全に解決することは極めて難しいようだ。しかしながら、検討することは、伝統的な味噌の文化に対する理解を深めることにつながっていく。本章においては、まず最初に大豆、味噌の栄養価と、味噌の熟成に関する内容を提示する。

次に調理味噌の発達と現状を、文献史料とアンケート結果を通して紹介する。調理味噌は味噌の摂取方法の一つで、保存食としての機能も併せ持つ。伝統的な味噌の利用方法が、現代の食生活にどの程度受け継がれているかを検証する。

最後に日本の食文化を代表する味噌汁について、若い世代の嗜好をアンケート結果を通して提示し、生活とのかかわりについて考える。

二．味噌の栄養と摂取方法

二．一．大豆の栄養

大豆は我が国においては約二〇〇〇年前から広く栽培され、タンパク質を三〇～三五％、脂質を約二〇％含み、カルシュウム、カリなどの無機塩類、ビタミン類などの微量栄養素にも富み、栄養価に優れている（表五－一）。特に、リジン、トリプトファン、ヒスチジン、などの必須アミノ酸をまんべんなく含み、畑の肉と言われ、植物性食素材と

表５－１　国産および輸入大豆の成分比較

産地	水分 (%)	タンパク質 (%)	脂質 (%)	炭水化物 (%)	灰分 (%)	K (mg/100g)	Ca (mg/100g)	ビタミンE トコフェロール* α	ビタミンE トコフェロール* β	ビタミンE トコフェロール* γ	ビタミンE トコフェロール* δ	ビタミンK (μg/100g)	食物繊維 (%)
国産	12.5	35.3	19.0	28.2	5.0	1900	240	1.8	0.7	14.4	8.2	18	17.1
米国産	11.7	33.0	21.7	28.8	4.8	1800	230	1.7	0.4	15.1	5.6	34	15.9
中国産	12.5	32.8	19.5	30.8	4.4	1800	170	2.1	0.7	18.5	8.1	34	15.6
ブラジル産	8.3	33.6	22.6	30.7	4.8	1800	250	4.8	0.7	20.3	6.4	36	17.3

*ビタミンEの単位は　mg/100g.　（五訂増補日本食品成分表より抜粋）

してはもっとも優れている。タンパク質含量が高いことおよび、米の第一制限アミノ酸であるリジンを多く含むので、日本人のタンパク質供給源として、味噌をはじめ、醤油、納豆、豆腐、煮豆、きな粉などの多くの伝統食品の原料として使用されてきた。大豆のタンパク質の栄養価が優れていたことが日本型食生活を形成できた大きな理由であろう。また、グルタミン酸が多く含まれ、大豆を加工した調味料（味噌、醤油）のうま味の素となる。

脂質は大部分が単純脂肪のトリグリセリドで、構成する脂肪酸はリノール酸（約五〇％）、次にオレイン酸、リノレン酸と不飽和脂肪酸が多く、栄養的に優れている。また、リン脂質（レシチン）が多くの生理機能が認められているとともに、大豆レシチンとして分離・精製され、マヨネーズ、マーガリンなどの製造に乳化剤として使用されている。

炭水化物は約二〇％含まれているが、デンプンをほとんど含まず、セルロース、ヘミセルロースなどの多糖類（食物繊維類）とショ糖、スタキオース、ラフィノースなどのオリゴ糖である。デンプンを含まない点は小豆などの他の豆類と大きな違いである。大豆オリゴ糖はビフィズス菌の増殖活性を示す糖類である。

灰分は約四・五％でカリウム、リンが多く、アルカリ性である。穀類よりカルシュウムの絶対量が多く、カルシュウムの供給源となっている。

ビタミンはビタミンB群が比較的多い。ビタミンEが一八～二七mg含まれており、ビタミンEの供給源である。微量成分としてサポニン、イソフラボンなどがある。サポニンは不快味を呈するものもあるが、抗酸化作用を示すものがあり、注目されている。イソフラボノイドは大豆の果皮、胚軸の黄色の色素で、エストロゲン様作用を示し、その活性酸素除去作用など三次機能が期待されている。微量タンパク質のトリプシンインヒビターは、タンパク質分解酵素阻害物質であるが、加熱により失活し、抗ガン作用が報告されている。

以上、大豆は植物性食素材のなかでは、動物性食材に劣らぬ、栄養的に優れた食材である。しかし、国産大豆の自給率はわずか四%弱で、そのほとんどを海外からの輸入にたよっている。輸入される大豆の三／四は米国産、次いでブラジル産、中国産である。その成分をみると（表五―一）、国産はタンパク質が多く、脂質および炭水化物およびビタミンKが少ない。米国産、ブラジル産は脂質が多く、大豆油の原料に利用されている。中国産は炭水化物含量が高いがカルシュウム含量が少なく、ブラジル産はビタミンE含量が高い等各々に特徴がみられる。自家製味噌製造用原料としては国産大豆が最も好ましいが、現状では中国産をはじめ輸入大豆を使用せざるをえないといえる。

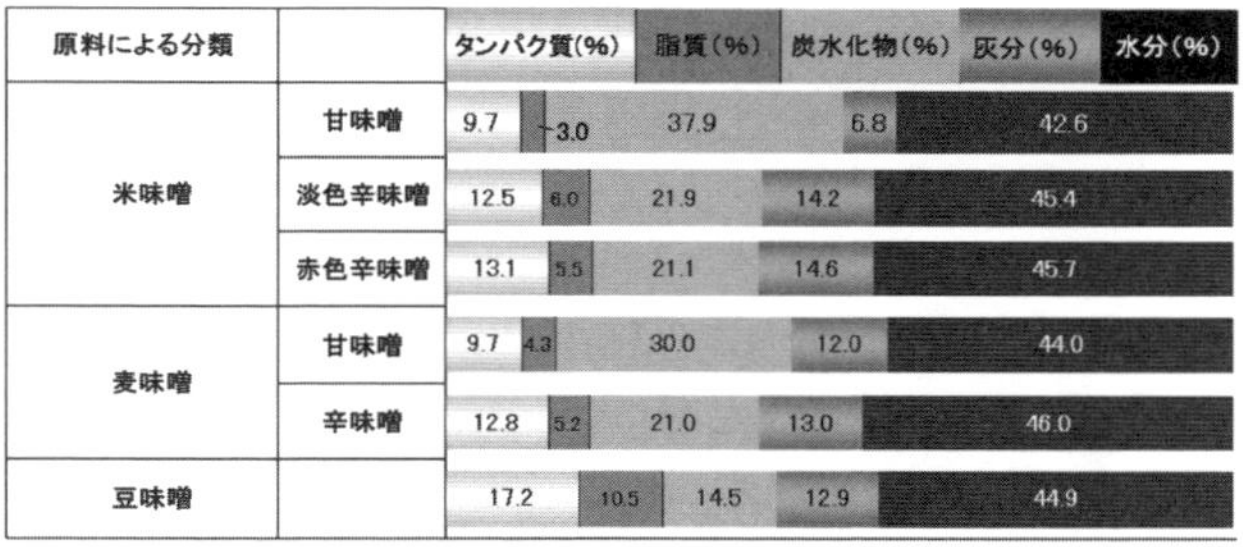

（五訂増補日本食品成分表より抜粋）

図５－１　味噌の種類別主な栄養素

二・二・味噌の栄養と効用

味噌は大豆に米麹、麦麹、または豆麹と食塩を混ぜ、発酵、熟成させた醸造食品で、さまざまなタイプがある。図五―一に麹の種類、味、色などによる味噌の

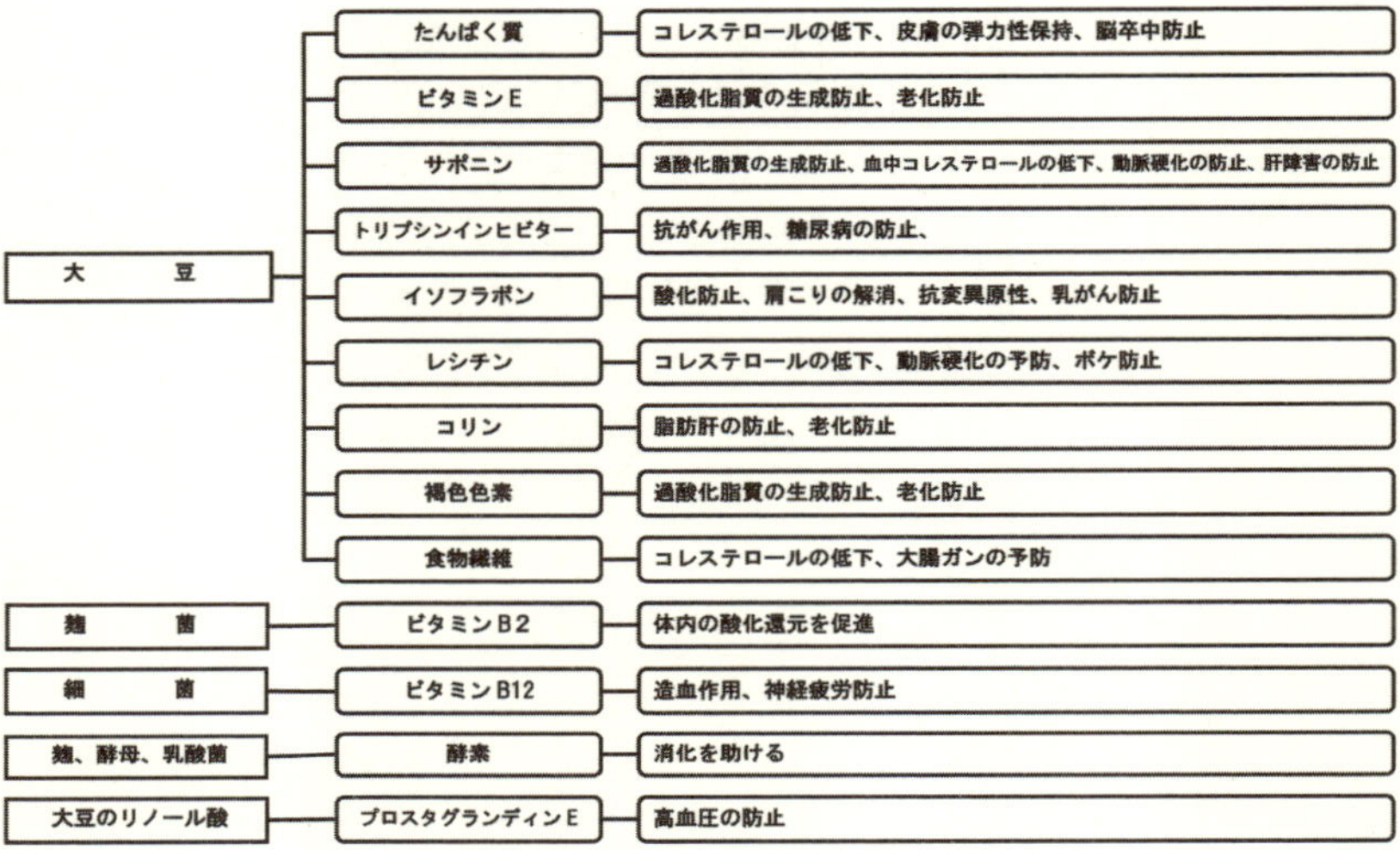

図５－２　味噌中の有効成分とその効用

栄養素を示した。使用する大豆重量に対する麹米重量の比を麹歩合、麹米に対する食塩の比を塩切り歩合といい、麹歩合が高く、塩切り歩合が低いと、白い甘味噌ができる。反対に麹歩合が低く、塩切り歩合が高いほど熟成期間が長くかかり、濃色の辛味噌となる。米および麦甘味噌は麹からくる炭水化物の含量が高くなり、タンパク質含量が一〇％以下で、各種味噌の中でもっとも低い。大豆重量の多い辛味噌のタンパク含量は一二～一三％で、米飯中心の日本人のタンパク質摂取において重要な役割を果たしてきた。豆味噌は大豆全量を製麹して仕込むので、炭水化物量が少なく、タンパク質含量が最も高く、甘味は少ないが、旨味の強い味噌である。味噌のタンパク質は麹菌の作用で大豆のタンパク質が分解されたもので、その約六〇％は水溶性のタンパク質となり、二〇～三〇％がグルタミン酸やアスパラギン酸のようなアミノ酸で、消化が良く吸収されやすい。タンパク質の栄養価を示すアミノ酸価は、甘味噌六八、辛味噌七七（大豆八六）で、栄養価が高い。必須アミノ酸のリジンも多く含まれ、米食と同時に摂取することにより、米飯のリジン不足を補える。しかし、必須アミノ酸のひとつであるメチオニンが少ないので、メチオニン含量の高い食品と組み合わせることが好ましい。

味噌は、蒸し大豆（赤味噌）や煮大豆（白味噌）に麹と食塩を混合し、発酵、熟成させてつくる。原料成分が麹菌の酵素により分解され、さらに耐塩性の乳酸菌および酵母が増殖し、発酵作用、成分間反応が起り、味噌の風味、色、形状が形成される。熟成中の成分変化については後述するが、味噌の有効成分の効用が図五―二のとおりに数多く報告されている。味噌が日本人の健康食として重要な役割をはたしていることが理解される。味噌は胃ガン予防効果があると、国立がんセンターの平山雄博士は全国二六万五〇〇〇人の疫学調査より一九八五年に報告している。大豆は卵、牛乳とともに三大アレルギー食品であるが、大豆アレルゲンは味噌の発酵熟成過程で消失することが報告されている。アトピー性皮膚炎患者の五人に一人が大豆アレルギーとされるが、彼等も味噌は利用可能である。この他、味噌に放射能体外排出効果があることが、長崎の原爆投下時の経験と広島大学の動物実験から証明されている。原子炉爆発で放射能障害に悩むチェルノブイリに味噌が送付された。

味噌は麹菌をはじめ、六〇種以上といわれる菌種が生存する発酵食品である。これらの生菌は体内にはいり、整腸効果を発揮し、生成された酵素は消化を助けるなど、味噌の大きな効用である。

二．三．味噌の保存および摂取方法

味噌は添加される麹菌、自然増殖する耐塩性乳酸菌、次に増える耐塩性酵母および生存する多くの微生物の作用で、熟成中に図五―三に見られる成分変化が起り、味噌が形成される。

米、麦のデンプンは麹菌のアミラーゼの作用でデキストリ、麦芽糖、ブドウ糖となり、味噌の甘味となる。タンパ

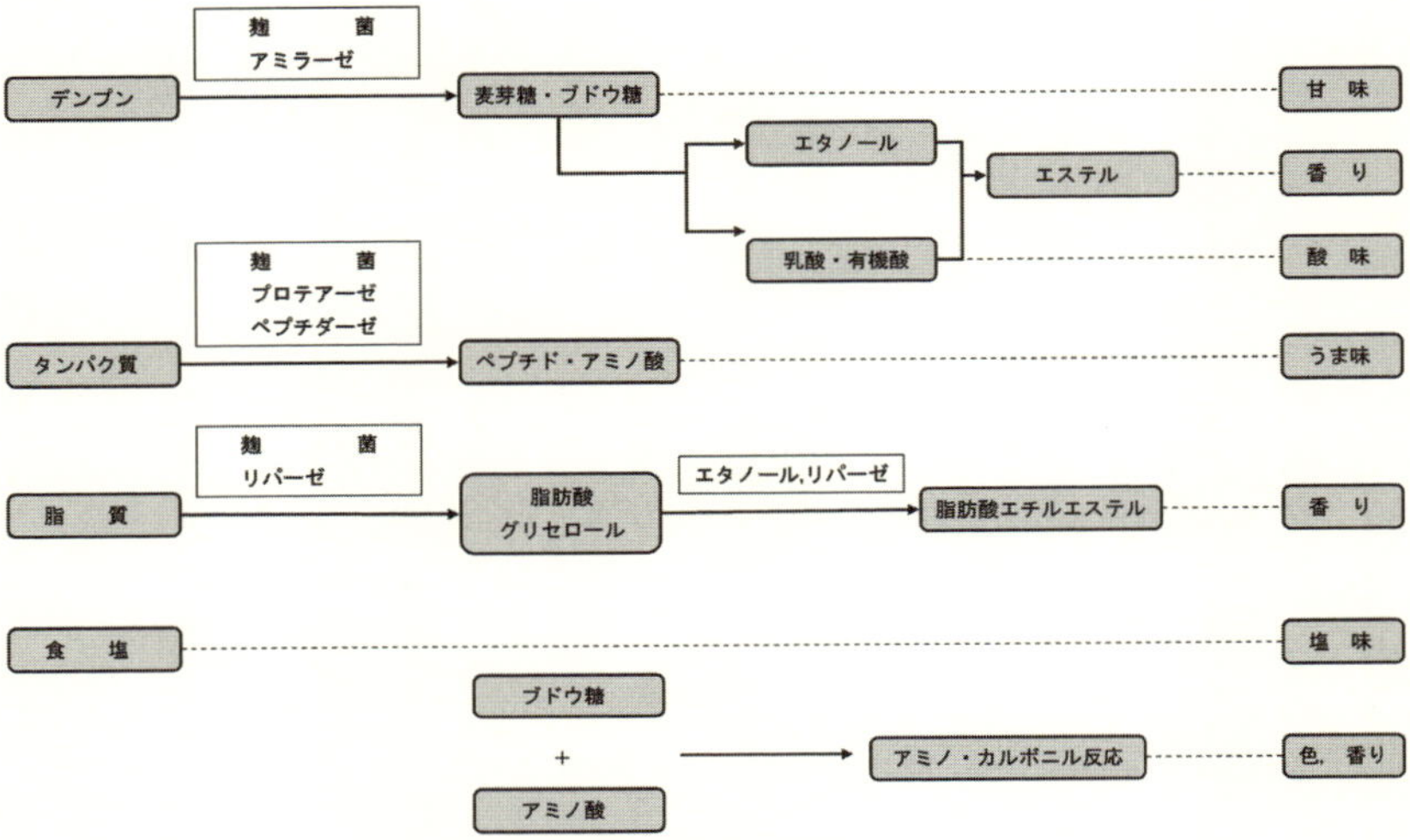

図５－３　味噌熟成中の成分変化

ク質は麹菌のプロテアーゼ、ペプチダーゼの作用でペプチドやアミノ酸になり、うま味となる。脂質は麹菌リパーゼの作用でグリセリンと脂肪酸に分解される。ブドウ糖などの糖類はその一部が乳酸菌によって乳酸や他の有機酸に変換されて、味噌の酸味となる。ブドウ糖の一部は酵母によって、アルコールとなり、有機酸や脂肪酸とエステルを形成し、味噌の芳香となる。ブドウ糖などの糖類はアミノ酸、ペプチドと結合し、アミノ・カルボニル反応により褐色物質メラノイジンを生成し、味噌の色、香りとなる。これらの微生物および酵素は生きているので、熟成期間の長短により、また保存温度により、風味、色、形状ともに変化していく。

米および麦辛味噌は、麹歩合や塩切り歩合の違いで熟成期間が異なるが、六ヶ月から二年以上（三年味噌とも呼ばれる）じっくりと低温で熟成させる。熟成期間が長いので、塩分濃度が少々高くとも、塩なれした優れた風味で芳香のある赤味噌となる。熟成時期により、風味、色が異なり、味の変化を楽しむことができる。自家製米味噌、麦味噌を食する時は、桶の蓋をそのつど開けるのではなく、一週間分くらい小出しにして、冷蔵庫に入れて使用するのがよい。熟成を均一に行うために、切り返し(天地返し)を行う場合もある。しかし、保存温度が高すぎると、発酵作用、成分変化が素早く進行し、三年味噌の風味が劣化する（過熟という）ので、注意を要する。一般に二年味噌が最も美味であると評価されているが、微生物が枯れて化学反応が進んだ、三年味噌は色濃く、独特の風味となり、これを好む人々もいる。

甘味噌は米、麦デンプンの麹のアミラーゼによる糖化作用を主体としたもので、熟成温度を三〇〜三五℃に保つと酵素の作用が進み、糖の甘味とアミノ酸のうま味が生じ、麹の芳香のある白味噌となる。塩分濃度が五〜八％と低いことなどから、熟成期間が七〜二〇日と短く、仕込み後早く食することができる。自家製味噌の保存中に白カビが生えることがあるが、これは産膜酵母といい、酵母の一種で心配はいらない。しかし、カビが多いときは取り除いて、味噌を混合し熟成を継続させる。

（古賀民穂）

三．調理味噌の種類

三．一．近世の文献に見る調理味噌

三．一．一．『本朝食鑑』に見られる調理味噌

一七世紀末に刊行された『本朝食鑑』は二章に示したが、その中に調理味噌に関する記述が見られるので紹介する。[1]

「凡そ味噌漬にして収蔵するものとしては、禽魚肉、菜蔬の類であるが、これらもやはり旧い味噌を用いるのがよい。あるいは、山椒味噌・生姜味噌・山葵《わさび》味噌・蕃椒《とうがらし》味噌・胡麻味噌・芥子《からし》味噌・罌粟《けし》味噌・蓼《たで》味噌・鳥味噌・堅魚《かつお》

味噌等の類もあり、必要に応じて造る。また近時では、金山寺味噌・登宇古《とうこ》味噌・油味噌というものがあるが、これらはいずれも納豆の類である。京都の市上に法論《ほろ》味噌というものがあって、江戸に伝送してくるが、これは南都の諸寺がつくり出したものである。黒大豆を用いて造る。味は佳にして香があり、世間ではこれを賞している。こうした類はいろいろあって、計《かぞ》えあげればきりがない」

上記の内容で味噌漬けには古い味噌を用いるとしている。味噌漬けは、漬物の中でも高いランクにあり、現在も高価である。古い味噌を用いる理由は、漬け込んだ味噌は食用にしないためである。辛口の赤味噌を仕込む際に入れる場合、量を少なくして比較的硬い根菜類を入れないと、浸透圧の関係で野菜から多量の水分が出て酸敗の原因になる。

調理味噌はなめ味噌ともいわれる。味噌に加える食材は、山椒（さんしょう）、生姜（しょうが）、山葵（わさび）、蕃椒（とうがらし）、胡麻（ごま）、芥子（かいし＝からし）、罌粟（おうぞく＝けし）、蓼（たで）といった香辛料か、そうした香辛料近い薬味である。罌粟についてはよくわからない。芥子の漢名であれば同じもの＝芥菜の実ということになる。こうした調理味噌は、単調になりがちな日常の食事に対する工夫の一つだったのであろう。基本的な香辛料は一七世紀末にすべて出揃っているように感じる。

金山寺味噌（きんざんじみそ）は、甘みを加えて熟成したもので、現在も広く使用されている。油味噌は、漉し味噌に砂糖や味醂を加え、胡麻油でいためた麻の実を入れ、煮たものである。登宇古味噌については実態がよくわからない。

中世の『山科家礼記』に比較して、『本朝食鑑』に示された食材は、豊かさという点ではさしたる進展がないかもしれない。しかし、なめ味噌という一つの料理に対する調理を見た場合、創意工夫といった点では勝っているように感じる。

三．一．二．『料理調法集』に見られる調理味噌の種類

一九世紀初頭に写された『料理調法集』の中には、調理味噌に関する詳しい記述が見られる。二二種類の味噌が紹介されているが、紙面の関係で一部を紹介する。(2)

調整味噌

阿蘭陀味噌

一　大豆を能煎て、細かに引刻
唐がらし、胡麻、ちんぴ、あさ
のみ、けし抔（など）、上に赤味噌
に交、庖丁にて能く切まぜ
此みそを胡麻の油にて
煎、能（よき）日和に二日程干、つけ、
手にてもめば、切あえのごと
くなるなり。

柚味噌

一　熟したる柚子の枝付の所を能程に切、身をきれいに繰（り）出し、ぬる湯にてあらい置、扨、白味噌に赤みそ少加へ、よく摺こし、柚の実能（よく）たゝき入、古酒にてゆるめ、鍋にて能煉りて胡麻、摺生姜のさま〳〵、又ハ焼栗、刻くるみ抔入、かき交（ぜ）、右の柚釜に詰、友（共）ぶたをして焼出すなり。

鯛味噌

一　壹尺五六寸の鯛壹枚、首尾鱗も其侭にて、わた持の處をあけ、砂をあらい、みそ壹升、古酒弐升五合、醤油五合まぜ合（せ）、鍋に入、炭火ニてゆる〳〵と鯛のとける迄煮るなり。

煉味噌

一　味噌壹合、豆ふ半分、くず四分（の）一、摺交（ぜ）越し、上酒にて能くねるなり。

七種味噌

一　唐がらし粉、おろし生姜、粉山椒、ちんぴ粉、黒白胡麻、蕗の基、赤みそ、右何も好次第見合（せ）、摺越し、鍋に入、古酒にて煉詰る也。煉上ケて麻の実、紫蘇の実煎てまぜ合よし。

道明寺味噌

一　道明寺糒一升、上赤みそ五合、摺漉て、大白砂とふ一斤まぜ合（せ）、板へかまぼこなりにても、角にても好（み）次第ニ付、蒸上ケ（げ）る也。但、白味噌越して右のごとくまぜ合、にしき（錦）ニ付たるもよし。

『料理調法集』では、調理味噌の種類が増し、法論味噌（ほろみそ）、手島味噌、阿蘭陀味噌（おらんだみそ）、常磐味噌、柚味噌、遠州柚味噌、魚味噌、鯛味噌、蒲鉾味噌、當座ひしお、當座柚煮、柚煮、青柚煮、榿柑煮、金柑煮、鯛煉味噌、煉味噌、七種味噌、道明寺味噌、椿味噌、薯蕷巻味噌（じねんじょまきみそ）の二二種が記述されている。

食事のおかずになる調理味噌には、実に多様な食材が用いられた。その材料は次のようなものである。※（ ）内の数字は記述された回数を示す。

①味噌・醤油・調味料類（麹も含む）

○味噌（五）、濃味噌（一）、赤味噌（九）、上赤味噌（二）、白味噌（七）、漉味噌（一）、　煉り漉味噌（一）、漉赤味噌（一）、豆麹（二）

○醤油（一）、溜り（一）

○砂糖（一一）、大白砂糖（三）

○焼塩（一）

○酒（四）、古酒（四）、上酒（二）、薄口酒（一）、古伊丹酒（一）

○味醂（一）、古味醂（一）

②穀類・芋類（加工品を含む）、木の実、くず

○道明寺（一）、道明寺糒（二）、晒し米の粉（一）、晒しうるの粉（二）、晒し餅の粉（一）、晒し糯粉（一）、餅（一）、粉芋（一）

○大豆（一）、豆腐（一）

○胡桃（九）、焼栗（一）、かや（二）
○くず粉（一）、くず（一）
③野菜類（加工品も含む）
○蒸冬瓜（一）、風呂吹大根（一）、蒸茄子（一）、蕗の基（一）
④柑橘類
○柚（八）青柚（二）、熟柚（一）、大柚（一）、柚子実（一）
○みかん（一）、みかんぼし（一）、ちんぴ（一）、ちんぴ粉（一）、金柑（一）
⑤香辛料、薬味
○唐辛子（二）、唐がらし粉（一）
○山椒（一）、粉山椒（一）、山椒の粉（三）、刻山椒（一）
○胡麻（四）、黒胡麻（三）、白胡麻（二）、胡麻の油（一）
○生生姜（一）、おろし生姜（一）、摺生姜（一）
○けし（七）、麻の実（二）、紫蘇の実（一）、わさび（一）、塩梅（一）
⑥魚類（加工品を含む）
○鯛（三）、きす（一）、鰈（かれい 一）
○蒲鉾（一）、すりみ（一）
⑦きのこ類
○木耳（きくらげ 一）

※水おろし、はら二子については、内容がよく理解できなかったため、分類から外した。

調理味噌の主材料は当然味噌だが、赤味噌や白味噌だけでなく、さらに漉味噌も加え、バレエーションが増している。同様に調味料として使用する酒も、古酒を使用したり、古伊丹酒といった特定の地域でつくられるものを指定している。ここまでマニアックな解説をすると、大衆の自家製の調理味噌を対象に書かれたのではないのではと疑いたくなる。また当時貴重な砂糖がかなり頻繁に使われており、比較的裕福な人を対象にして書かれていることは間違いない。

調理味噌の種類に「阿蘭陀味噌」というものがある。材料は、特にオランダと関係があるようには思えない。使用する材料は、大豆、唐辛子、胡麻、ちんぴ(蒸した柚の皮を乾かしたもの)、麻の実、けし、赤味噌、胡麻油である。唐辛子を南蛮ということからオランダ味噌というのだろうか。それとも味噌の色が赤いため、オランダ人の頭髪の色と重ねたのだろうか。「阿蘭陀味噌」は一八世紀中葉に刊行された『料理山海郷』にも記述されていることから、意外にルーツは古い。七味味噌にも唐辛子が入っているので、唐辛子の有無だけが名前の由来ではないような気もする。とにかく江戸中期から後期にかけては、外国に関連するものの名称には、オランダを頭に付けていたことは確かである。明治時代に流行した南京（南京錠、南京袋、南京豆等）を頭に付ける慣行は、江戸期のオランダに遡ることになる。

『料理調法集』の調理味噌で使用している材料そのものは、特別珍しいものではない。「かや＝かやの実」も地域によっては現在も使用され、「けし＝カラシナの種子」は、あんパンの上にくっついてる。先の「古伊丹酒」といったものを除けば、入手可能な食材ばかりである。みかんの皮を干した「みかんぼし」など、捨てている食材である。この一見ありふれた食材を、どのようにブレンドして調理するかという点では、現代の生活者も見習うべき課題が多々ある。

日本人は柑橘類が好きだ。とりわけ柚に人気が集中している。この嗜好は現代にまで継承され、柚を使用した料理や菓子類は全国で広く見られる。

『料理調法集』は、刊行されて二〇〇年を経ているのに、調理の工夫に関する奥の深さは一向に色褪せてはいない。むしろ、スローフードといった英語を使用して提唱される近年の新しい食生活の概念を、我々は日本の近世の料理文化から見直すべきではなかろうか。

『料理調法集』以外では、『鹿苑日録《ろくおんにちろく》』に焼き味噌、『料理山海郷』に織部味噌、榧味噌、茄子味噌、南蛮味噌、魚鳥味噌、『皇都午睡《みやこのひるね》』に鉄火味噌が記載されている。(3)

三、二、昭和初期から昭和三〇年代あたりの調理味噌

福島県の市町村史、また福島県の地域文化に関する刊行物に記述される調理味噌は、戦前から戦後の昭和三〇年代あたりまでに使用されたものが多い。その内容を下記に示す。

○納豆味噌（『梁川町史』）

○豆味噌（『三春町史』『会津の歴史と民俗』『広野町史』『会津高郷村史』『長沼町史』『天栄村史』『桑折町史』『川内村史』『喜多方市史』）

○山椒味噌（『梁川町史』『平田村史』『猪苗代町史』『西会津町史』）

○ゴボウ味噌（『三春町史』）

⑦フキ味噌（『会津の歴史と民俗』『ふくしま食の文化』『大越町史』『喜多方市史』）

○木の芽味噌（『会津の歴史と民俗』）
○シソ味噌（『広野町史』『会津高郷村史』『天栄村史』『川内村史』『西会津町史』）
○カラシ味噌（『広野町史』『白沢村史』『桑折町史』）
○ジュウネン（えごま）味噌（『広野町史』『天栄村史』『大越町史』）
○ゴマ味噌（『天栄村史』『白沢村史』）
○ウドの味噌（『広野町史』）
○ネギ味噌（『浅川町史』『天栄村史』『喜多方市史』）
○玉子味噌（『広野町史』）
○油味噌（『三春町史』『ふくしま食の文化』『猪苗代町史』『会津高郷村史』『川内村史』『塩川町史』『西会津町史』
『大越町史』『喜多方市史』『小野町史』）
○砂糖味噌（『桑折町史』）
○練味噌（『会津の歴史と民俗』）
○焼味噌（『広野町史』『浅川町史』『双葉町史』『小野町史』）
○鉄火味噌（『双葉町史』）
○南蛮味噌（『双葉町史』『川内村史』）
○鰹節味噌（『会津高郷村史』『双葉町史』『西会津町史』）
○鯛味噌（『双葉町史』）
○ニシン味噌（『天栄村史』『喜多方市史』）

○ドジョウ味噌（『塩川町史』）

上記の調理味噌の中で、江戸時代の刊行物である『料理調法集』『鹿苑日録』『皇都午睡』に記述されているものは、練味噌、焼味噌、鯛味噌、南蛮味噌、鉄火味噌である。カラシ味噌も唐辛子を使用しており、南蛮味噌と類似したものである。江戸期の都市圏で使用された調理味噌の一部は、東北地方南部にも伝わっているが、柑橘類が一切認められないのは意外である。柚の北限は福島県北部に位置する福島市の信夫山南斜面とされていることから、柚を入れた調理味噌があっても不思議ではない。関東以北では調理味噌に柚を入れる習慣は確立されなかったのであろうか。

福島県では油味噌の使用が最も多い。正確には、他の調理味噌にも油で炒めたものが含まれている可能性があり、油で旬の野菜等を炒めたものが広く普及していたとすべきである。フキ味噌も、フキのとうを油で炒めたものと推定される。油の使用そのものが贅沢とされていたため、油味噌の類は副食として人気があった。

練り味噌も油味噌と同様に、正確に言うと一つの種類ではない。例えば鉄火味噌も練り味噌の一種であり、練り味噌は種類であると共に、調理味噌に関する技法の分類でもある。

ニシン味噌に使用するニシンは、いわゆる身欠きニシンであり、日本海側から福島県に運ばれたものである。鉄道が開通するまでは、身欠きニシンは日本海に近い会津地方の保存食であった。しかしながら、このニシン味噌が福島県で創出された食品であるという確証はない。京都にも身欠きニシンは大量に運ばれており、ニシン味噌はニシンが大量に北海道で採れた明治期に広く普及したのではないだろうか。一方、福島県の太平洋岸に位置する双葉町では、『料理調法集』に記述される鯛味噌が食されている。同一県内においても、海に近い地域、内陸部の盆地では、調理味噌の材料が異なる。

三．三．現代の調理味噌

平成一八年に実施した福島県におけるアンケートの自由回答から、以下のような調理味噌が認められた。

○油味噌（九）
○ネギ味噌（八）
○ジュウネン味噌（七）
○豆味噌（四）
○ニンニク味噌（三）
○カラシ味噌（二）
○ピーナツ味噌（二）
○シソ味噌（一）
○フキ味噌（一）
○ゴマ味噌（一）

アンケートの中の質問項目が、味噌料理全般に対するものであったため、調理味噌に関する回答は少ない。それでも少数の家庭では、伝統的な調理味噌が現在もつくられている。油味噌、ネギ味噌、ジュウネン味噌の回答数が多い。油味噌の回答が多いことは予測された通りである。ネギ味噌も油で炒めていれば油味噌の類になる。意外だったのはジュウネン味噌の使用である。この調理味噌は、単独で使用する場合と、「しんごろう」という会津地方に伝わる郷土料理に使用する場合がある。おそらく南会津郡における回答は、「しんごろう」の使用を前提としていると推察される。

ニンニク味噌は江戸期の文献史料には記述されていない。ニンニクを食べる習慣は室町期に遡るが、調理味噌に使用する時期は判然としない。ピーナツ味噌は郷土料理として既に定着しているのだろうか。新しいものであるのに、何故か長く使用されているような印象を受ける。

調理味噌の使用は確かに減少している。しかし味噌を使用した料理自体が衰退したわけではないようで、調理味噌としては取り上げなかったが、マヨネーズ味噌といった新しい使用法も回答の中にあった。味噌による味付けは日本人の生活に深く関与し、今後も新しい調理味噌が生み出される可能性を秘めている。

四．味噌汁

四．一．味噌汁の歴史

現代の生活で、味噌と最も馴染みの深い料理は味噌汁である。二章で取り上げた室町中期の『山科家礼記』では、味噌汁の具体的な記述はなかった。本章では室町後期に成立した『大草家料理書』を紹介する。『大草家料理書』については、これまで『四条流包丁書』と共に、日本の料理法の研究対象として、各方面から取り上げられている。[4] ここでは汁物を通して、味噌汁の形成について検討する。

①鱓（かじき）汁―「一鱓の汁は、柚の葉をまぜてもみ候て、水にて洗てしぼり入なり、ふくさ味噌こくして、大根豆腐ふきなどをも入れ能也[5]」

②鰌（どじょう）汁―「一鰌の料理は、能々ごみを出せ、其上ぬかにてみがき、ぬめりのなき程にして、にごり酒にて能煮候也、その上ニ如常にこを入、みそをこくして煮也[6]」

③鶴汁―「一生霍料理之事、先作候て酒塩を懸て置、汁は古味噌をこくして、能かへらかして、煮出を後入候様にして、座敷の鉢により鳥を入候也、何も時の物を加へて吉也、夏菜うどなどを酒にて煎て入候也、又もみだうふも吉也、すひくちは柚を入て吉也(7)」

④野鶏汁―「一野鶏はすまし味噌能也、但山のいも、あまのり、うど、つく〳〵し、右の間など能也、但ふくさみその時には、いもがらも吉、鳥には酒塩をかけずして能也、又焼鳥一通かけて吉、焼鳥をけし胡椒山椒などを加えてもする事有り之也(8)」

⑤白鳥汁―「一生白鳥料理は、作候て薄酒塩を懸て、味噌に出を入て、かへらかして鳥を入候也、但こゝは何にても時々の物を入候也、うど京菜は酒にて煎て加ても吉、又もみ豆腐を湯にゝしても吉なり(9)」

⑥鷺《さぎ》汁―「一生青鷺料理之事、作候て二度湯がき酒にて付て、古味噌こくしてかへらかして、出し候時しぼり候てにだしをもさして吉、但古味噌の時は、いもずいきを酒にて煎て入候也、又すましみその時は、なすびを酒煎にしても吉也、但椎茸茗荷なども能也、吸口は柚胡椒の内しかるべく候也(10)」

⑦鶉《うずら》汁―「一鶉汁の時は少焼候て、鳥六ツ程に切て、何にても時の物を加て、ふくさみそにて吉也、又は焼候て、けしくるみなどにあへ候事も有べし(11)」

⑧納豆汁―「一なつとう汁の事、とうふいかにもこまかに切て、くきなどこまかに切て、ふくさ味噌にて能々立て、すひくちを入候也、但くきは出し様に入て吉也、なつとうのはしやうは如常ねせて吉也(12)」

⑨川鱸《すずき》汁―「一川鱸汁はうしほに上也、但此料理は三番の白水をいかにも薄して、出し汁初より入て、味噌を袋に入て、塩は初より少入て吹立て、加減を見る也、酒塩はたべ候時にさしたるが能也(13)」

上記の内容で「ふくさ味噌」「古味噌」という表現がある。「ふくさ味噌」とは、二種類の味噌を合わせたものとされている。現在の調合味噌、合わせ味噌といったものなのだろうか。二種類の味噌の実態は文献からは読みとれない。ふくさは、やわらかいという意味があることから、やわらかさと関連するのかもしれない。いずれにしても、味噌の使い方に工夫がなされていることは特筆される。同様に「古味噌」という表現は、料理のうま味に関係するため、敢えて使用したのであろう。「古味噌」があるのなら、新しい味噌もあるわけで、料理によって使い分けをしていることは間違いない。

⑨に「味噌を袋に入て」という表現がある。この方法に類似する味噌の使い方は、近年まで一部の地域で継承された。味噌に関する使い方を見る限り、ほとんど現在の味噌と変わらないように感じる。すなわち、『大草家料理書』が成立した室町時代後期には、味噌桶か甕で熟成させる味噌の製法が確立していた可能性が高いということになる。

①〜⑨の汁物は、すべて味噌が入っている。この汁物を味噌汁と呼ぶべきか、味噌仕立ての汁物と呼ぶべきかは、判断が難しい。すまし汁と味噌汁の関連性を明確にすることは実にやっかいである。広義に解釈すれば、味噌で味付けした汁物は、すべて味噌汁と規定することもできる。

以上のことから、味噌汁の原形は、室町後期以前に成立していたことになる。『大草家料理書』では、既に出汁（だしじる）を使う習慣があった、この習慣が富裕層だけであったかどうかについては、判断する史料が他に見当たらない。また汁物には出汁、酒、味噌、塩、野菜、柚、山椒といったものを組み合わせて調理している。こうした調理法の確立には、大草家のような包丁師が深くかかわっていたようだ。この包丁師は江戸初期より徐々に勢いを失い、儀式的な要素を省いた板前が台頭する。板前は一歩庶民の生活に近づいたということになる。室町期に隆盛を極めた包丁師は、まったく途絶えたわけではなく、四条流、大草流といった伝統的な包丁儀式は、現在も少数の人に継承されている。[14]

江戸期になると味噌汁は徐々に庶民の生活に普及し、『大草家料理書』のような鶏肉を具に入れるというようなものから、四季折々の野菜、豆腐といった植物質の具を主に入れるようになる。日常の汁物は味噌汁、ハレの日の汁物はすまし汁といった食生活が、江戸期を通して徐々に全国に浸透していった。

（石村眞一）

四．二．現代の味噌汁に見られる若者の嗜好

四．二．一．味噌汁の嗜好について

日本人の食生活の中で、重要なタンパク質源としてその地位を占めるものに、豆類が挙げられる。豆類は種類も多く、利用法も多岐にわたり、調味料の原料として、また、豆腐などの加工食品として、毎日の食生活の中で摂取されている。中でも大豆を原料に作られた調味料のひとつである味噌の使用は大である。味噌は欧米には類のない独特の芳香と、呈味性を持つものとして古くから食されている。

乙坂らの著書である『東北・北海道の郷土料理』[15]を例に、味噌の利用状況を見ると、二六五種の郷土料理が紹介されている。この中で、味噌を使用した料理として、けの汁・たらのじゃっぱ汁（青森県）、どんこ汁・くじら汁（福島県）など、汁物への利用が二一種、次いで、和え物（主として酢味噌和え）一二種、餅・団子類への利用が一二種、石狩鍋（北海道）・牡蠣の土手鍋（宮城県）・あんこう鍋（福島県）など鍋物が六種、炒め物、煮物、焼物、さらに保存食としてのなめ味噌や漬物など極めて多岐にわたり、計六八種の郷土料理への利用が紹介されている。

とりわけ、米を主食とする日本人の食生活に密着したものとして、味噌汁は欠かせないものでもある。最近では、

携帯に便利で簡易に食することができる即席味噌汁やレトルト加工の味噌汁等が販売されているが、熱々の湯気が立ち、独特の芳香に食欲が刺激される手作りの味噌汁の美味しさにはかなうものではない。味噌汁は、家族が囲む食卓には欠かせないものとして、また、家庭の団楽の象徴としても認識されているものである。

四．二．二　若い世代の味噌汁の嗜好に関するアンケート調査

味噌汁は、若い世代の食生活において、どのように捉えられ、位置づけされているかを見るため、アンケート調査を行った。

調査対象者は東北地区内の家政系短大生一二五名で、調査は平成一九年五月～六月にかけて実施した。調査項目は、家族構成数、味噌汁に対する嗜好度、喫食回数、味噌汁の具材料の種類と組み合わせ、味噌汁に対する意識等である。

（1）対象者の家族構成数

はじめに対象者の家族構成数を図五－四に示した。六人以上と答えたものが二七％で最も多く、次いで五人家族が二五％、四人家族が二二％の順であった。今回の対象者の家庭は、核家族よりも世代家族が多く、年齢層の幅が広いことがうかがわれた。尚、一人と答えた七％は、寮生活あるいはアパートにおける自炊生活で、それ以外は自宅通学の学生である。

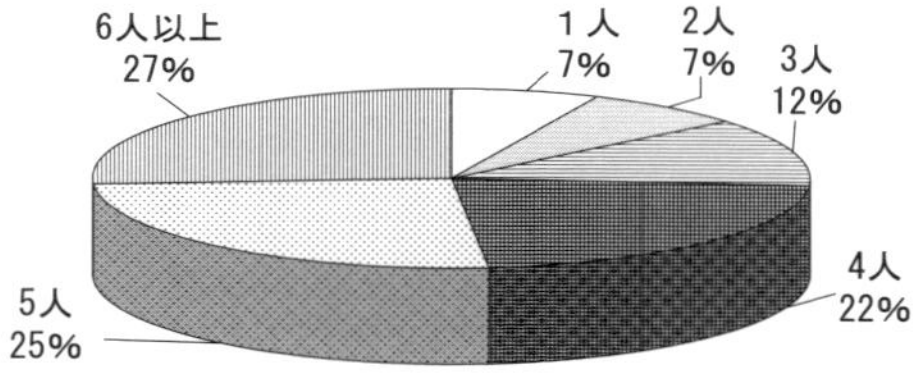

図５－４　家族構成数

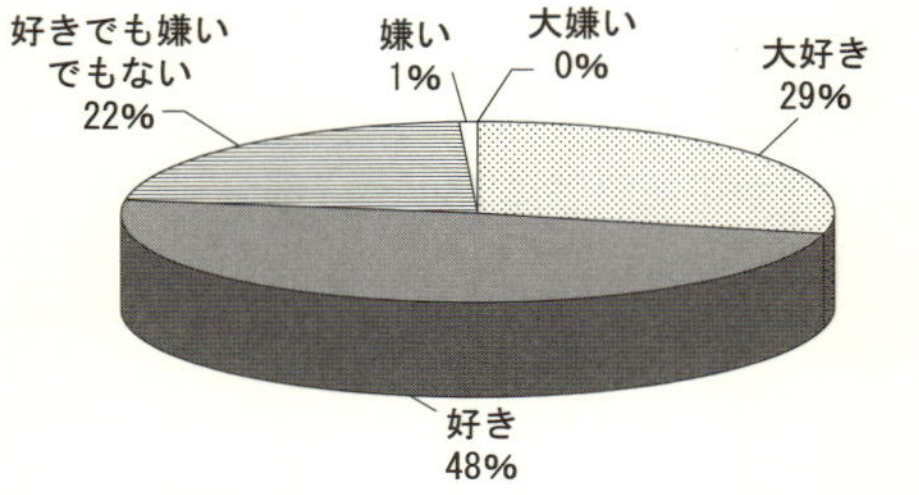

図５－５　味噌汁の嗜好

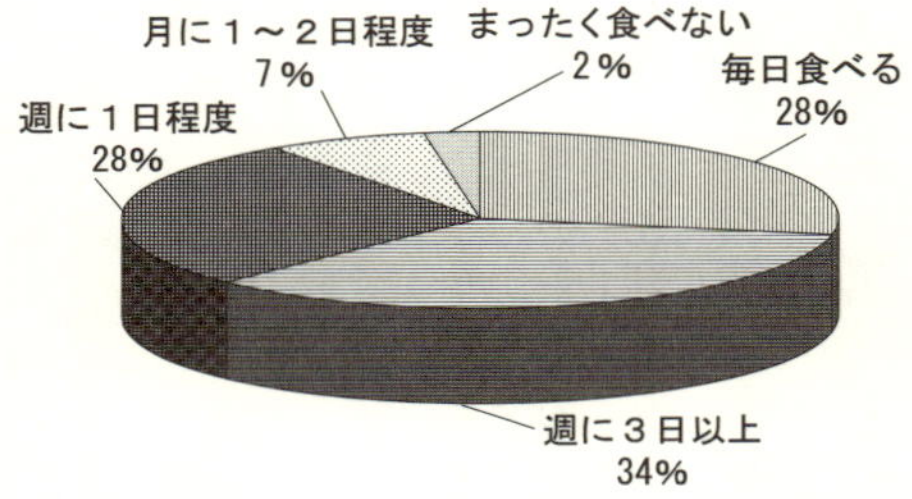

図５－６　味噌汁を食べる回数

（2）味噌汁の嗜好について

次に味噌汁に対する嗜好の度合いを図五－五に示した。嗜好尺度は大好き、好き、好きでも嫌いでもない、嫌い、大嫌いの五段階により回答を求めた。好きと答えたものが四八％と最も多く、次いで大好きが二九％、好きでも嫌いでもないが二二％、嫌い、大嫌いがそれぞれ一％という結果で、好きと大好きと答えたものをあわせると七七％になり、味噌汁の嗜好度はかなり高いことが認められた。

（3）喫食回数について

図五－六は味噌汁を食べる回数をみたものである。ここでは、一週間のうち三日以上食べると答えたものが最も多く三四％、次いで毎日食べる、週に一日程度食べると答えたものが同数で二八％、月に一～二日程度が七％、まったく食べないが二％の順であった。味噌汁の喫食回数にはバラつきが見られ、図五－五に示したように、嗜好の高さと喫食回数の多さが相関するとは限らない面もみられた。しかし、これらは対象者のライフサイクルからくる不規則な食事時間、欠食等の影響によるものと思われ、味噌汁は好きであるが食べる機会を逸しているという食生活の実態がうかがわれた。

（4）味噌汁の実について

図五―七は、通常の味噌汁の実として用いられる具材料の数について調査した結果である。二種類の組み合わせが最も多く五四％、次いで三種類が三九％、四種類以上が七％の順で、実だくさんの味噌汁が食されている傾向にあることがうかがわれた。

味噌汁を「飲む」と表現する場合と、「食べる」と表現される場合が認められるが、調査地区においては、後者の「食べる」ものとしての認識が高く、主食に対する汁物というより、「おかず」としての位置づけがなされている。特に、朝の限られた時間内で食事作りをする際に、沢山の具を入れた味噌汁を作ることは、副菜の代用ともなり、また、野菜をたくさん摂取するための方法としても重宝されているようである。

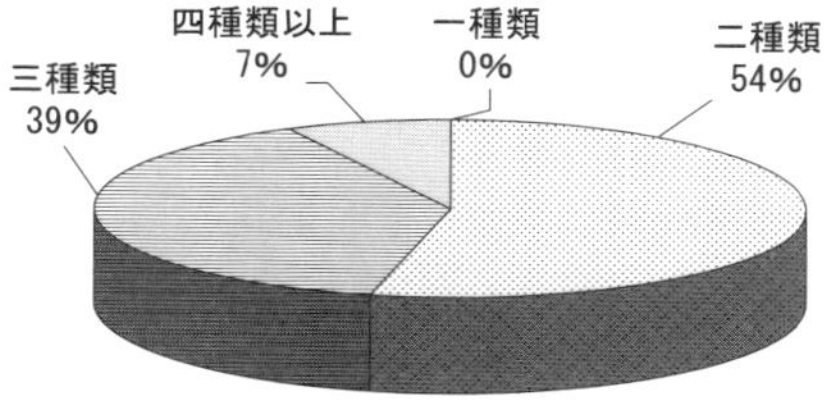

図5－7　味噌汁の具材料

（5）使用頻度の高い味噌汁の実について

日常に食している味噌汁の実としてよく使用されている材料名について調査をした。その結果を図五―八に示した。

ワカメと豆腐が最も多く一一五名（九二％）、次いでじゃがいも八九名（七一％）、大根七八名（六二％）、なめこ七二名（五八％）、たまねぎ六六名（五三％）、油揚げ五〇名（四〇％）、卵四八名（三八％）、あさり四四名（三五％）、ねぎ三九名（三一％）、しじみ三八名（三〇％）、にんじん三七名（三〇％）、白菜三一名（二五％）、なす三〇名（二四％）の順であった。

また、卵が用いられている例も多くみられたが、これはとき卵として利用するだけでな

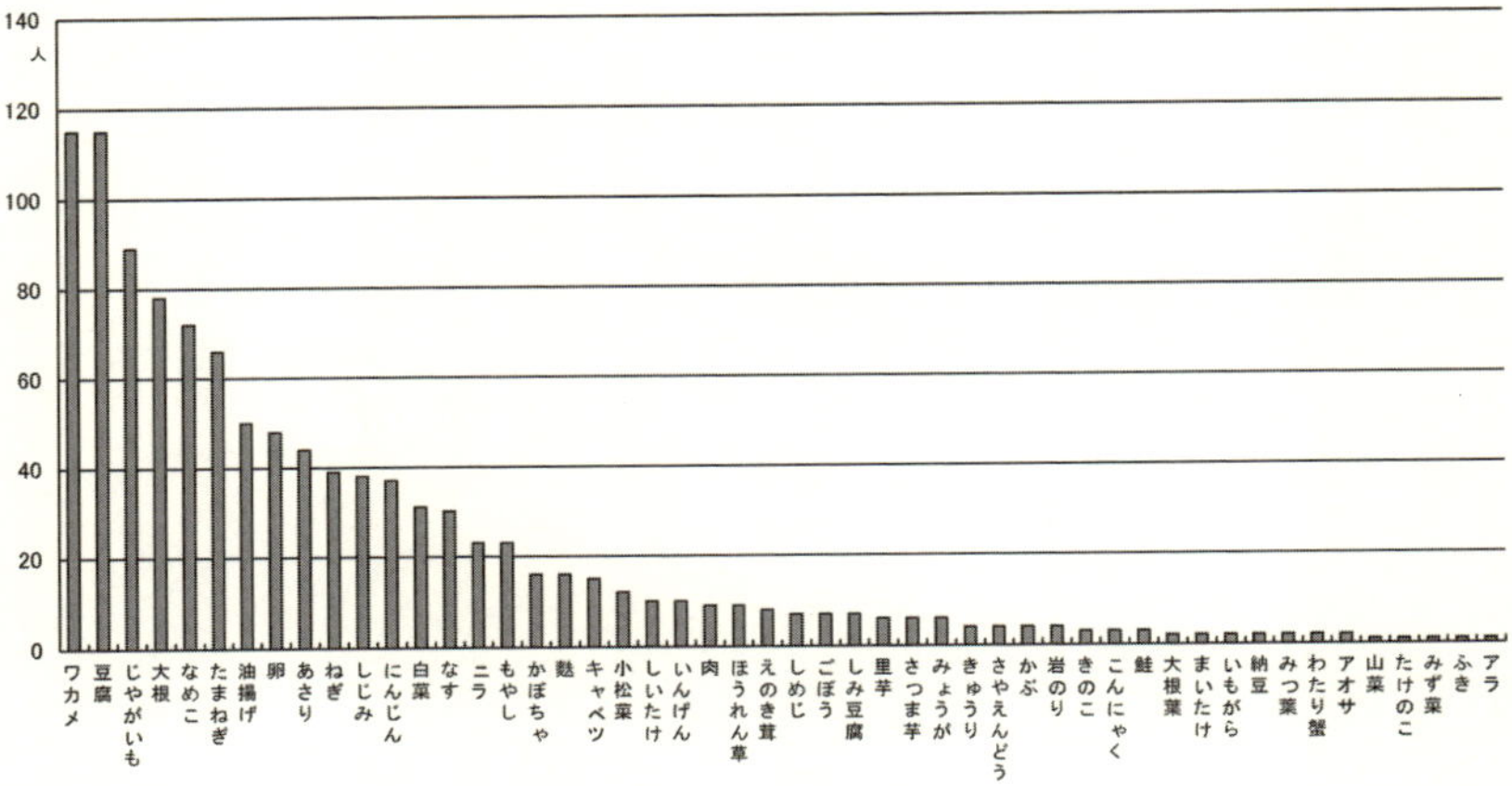

図５－８　味噌汁の具材料

く、家族の人数分の卵を味噌汁の中に落とし卵として入れるもので、味噌汁がおかずとしての役割を果たしていることを示す調査地の特性でもあると思われる。

（６）味噌汁の実の嗜好について

次に、好きな味噌汁の実（組み合わせ）について、上位三種を調査した結果、九〇種の味噌汁が挙げられた。このうち、中身が特定できないけんちん汁と豚汁を除いた他の味噌汁八八種について材料名を集計した。具材料の組み合わせは、二種類が四九件と最も多く、次いで一種類が二〇件、三種類が一七件、四種類が二件の順にみられた。味噌汁にいろいろな具材を入れておかず代わりに作られている一方で、嗜好においては、食材の味が交じり合うことのないシンプルさを好む傾向がうかがわれた。

次に、好きな味噌汁として挙げられたもののうち、上位を表五―二に、また、それらの味噌汁の具材として出現した食材の上位を表五―三に示した。

材料が入手しやすく、味噌の香り・風味を損なわないような淡白な食材が好まれ、使用頻度も高いようである。

表５－２　好きな味噌汁

順　位	味　噌　汁
一　位	ワカメ・豆腐汁
二　位	なめこ・豆腐汁
三　位	なめこ汁
四　位	大根・豆腐汁
五　位	あさり汁
五　位	じゃがいも・わかめ汁
五　位	じゃがいも・大根汁
五　位	ニラ・卵汁
六　位	油揚げ・大根汁

表５－３　好きな味噌汁の具材

順　位	味噌汁の具
一　位	豆腐
二　位	ワカメ
三　位	じゃがいも
四　位	卵
五　位	大根
六　位	玉ねぎ
七　位	ねぎ
八　位	なめこ
八　位	油揚げ

一位を占めていたワカメと豆腐の組み合わせは、外食産業等における定食メニューに付いてくる味噌汁の定番としても馴染みが深いものである。季節を問わず食材が入手でき、調理時間も短く、淡白で飽きの来ない味は、芳香に富んだ味噌との相性も良く、誰にでも好まれる具材料として支持されているのであろう。

四、二、三、味噌汁に対する意識調査

若い世代が味噌汁をどのように捉え、位置づけているかを見るため調査を行った。調査項目は、味噌汁は米飯には欠かせない、栄養に富んでいる、毎日食べたい、健康食品である、食べなくても良い、健康に良くない、簡単に作れておかずとしても良い、大事な栄養源である、においが嫌い、和食の代表的なものである、我が家の味として大切にしたい、日本人の食べ物としてふさわしい、作るのが面倒である、塩分摂取が気になる、味は薄めにするよう気をつけているなど一六項目を挙げ、複数回答により集計した結果を図五－九に示した。

味噌汁は和食の代表的なものである（七九％）、日本人の食べ物としてふさわしい（七三％）と答えた例が最も多く、栄養に富んでいる（六一％）、米飯には欠かせないもの（五八％）、健康にも良い食べ物（四九％）で、

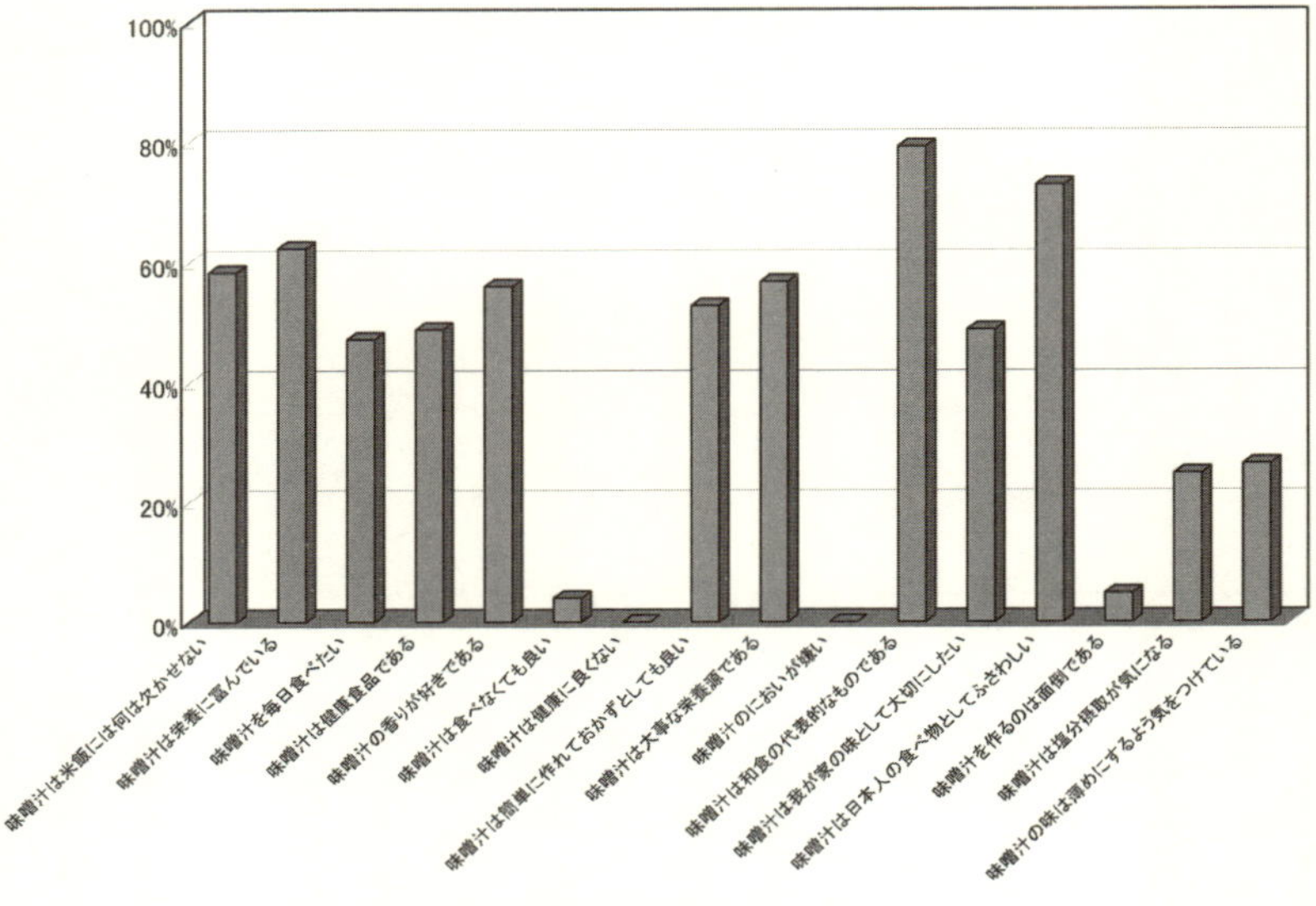

図５－９　味噌汁に関する意識調査

我が家の味として大切に守っていきたいもの（四九％）など、肯定的に認識されていた。味噌独特の芳香に対しても、香りが好きであると回答したものが半数以上見られ、毎日食べたいものとして捉えている。これらのことから、若い世代においても、味噌汁は毎日の食生活に密着したもので、我が家の味を守り伝える伝承料理として、大切に受け止められていることがうかがえた。

また、味噌汁は健康によく栄養的であるとしながら、塩分摂取の点が気になり、薄めの味にするように気をつけているとの回答も約二五％見られ、近年の健康を意識した減塩食の傾向が見て取れる。

四．二．四．味噌汁の呈味性について

味噌汁は味噌料理の中でもその特性を活かし、また味覚の上でもおいしいものとして親しまれている。この味噌汁の呈味成分として、糖分、塩分、遊離アミノ酸、有機酸、核酸などが挙げられる。ここでは筆者の実験結果より遊離アミノ酸について述べることとする。

実験の試料として、最も多く使用されていたじゃがいもを中心に、緑黄色野菜との組み合わせ、動物性食品との組み合わせ、海藻類との組み合わせ、じゃがいも単品の四種を設定し、加熱時間の経過による煮汁中と味噌を添加した後の味噌汁中の遊離アミノ酸を定量した。

試料の調製方法は、実の量は液量の二〇％重量、味噌の量は液量の一〇％重量、じゃがいもとワカメの配合比は二：一とした。サンプルの調製は、同型の鍋を四個（①、②、③、④の鍋とする）準備して同量の水と実を入れて同時に点火し、五分後に①を火からおろし、他の②・③・④の水分蒸発量を算出して沸騰水を添加し、常に同液量としてさらに加熱した。また味噌を添加した後は一分三〇秒加熱した。それぞれ熱いうちに濾過《ろか》して冷却後一定量としてサンプルとし、アミノ酸自動分析機により定量した。

このじゃがいもと、今回のアンケートで使用頻度・嗜好ともに一位を示したワカメを使用した味噌汁の遊離アミノ酸は、以下のとおりであった（表五―四）。

煮汁中の溶出アミノ酸は、おおよそ時間の経過とともに増加し、じゃがいもの汁にはセリン、グルタミン酸、フェニールアラニン、アルギニンが多く、味噌を添加するとグルタミン酸、アルギニン、ロイシン、リジンの順に多く見られた。

じゃがいもとワカメの煮汁には、セリン、グルタミン酸、アルギニン、プロリンがみられ、味噌を添加した場合には、グルタミン酸、セリン、ロイシンの順に多い。

今回の調査では、じゃがいもは出汁《だし》がでる、また旨味があるので、じゃがいもを出汁代わりに必ず入れ、他はその日の気分で身近にある野菜や豆腐などを利用していると答えた家庭が多く見られたが、調査地域では、農業（専業・兼業を含む）に従事する割合が高く、自家製のじゃがいもが年中手軽に利用できる環境にあることも、味噌汁の具材

表5－4　味噌汁の遊離アミノ酸

（mg）

種類	じゃがいも汁				じゃがいもとワカメ汁			
加熱時間／アミノ酸	5分	10分	15分	味噌添加	5分	10分	15分	味噌添加
LYS	1.52	2.23	2.59	27.51	1.44	1.78	1.98	5.63
HIS	1.09	1.50	1.86	5.57	0.89	0.88	1.16	6.87
ARG	4.68	7.12	9.41	35.29	3.20	4.89	6.97	28.34
ASP	4.23	6.50	6.67	22.84	2.99	4.35	4.33	23.85
THR	2.00	1.72	2.60	9.54	1.38	1.68	2.61	14.76
SER	18.63	27.80	29.35	26.84	18.95	22.39	24.22	34.44
GLU	6.27	8.71	10.45	42.74	6.01	7.81	9.71	43.21
PRO	1.23	1.36	1.21	15.36	1.24	1.58	2.68	—
GLY	0.67	0.82	0.95	8.84	0.34	0.60	0.87	10.07
ALA	3.25	4.00	3.94	18.95	1.89	3.57	2.67	19.21
VAL	6.09	6.33	7.28	19.94	3.05	5.15	5.03	19.16
MET	2.35	2.92	3.35	10.68	1.62	2.00	3.12	9.68
ILEU	2.17	2.41	2.82	18.77	1.65	1.92	2.47	17.52
LEU	0.78	1.93	2.20	27.81	1.13	1.55	1.53	29.56
TYR	3.07	2.93	4.51	16.25	2.49	3.04	5.36	15.56
PHE	2.97	4.66	9.45	15.64	1.54	2.77	4.64	19.72

としての使用頻度の高さに結びついたものと思われる。

何が食べたいかという問いに対して、「温かい白飯に熱々の味噌汁、そして焼き魚、それに漬物があれば大満足」と答える例が加齢とともに多く見られ、日本型食生活を好む傾向にある。また、海外から帰国した際に、味噌汁を味わい母国に戻った実感を得るという話もよく耳にする。前述の意識調査にもあるように、和食の代表として、また日本人の主食である米飯とよく合い、栄養的にも相性のよい味噌汁は、長く我々の食卓にのぼり、次世代へと受け継がれていくことであろう。

（石村由美子）

注

（1）島田勇雄訳注：本朝食鑑一、平凡社、九五－一〇〇頁、一九七六年
（2）長友千代治編：重宝記資料集成 第三十四巻 料理・食物二、臨川書店、三三一－三九頁、二〇〇四年 『料理調法集』は一九世紀初頭に刊行され、一九世紀中葉までに少し手が加えられて何種類か復刻されている。本書では比較的早い時期に刊行されたものを選び、原文を書き下し文にした。
（3）神宮司廳蔵版：古事類苑 飲食部、吉川弘文館、八六〇－八六二頁、一九八四年
（4）みそ健康づくり委員会編：みそ文化誌、七五～七八頁、二〇〇一年
（5）神宮司廳《じんぐうしちょう》蔵版：古事類苑 飲食部、吉川弘文館、一六八頁、一九八四年
（6）前掲（5）：一七四頁
（7）前掲（5）：一七六頁
（8）前掲（5）：一七七頁
（9）前掲（5）：一七八頁
（10）前掲（5）：一七八頁
（11）前掲（5）：一七八頁
（12）前掲（5）：一八三頁
（13）前掲（5）：一九三頁
（14）石村眞一：まな板、法政大学出版局、一六七－一七〇頁、二〇〇六年
（15）乙坂ひで：東北・北海道の郷土料理、ナカニシヤ出版、一九九四年

六章　自家製味噌の継承

一・はじめに

自家製味噌が衰退している現在、今後も持続させようとするならば、若い世代が熟達した人達の技量を受け継ぎ、さらに発展させてもらわなければならない。自家製味噌の持続性とは、単に味噌づくりの技量だけでなく、大豆、米、麦といった農作物の自給を高めていくことと連動しなければ実現しない。たかが味噌と言われるかもしれないが、自家製味噌の再構築を考えることは、日本の農作物全体における自給率の向上を考えることにつながる。

農林水産省の指針として、常に農業の大規模化が挙げられてきた。確かにアメリカの農業に比較すれば、明らかに日本の農業は規模が小さい。単一作物の栽培実態を見る限り、アメリカの農業は機械化による作業と化学肥料、農薬が支えている。しかし、近年の遺伝子組み換えも含め、こうした農業が、必ずしも食物の安全を保証しているとは限らない。日本の農業は、農作物の輸入自由化という世界の趨勢《すうせい》からすれば、今後も展望はすこぶる厳しい。しかしながら、国土面積の少ない西ヨーロッパ諸国においても、日本より食料自給率は高い。そうした国々の農業政策が特別なものではなく、日本の政策に明確なポリシーがないのである。日本の食料自給率は明治期以来徐々に低下し、第二次大戦後の高度経済成長期（一九六五年あたりから）より一気に低下していく。こうした食料自給率の低下は、戦後から始まったものではない。農村本来の自給的な精神の衰退は、既に明治期より認められるのである。

本章では、国産大豆、麦類の生産と利用実態、成分分析をまず最初に示し、味噌づくりに適した大豆、麦を紹介する。次に農村における自給的な生活を紹介し、都市生活者も含め、どのようにすれば自家製味噌が継承されるかを検討する。

二．味噌用大豆の品種と加工適性

二．一．味噌用原料としての大豆

二．一．一．味噌原料としての大豆の位置付け

大豆はタンパク質や脂質などの成分に富み、炭水化物は少ない。対して米や大麦はデンプン質が多くタンパク質や脂質が少ない。このため我が国の食生活において基本的な食材であるとともに、栄養学的にみても極めて重要な穀物である。

大豆のタンパク質を構成する主要なアミノ酸としてグルタミン酸があり、このグルタミン酸は味噌や醤油などの発酵調味料の旨味成分として重要な成分である。また、タンパク質が分解される過程で生じるペプチドは調理段階で「こく味」を付与するといわれる。このように大豆の発酵原料としての特性はタンパク質などの成分によるものであり、これらの成分を効率的に生成させるための加工適性が求められている。原料としての大豆の要件は安定供給と価格の安定化が重要であり、ついで品質の均一化である。現在のところ輸入大豆については遺伝子組み換えの課題を除けば、これらの要件をほぼ満たしていると考えられる。製油用の大豆を除く食品用大豆の主な用途は、豆腐、納豆、味噌、煮豆、醤油、豆乳、きな粉などであるが、それぞれの加工食品に対応した品質が求められている。食品用大豆の需要をみると約半分は豆腐・油揚げで、次いで味噌・納豆の用途となっている。

我が国の食品用大豆の需要は約五三〇万トンとされるが、その大部分をアメリカ、ブラジル、カナダ、中国などの輸入に依存している。輸入大豆の約八〇％は製油用で、食品用は約一〇〇万トンとなっている。対して国産大豆は約二三万トンの生産があり、ほぼ全部が食品用として使用されている。

表6－1　大豆地域別品種別作付面積（平成13年度）

地　域	作付面積 ha	1品種（割合）	2品種（割合）	3品種（割合）
北海道	19,700	トヨムスメ（31.0）	トヨコマチ（21.4）	スズマル（10.3）
東北	36,300	リユウホウ（19.4）	スズユタカ（17.3）	おおすず（12.3）
関東	18,000	タチナガハ（51.3）	納豆小粒（12.9）	ナカセンナリ（11.5）
北陸	18,100	エンレイ（97.6）	オオツル（1.2）	コスズ（0.5）
東海	8,210	フクユタカ（93.0）	タマホマレ（2.6）	アキシロメ（1.0）
近畿	8,250	タマホマレ（30.2）	オオツル（24.7）	丹波黒（15.2）
中国・四国	10,000	タマホマレ（32.0）	丹波黒（22.2）	フクユタカ（14.0）
九州	25,300	フクユタカ（74.8）	むらゆたか（23.4）	トヨシロメ（1.1）

食品用大豆の品質としては輸入大豆に比べ国産大豆の評価が高く、実需者からの要望があるものの、供給の不安定さや価格が高いことから、国産大豆のシェアは伸び悩んでいる状況にある。味噌用大豆としてはアメリカ・カナダ産が約九万トン、次いで中国産が約五万トンで国産大豆は九〇〇〇トンと少なく原料のほとんどを輸入に依存していることがわかる。

二・一・二　食品用として使用されている国産大豆の品種

大豆は沖縄を除く、北海道から九州までほぼ全国で栽培されているが、その栽培地は殆どが転換畑で、畑作栽培は北海道と関東地域の一部である。大豆は地域的適応性が狭い作物とされ、気象条件や地理的条件に影響を受けるため、地域ごとに適した品種が作付けされている。このことが加工原料としての量的確保や品質の均一性に課題を残していると考えられる。特に、味噌の原料としての加工適性は蒸し上がり後の硬度を均一化させるため、大豆の粒径が揃っていることが要件のひとつになっている。このようなことから、北海道のように栽培規模が大きく、単一品種で生産量が確保できる地域では、原料大豆として生産に有利であるといえる。各地域で作付けされている食品用大豆の主な品種とその作付け率を表六－一に示す。北海道ではトヨムスメ、トヨコマチ、東北ではリュウホウ、スズユタカ、関東ではタチナガ

表6－2　九州地域大豆品種別作付面積（平成14年度）

県　名	作付面積ha	1品種（割合）	2品種（割合）	3品種（割合）
福岡	7,890	フクユタカ(99.7)	すずおとめ(0.3)	
佐賀	8,610	フクユタカ(55.3)	むらゆたか(44.5)	
長崎	868	フクユタカ(100)		
熊本	3,420	フクユタカ(98.8)		
大分	3,450	むらゆたか(60.3)	フクユタカ(29.7)	トヨシロメ(7.9)
宮崎	585	フクユタカ(95.4)	キヨミドリ(2.1)	ヒュウガ(0.1)
鹿児島	506	フクユタカ(94.3)		

ハ、ナカセンナリのほか納豆小粒が特徴的な品種である。北陸ではほとんどがエンレイ、東海ではほとんどがフクユタカ、中国四国ではタマホマレのほか丹波黒が特徴的な品種である。これらを全国規模でみるとフクユタカが最も多く、次いでエンレイ、タチナガハ、リュウホウ、タマホマレの順である。もちろんこれらの大豆の全てが味噌原料として使用されているのではなく、味噌製造業者はそれぞれの地域で生産されている味噌に適した大豆を選別して使用している。

二．一．三．九州地域における大豆の栽培と供給

九州地域における大豆作付面積は二五三〇〇haであるが、この九二％が水田に作付けされている。九州内では大豆の作付面積は九州北部で大きく、南部で少ない傾向にある。また、大豆の一〇a当たりの収量は全国に比べて低く、特に畑作大豆の収量が低い。九州各県における大豆の作付面積と品種について表六－二に示す。作付面積は佐賀県が八六一〇haで最も多く、品種としてはフクユタカ（五五％）、ムラユタカ（四五％）である。次いで福岡県が多く（七八九〇ha）、品種はほとんどがフクユタカで九九％以上である。熊本県と大分県はほぼ同程度（三四〇〇ha）であるが熊本県はほとんどがフクユタカであるのに対し、大分県ではムラユタカが多く（六〇％）、フクユタカ、トヨシロメなども栽培されている。長崎県、宮崎県、鹿児島県の作付面積は八〇〇～五〇〇haと少なく、ほとん

どフクユタカである。大豆の品種としては九州全体ではフクユタカが最も多く、次いでムラユタカ、トヨシロメの順である。

九州地域は温暖な気候に恵まれ、米↓麦↓大豆の二年三作や麦↓大豆の一年二作が定着している。しかしながら、播種期が梅雨末期にあたるため雨害を受けやすく、加えて台風による倒伏や虫害による不安定な収量となりやすい。

二．一．四．味噌製造業における原料としての国産大豆の品種

平成一八年一一月に開催された第四九回の全国味噌鑑評会に出品された麦味噌の使用大豆の品種について表六―三に示す。米味噌の原料大豆としては、とよまさり（北海道産）が最も多く、次いでエンレイ（新潟産）が多く、その他北海道、東北、関東地方でよく栽培されているオオスズ、アヤコガネ、タチナガハ、ユキホマレなどの品種も使用されている。麦味噌の原料大豆としてはムラユタカ、フクユタカ（共に佐賀県産）が最も多く、次いでトヨシロメ（大分産）が多く、その他中国・四国及び九州でよく栽培されているサチユタカ、アキシロメなどの品種も使用されている。このように味噌の原料大豆としてはそれぞれの地域で栽培・収穫される品種が使用されているが、これは全国で製造されている味噌の地域性や多様性を考慮すると非常に理に適った需給体制であると考えられる。一方で、味噌製造業者としては、大豆の生産が地域的な制約を受けている中で、加工適性の高い品種の確保を余儀なくされていることにもなっている。例えば、麦味噌は九

表６－３　全国味噌鑑評会に出品された麦みその大豆品種

大豆品種	淡色麦みそ	赤色麦みそ
ムラユタカ	2	4
フクユタカ	8	2
サチユタカ	2	0
ユキホマレ	1	1
トヨシロメ	0	5
タチナガハ	1	4
とよまさり	1	1

州、中国・四国でよく製造されているが、味噌の色調が淡色であることから原料大豆の特性として白目系で大粒の大豆が必要とされ、フクユタカが奨励されてきた経緯といえる。このように味噌原料大豆はそれぞれの地域で育まれてきたみその品質とその地域に適した大豆の品種と密接な関連を持ちつつ発展してきたものと考えられる。

二、二、大豆の味噌加工適性

二、二、一、味噌原料としての要件

国産大豆の農産物検査では、粒度、形質、水分、異物混入の他に、被害粒、未熟粒などの外観検査に基づく審査が行われている。平成一六年度の検査結果では、しわ粒、汚損粒、虫害粒、病害粒などの被害粒が下位等級の原因であるとされる。食品用大豆の品質としてはこれらの被害粒を排除することは基本的なことである。淡色麦味噌の製造においては半煮半蒸の条件で処理することが多いため、煮熟時の煮くずれが少ないことが求められている。大豆の成分組成としては、特に味噌の原料大豆には大粒で種皮が薄く炭水化物含量が多いことが求められている。

二、二、二、外観上の品質と加工上の品質

原料大豆の外観品質は、製造工程のみならず、味噌の品質にも影響する重要な要因であり、裂皮、割れなどの被害粒は、大豆浸漬時の内容物の亡失や蒸煮の不均一を招くことになる。この蒸煮むらは、仕込み後の発酵や熟成にも影響し、味噌のざらつきやうま味の生成不足などをきたすことになる。大豆をむらなく柔らかく蒸煮することが、なめらかでうま味成分をよく生成させる味噌製造の基本である。

表６－４　原料大豆の評価項目と方法

	評価項目	評価方法
1	水分（%）	130℃で２時間乾燥し、１時間放冷し乾燥減量を求める。
2	百粒重（g）	任意に 100 粒をとり秤量
3	タンパク質含量（%）	ケルダール法で求めた窒素含量に 5.71 を乗じる。乾燥重量に対する％で表示。
4	粗脂肪含量（%）	ソックスレー抽出法。乾燥重量に対する％で表示。
5	全糖含量（%）	フェノール硫酸法。乾燥重量に対する％表示。
6	色調	約 20g を粉砕し、色差計で測定。Ｙ％、x、y 又は L*、a*、b* で表示。

二．二．三．大豆の成分分析

味噌製造における大豆の加工適性として求められる品質は成分組成的なものと蒸煮した場合の加工性とがある。ここでは大豆の原料大豆の味噌加工適性を判定する資料として把握すべき成分の評価項目と評価方法について表六－四に示す。

大豆の水分は貯蔵性と関係し、高水分の大豆は貯蔵性が低下する。タンパク質は味噌のうま味成分と関係し、粗脂肪や全糖は味噌のなめらかさなどの物性とも関連する。味噌の製造にあたってはこれらの成分を把握するとともに、分析設備がない場合は原料仕入れ先から分析表を入手するなど受け入れ時の管理を整備することが望ましい。

二．二．四．蒸煮試験

受け入れ原料のロットが変わった場合などは、成分分析と併せ蒸煮試験を行って、製造条件の確認を行うことが望ましい。蒸煮時の重量増加比は大豆の新旧および蒸し大豆の硬度とも関係し、古い大豆では吸水が低いため重量増加比も低い。この場合大豆も硬く、ばらつきも多い傾向にある。大豆の硬さは、レオメーターなどの専門の物性測定装置では正確な硬度が測定できるが、上皿支持秤でも比較的簡便に測定できる。

表６－５　蒸煮試験における評価項目と方法

	評価項目	評価方法
1	蒸煮重量増加比	蒸煮前後の重量比を求める。
2	水分（%）	表６－４に同じ。
3	硬さ（g）	大豆50粒の平均値と変動係数を求める。
4	色調	表６－４に同じ。

表６－６　仕込み味噌の評価項目と方法

	評価項目	評価方法
1	色調	表６－４に同じ
2	官能評価	味噌の色、味、香り、組成（物性）について官能評価を行い、評点化する。

蒸煮試験の実施方法：

試験大豆一〇〇gをビーカーにとり、水洗した後一晩（一七時間）浸漬（二〇℃）。水切り一時間後に計量する。その後オートクレーブで蒸煮し、〇・七五kg／cm²に達圧後三〇分保持（達圧、減圧とも六分）。三〇℃まで放冷し重量測定し重量増加比を求める。蒸煮大豆の硬度は大豆約五〇gをとり、上皿支持秤（二kgまで秤量できるもの）でつぶれた時点での重量を計測。蒸煮大豆の色調は乳鉢ですりつぶした後、色差計で測定する。

これらの蒸煮試験の評価項目と方法について表六－五に示す。

二．二．五．仕込み試験・官能評価

仕込みを行った味噌については、一定期間熟成させた後、官能審査を行い、成分分析結果や蒸煮試験結果との関連を把握することが望ましい。特に、色調については蒸煮大豆の色調が熟成みそにも影響することがあるので、これらの一連のデータを蓄積することにより、蒸煮大豆の品質から熟成後の味噌の品質を推測することに適用できる。官能評価の項目と方法について表六－六に示す。

三．味噌用原料としての大麦

三．一．味噌用として使用されている大麦の品種

三．一．一味噌用原料としての大麦の位置付け

大麦は、小麦、トウモロコシ、大豆とともに、世界の主要な穀物のひとつである。これらの穀物は、大部分が飼料としての用途であるが、食糧や加工食品原料としての役割も大きい。特に、大麦はビールなどの醸造用としての大きな需要がある。わが国では以前から、米と同様、精麦して直接食用として消費されている時代があった。食生活の変化により、現在では主食用としての役割はほとんどなくなっているが、伝統的な発酵食品である麦味噌の原料として不可欠のものである。全国の麦味噌生産量は、味噌全体の十分の一程度であるが、九州地方では全国のほとんどの麦味噌を生産しており（約三万t弱、全国麦味噌生産の七割）、九州地方の特徴ある食生活の基礎になっている。

大麦は小麦と同じイネ科であるが、*Hordeum* 属に属し植物学的には異なる麦類である。大麦には粒の着生形態により二条種と六条種に分けられる。さらに穎が粒に癒着しているか否かで皮麦と裸麦に分けられる。食品加工用の国産大麦としては二条皮麦（二条大麦）、六条皮麦（六条大麦）および六条裸麦（裸麦）の三種類がある。これらの国産大麦の生産量は約二一万tで二条大麦一五万t、六条大麦三・八万t、裸麦二・二万tとなっている。二条大麦は主に醸造原料として焼酎、ビール、味噌などに用いられ、六条大麦は麦茶や押し麦として食用に用いられている。大麦・裸麦の食品用の需要は約三六万tであるが、その中で焼酎用が一六・七万t（四六％）で最も多く、次いでビール用が七・七万t（二一％）で、味噌用は三・三万t（九％）である。その他、麦茶、押し麦としての需要がある。

三．一．二．大麦の栽培と供給

我が国の大麦の作付けは、昭和二〇年代には大麦・裸麦合わせて一〇〇万ha以上であったが、昭和四八年には一〇万ha弱となった。その後、国内産大麦の生産は世界の経済動向や政府の制度制定などにより、増減を繰り返してきたが、国の「水田を中心とした土地利用型農業活性化対策」などにより、作付面積および生産量もともに拡大しつつあるのが現状である。麦類の作付面積は北海道、九州、関東地方で多く、特に北海道は小麦の作付けが多い。大麦は地域適応性が狭い作物であり栽培地の気象条件などに大きな制約を受ける。このことから、裸麦は主に温暖な四国地方で、九州では降雨の影響を受けにくい二条大麦の作付けが多いなど地域的な特性がみられる。九州地域の大麦は佐賀県で二条大麦の作付けが多い。これら大麦の品種としては、あまぎ二条が二一・一％で最も多く、次いでニシノチカラ（一九・八％）、ミカモゴールデン（一二・四％）、アサカゴールド（九・六％）となっている。また、裸麦の品種としては、イチバンボシが九四％と圧倒的に多く、愛媛県など四国を中心に栽培されている。これはイチバンボシが古くから食用とされてきたことと、早生・短強稈

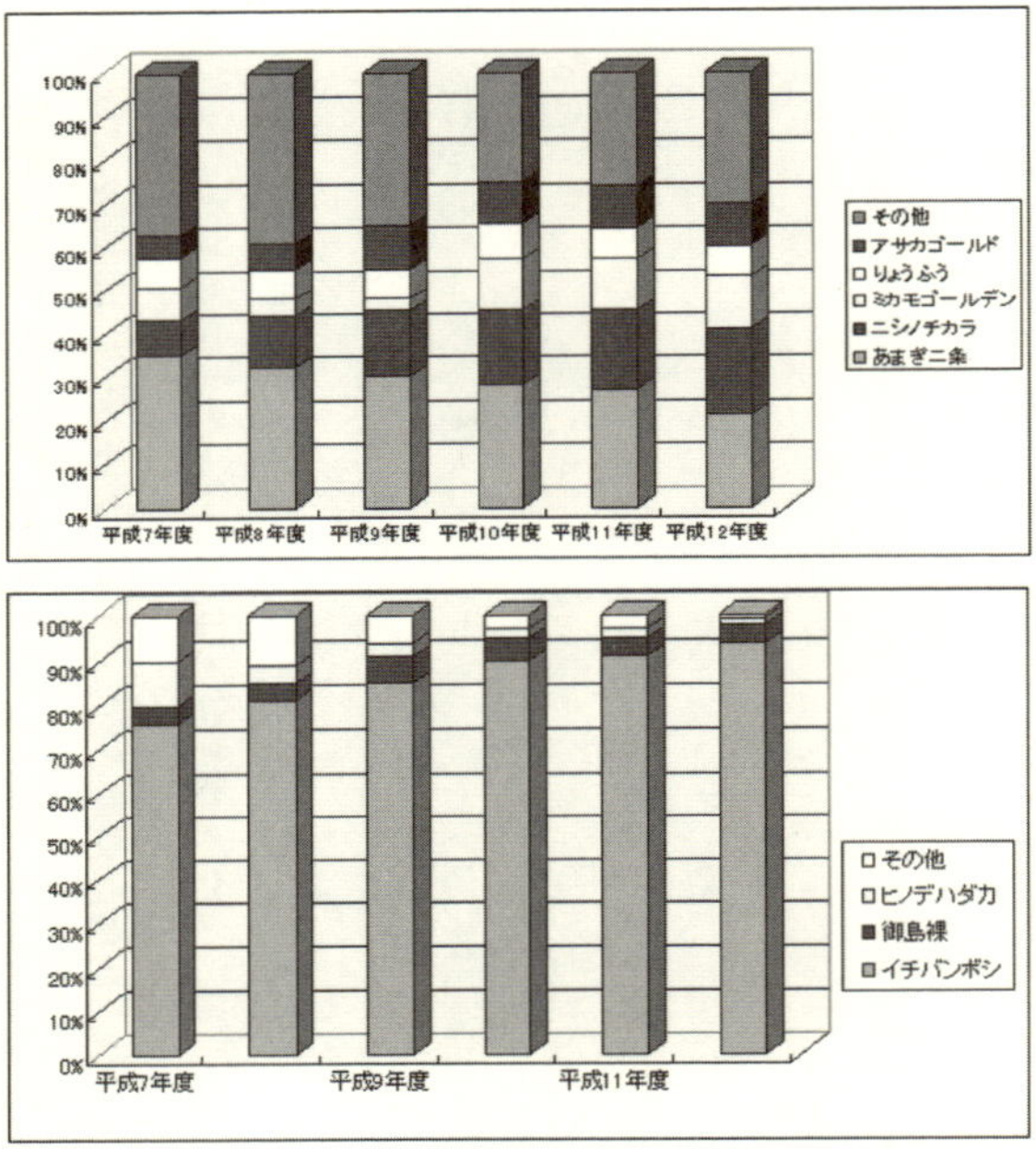

図６－１　国内産麦の栽培状況（食糧庁資料から作図）

の多収品種であることが、農家の栽培意欲を支えているものと考えられる。これらの栽培状況を図六―一に示す。

三．一．三．味噌用として用いられている大麦の品種

麦味噌の生産県は、九州地方、中国・四国地方および栃木県など関東地方の一部である。これらの地域は、大麦の栽培地域と一致する。すなわち、麹原料としての大麦が供給可能な地域で麦味噌の製造が行われていることがわかる。麹原料として求められる大麦の品質は割れ、病変麦でないことはもちろんであるが第一には精麦性が良好なことである。次に色調、吸水性などの品質が均一であることなどが重要である。平成一八年度の全国味噌鑑評会に出品された麦味噌の原料としては、表六―七に示すように、裸麦が最も多く三三点、次いでオーストラリア産大麦一二点、そして国内産大麦一一点であった。これらのことから味噌製造の実需者は、品質の高い麦味噌の製造に関しては、国産大麦に期待していること、特に裸麦の品質にかなり期待していることが理解される。一方、市販麦味噌の原料としては輸入大麦（オーストラリア産）が圧倒的に多く、コストでの制約が大きいことが推し量れる。したがって、国産大麦を原料とする麦味噌は、こだわりをもった味噌製造業者や、農家などにおける自家醸造的な味噌造りを行っているところに限られているのが実情である。これらの味噌の原料としては、近隣地域で生産される大麦ということになり、九州や中国・四国地方ではあまぎ二条、ニシノチカラなどの二条大麦および裸麦のイチバンボシなどが使用されている。

表6－7　全国味噌鑑評会に出品された味噌の大麦品種

大豆品種		淡色麦みそ	赤色麦みそ
国内産大麦	大麦	7	4
	裸麦	15	18
輸入大麦	オーストラリア	7	5

三．二．大麦の味噌加工適性

大麦の味噌原料としての要件は種皮の占める割合が低く、精麦しやすいことが求められる。大麦は浸漬時の吸水速度が速く、これが蒸し上がりの水分に影響する。特に、古い大麦は浸漬時に吸水が継続的に進行し吸水過多になる。このため、蒸煮後の蒸し上がり水分も多くなり、製麹時のべたつきや細菌汚染の原因となるので原料大麦の新旧には注意が必要である。蒸し上がり後はふっくらとし、外硬内軟で弾力があり、上粘りのしないものがよいとされる。

（松田茂樹）

四．農村生活における自給性

四．一．大豆、麦栽培と生活の自給性

大豆が一九六〇年代より輸入が激増したことは事実であるが、戦前より大量の大豆が朝鮮半島、中国より輸入されている。長野県の実態を『信州味噌の歴史』[1]を通して考えてみたい。

「……明治初年においては、旧幕時代からの自給自足農村の延長として、味噌豆にこまるようなことはなかった。しかし、それも三〇年代に入る頃までのことであって、商業経済が進み、自給自足経済がくずれ去るにしたがい、各農家が、自家用の味噌をつくるための大豆にも事欠くようになった。養蚕景気が高まってきたり、割りのよい換金作物が流行しはじめると、農家が大豆畑を桑やその他の作物に切りかえていったからだ。

大豆は自分でつくるよりも、他の作物からあがってくる収入で、それを買った方が有利になってきたのである。おおくは桑畑に転換した。大豆畑は減る、人口はいよいよふえるということで、年々不足をきたしていった。しかもそのうちには、大豆をつくらないだけではなく、ついでに味噌も自家製ではなく、買った方がいいという風潮がおこっ

てきた。……」

「……県内の大豆が、県内の味噌消費をまかない得たのは明治三八年までであって、それからは、ずっと不足ばかりである。しかも、そのほかに味噌醸造家の必要大豆は年々急増していった。県内産では、県内の自家消費をさえまかない得ぬ中にあって、原料大豆を心配しなければならない醸造家たちの苦心は想像にあまりある。

このような苦心のさい中に、鉄道の開通をみたのである。明治二六年に、信越線直江津東京間が開通すると、醸造家相手の米穀商たちは早速東北方面に出かけた。宮城県下に本石大豆というものがあり、それを仕入れるためであった。たとえば諏訪方面まで運ぶのには、信越線大屋まで汽車、そこから和田峠を越える運送馬車にたよった。新潟米もいっしょに入ってきたが、持ってさえくれば忽ち穀屋の店頭から消えてしまったという。大豆不足のありさまがしのばれよう」

「ついで明治三九年、中央東線の塩尻新宿間が全通すると、こんどは、遠く北海道からも入ってきた。『秋田』『鶴の子』『中鶴』などの種類であった。しかし、信州味噌発展の土台をつくったのは、何といっても朝鮮大豆の輸入であった。明治四三年、日韓合併が成立すると、早速『城津もの』が入ってきたのである。やがて日華事変がおこって、満州大豆しか入らなくなる頃まで、城津ものは長く、信州の業者たちに喜ばれた。……」

長野県は平地の少ない県であるため、日本国内すべてに該当する内容とは限らないが、明治中期以降、大豆流通が国内では鉄道を通して活発になり、さらに明治後期からは朝鮮半島から輸入され、その質がよかったことが信州味噌の業界の発展につながったというのである。朝鮮半島産の大豆は色が白く、信州味噌の淡色辛味噌には最適であったのだろう。

一方、自家製味噌は明治三〇年代より自給自足経済が徐々に崩れて、大豆を買ってつくるようになり、やがて味噌

図6－2　畦豆　福島県二本松市

図6－3　畦豆　福島県郡山市

を買う家庭が増加する。結果的に長野県は、他県や他国の大豆が味噌業に流入したことによって量産味噌が発達し、自家製味噌が衰退した。では農家は大豆畑を何に転換したかというと、多くは桑畑である。長野県の大豆生産は、生糸生産の原料生産に置き換えられたということになる。この背景には明治政府の国策があり、農商務省は外貨獲得のために生糸増産を奨励していた。

こうした長野県の動向は、平地の少ない地域の象徴的な現象ではあるが、似たような要素は他県でも見られる。特に山村の畑地が、明治後期より桑畑に転換されるといった傾向は共通している。とにかく生糸の増産にともなう製糸業の発達、また絹織物業の発達が、戦前の地方経済に及ぼした影響は計り知れないほど大きい。この生糸、絹織物の生産も第二次大戦後は低迷し、昭和三〇年代からは海外の廉価な製品に市場を奪われ、昭和四〇年代以降は桑畑が激減した。現在では、桑畑はほとんど別な作物の栽培に転換されている。製糸業や絹織物で活況を呈した地方の都市は地域経済が衰退し、人口減に歯止めがかからない状況が続いている。

自家製味噌に使用する大豆に話を戻すと、水田の畦に大豆を植える畦豆は、昭和三〇年代あたりまでは全国で普及していた。一町歩以内の田に植える畦豆で、自家製味噌の大豆は十分収穫できた。その後四〇年以上経た現在では、畦豆を栽培している農家は極めて稀で、佐賀県や福岡県では見つけることさえできない。図六―二、三、四は福島県二本松市、郡山市で見かけた畦豆である。車で走り回ってやっ

図６－４　畦豆　福島県郡山市

図６－５　自家用大豆畑　福島県郡山市

図６－６　集団減反の大豆畑
福岡県朝倉郡筑前町

図６－７　集団減反の大豆畑
佐賀県佐賀市

と見つけたもので、福島県でもめったに見られないほど畦豆の栽培は衰退している。農家の方々への聞き取りでは、トラクターやコンバインといった機械類を使用する際、じゃまになるという意見が多く、元のように植えるべきだという積極的な意見はほとんどなかった。図六―二、三は、いずれも土手という要素があるので、条件が整っていたのかもしれない。しかし図六―四の畦は細く、側溝が横にあり、条件としては必ずしもよくないのに、水田の一区画だけ畦豆が栽培されている。おそらく、伝統的な畦豆を栽培する精神を大切にしている人が農業を営んでいるから実現しているのであろう。

図六―五は、福島県郡山市の農家で、自家用大豆を栽培している畑である。どこでも見かけるこうした大豆の栽培が、福島県の自家製味噌文化を支えている。自家用大豆の栽培は、自給的な生活の象徴と言っても過言ではない。

図6－8　収穫前の大豆畑
福岡県朝倉郡筑前町

図六―六、七、八は、米の集団減反による大豆栽培である。平地で比較的大規模に栽培されている。減反による大豆の大規模栽培によって効率の良い助成金を得るという目的もあって、意図的に大きな区画で栽培されているのであろう。佐賀県や福岡県の平地では、こうした大豆の栽培風景をよく見かける。水田による米の収穫量に対し、大豆は収穫量が少ないことから、水田を補助金なしに大豆畑に転換することは経営的に無理である。佐賀県では、山地の畑で自家用以外の大豆を栽培していることは稀で、平地にだけ集中している。

日本における大豆の量産は、このままでは図六―六、七、八のような方式しか望めないのだろうか。休耕地の多く見られる中山間地域においては、小規模な大豆栽培であっても、塵も積もれば山となるで、積極的に行政が奨励すべきである。

農地を親から受け継いで所有するから農業を営むという概念から、農業に意欲を持っている人に農地を貸与して、休耕地をなくすという農業経営の抜本的な見直しが必要な時期にきている。限界集落の問題も、土地所有者による農業という切り口だけでは議論が進まない。戦後の農地解放によって与えられた農地も、一部は休耕地になったり、市街化区域に指定されると、宅地に売られているのが実態である。

麦の栽培も、大豆同様に戦後輸入が増大し、国内の栽培が激減した。大豆、麦類は世界中で消費され、物流が活発な農作物である。それだけに価格に競争的な原理が反映され、中山間地の小規模農家は経営が苦しくなる。結果的に輸入が増大し、国内では平地での米の二毛作地帯が経営的には優位性を持つ。今後もそうした傾向が続くであろう。

味噌に使用するのは、主に二条大麦、六条大麦、裸麦である。この中で生産量の多いのは二条大麦である。図六―九は佐賀県の神埼市で栽培される二条大麦で、六月上旬あたりに収穫される。図六―九―アは五月末の麦秋といわれる時期に撮影したものである。とにかく鮮やかな色彩が地域に漂う。図六―九―イは刈り取る直前の時期に撮影した。

図6－9　二条大麦　佐賀県神埼市

こうした二条大麦の多くは、ビール会社との契約栽培が多い。自家製味噌に使用しているという確認はしていないが、自家製味噌の衰退から推定すると、必ずしも麦類を栽培している農家が麦麹をつくっているとは限らない。自家栽培の麦を麹業に持っていって麹にしてもらう習慣自体が衰退している。昭和四〇年代あたりまでは、福岡県北部もそうした習慣が見られたようだ。[2] 福岡県内では、米や麦を麹業に持っていき、加工賃を支払って麹にするという習慣が少し残っている。その麹づくりを委託する習慣は、大豆の自家栽培が支えていた。味噌づくりは、現在も自給用大豆の栽培が要となっているようだ。九州では他県の調査は行っていないが、中山間地域においても、自家栽培の麦を麹にするという習慣は廃れているというのが実態ではなかろうか。農業における小規模の麦栽培が衰退する理由と、自家で麦麹をつくる習慣が衰退する理由は連動している。小規模でも麦をつくり、麹をつくって味噌にすれば、家計に多少はプラスになるはずである。プラスになることが何故か衰退するのである。

農家における自給性の向上は、経済効率という視点だけでなく、労力を惜しまないという精神から考え直さない限り、特に中山間地域における農業の展望と過疎問題は解決しないように思える。

四．二．伝統的な行事と食の継承

木製品の調査で全国各地を調査した時期があった。自家用車で四万㎞ほど走ったが、単調な景観が意外に多い。特に低い山地、丘陵地や平地は景観に変化が乏しい。住めば都とはいっても、何か変化を求めたいという心情が生活者に芽生えるのは当然である。日本人に限らず、定住者の生活に関する行事は、宗教観に関連する部分があったとしても、単調になりがちな生活に対する一つの工夫と読み取れなくもない。この行事には、特別な食事を共食することが付き物である。

一章で示した『山科家礼記』においても、行事に餅を共食するという傾向が見られた。日本各地では、この餅を共食するという慣習が延々と伝承されてきた。団子も餅に準じた行事食であり、調理味噌を使用する場合もある。福島県会津地方の西会津町では、年間を通して次のような行事と行事食があった。(3)　※旧暦で示す。

○正月　元旦　元朝参り　正月料理（餅）
　　　　三日　三日とろろ
　　　　四日　雑炊

七日　七草粥
一五日　小豆粥
一六日　大斉日　あかざのあえもの（ジュウネン味噌を使用）
二十日　二十日正月　団子汁
小寒　寒の入り　そばがき（ヒル（野蒜）味噌を使用）
○二月
八日　籠掛け　小豆団子
一〇日　地神様　団子
最初の午の日　初午　つむじかり、なます
春分の日　春彼岸　ぼた餅、団子、小豆飯、饅頭のてんぷら
一五日　釈迦涅槃　団子
○三月
三日　雛祭り　菱餅、甘酒
○四月
八日　お釈迦様、薬師様　草餅、草団子
○五月
五日　端午の節句　ひしまき（ちまき）、つのまき
上旬～下旬　田植　煮染、ひやし豆、甘酒、干し納豆、餅
○六月
一日　むけの朔日　香煎、ひしまき、餅、凍餅（正月に供えた餅）
上旬　半夏生　梅の収穫開始
下旬　土用　餅、どじょう
○七月
一三～一六日　盆　餅、ぼた餅

○八月　一日　八朔　餅、小豆飯
　一五日　十五夜　団子、餅
　秋分の日　彼岸　ぼた餅、団子
○九月　九日　初の節句、重陽の節句　小豆飯または赤飯、餅、煮染
　一三日　後の名月　小豆団子
　一九日　中の節句　小豆飯または赤飯、餅、煮染
　二九日　末の節句　刈り揚げ餅、しんごろう（※おそらく、ジュウネン味噌を使用）
○一〇月　一〇日　地神上り　団子
　二〇日　恵比寿講　魚（鰯）、小豆飯、煮染
○一一月　一四日　大師講　小豆粥
　中旬　冬至　冬至かぼちゃ（小豆を使用）
　二四日　あがり大師　小豆飯
○一二月　一日　餅
　八日　事始め　餅
　九日　大黒様の年越　小豆飯
　二五日　節納豆　納豆
　二七日　煤の年越　小豆飯
　二八日　節餅搗き　餅（正月用で白餅、豆餅、栗餅、ごぼう葉餅、もろこし餅、栃餅）

三〇日　大晦日　年取り膳（白飯、年取りお平、鮭の粕煮、ざく煮、金平ごぼう、にしんのすし漬け）

上記の内容は、地神様、田植、八朔《はっさく》、刈り揚げ、地神上りといった農業と信仰に関連する行事、仏教との接点を持つ行事、陰陽道の影響を経て成立した行事など、多種多様な要素で成り立っている。一二月二五日は節納豆とし、正月用の納豆をつくっている。納豆をつくる行事が、どの程度宗教と関連しているのかについては判然としない。

西会津町では、土用に餅とどじょうを食べている。土用は陰陽五行説から生じたもので、現在はうなぎを食べる習慣が全国に拡散している。しかし、土用には根つぎ餅を食べる習慣もあり、うなぎだけが行事食ではない。うなぎも江戸時代に流行した食文化であり、起源が古いわけではなさそうだ。問題は夏ばて防止であるから、どじょうでも理屈は同じである。地域の行事食の中には、広域で共有する料理と地域固有のものが混在している。また地域の家庭によっても多少の違いがある。重要なのは、料理を購入するのではなく、家庭でつくることで、その行為に意義がある。西会津町に限らず、納豆はワラ苞に入れてつくられていた。そこには当然技術が必要なわけで、誰かが家庭内で伝承していかなければ持続できない。

全国の都道府県で、年中行事の一部は無形文化財として指定を受けている。その指定自体は、伝統の継承という点で評価される。しかしながら、指定を受けるほどの際立った特徴のない行事は、どんどん衰退していく。ありふれた行事は特段注目もされない。しかし、行事は他地域の人に見せるためのものではなく、その地域の人々の生活に密着したものであり、過度に観光を意識した行事は、本来の目的から逸脱した行為という指摘もできる。行事における食事は、西会津町の事例からも家庭内の共食が多く、無病息災の祈願を前提とした精神が根底にある。

行事食は旬の素材を上手に活用し、穀類、調理味噌と組み合わせることで多様な料理をつくりだしていく。特に変化のない生活に活力を持たせ、そして行事を通して共有する感性を培いながら、地域社会、家を持続させる後継者を育てた。

飽食の時代といわれる現代は、日常の食と行事の食に区別がなくなりつつある。また郷土料理も、家庭料理を専門の料理店が高級な仕様にすることでメディアが取り上げるため、元の料理の持つ印象が別なものに変化してしまう。家庭料理も、質素な日常の食があってはじめて行事食の良さが活かされる。

五．地域、家庭における自家製味噌の継承

五．一．農村における自家製味噌の継承

農村で行われていた自給性の高い味噌づくりは、次のような方法であった。

①自家で栽培する大豆、米、麦を使用し、天然の麹菌で麹をつくり、塩だけ購入する。容器は桶か甕であった。作業は協同で行った。

②自家で栽培する大豆、米、麦を使用し、種麹と塩は購入する。容器は桶か甕であった。作業は協同で行った。

③自家で栽培する大豆、米、麦を使用し、麹は栽培した米、麦を麹業に持っていき、物々交換で麹にした。塩は購入する。容器は桶か甕であった。作業は家族で行うか、または共同で行った。

以上のような方法で味噌づくりを行うには、大豆を煮る大きな釜を共同で持っているか、麹業からお金を支払って釜を借りなければならない。また麹をつくるための室が必要となる。しかし戦前までは、全国でこうした方法で自家製味噌がつくられていた。

①の方法は塩を買うだけで、後は自前であるが、まず最初に衰退した。その理由は麹菌の定着が不確実なため、安

定した味噌づくりが難しいためである。換言すれば、難しい技術の伝承がなされなかったということになる。

②もほとんど廃れている。共同で釜や室を管理することは、すべて専業農家でなければ出来ないからである。

③も共同で作業する習慣はなくなったが、家族でつくる人は少数いる。福島県の調査でも、米を麹業に持っていき、七〜八割を麹でもらうという物々交換のような制度は生き残っている。しかし、麹業にとっては現金収入が入らないことから、近年では断る人も多いようだ。

昭和四〇年代以降になると、多くの農家が次のような方法で味噌づくりを行う。

④自家で栽培する大豆、米、麦を使用する。麹は栽培した米、麦を麹業に持っていき、料金を支払って麹にしてもらう。塩は購入する。容器は桶、甕、プラスチック容器である。作業は家族で行う。

⑤自家で栽培する大豆、米、麦を使用する。麹も含め作業は公共施設を利用して行う。塩は購入する。容器は桶、甕、プラスチック容器である。作業は家族か共同で行う。

④の方法だと、麹の依頼にお金がいる。つまり自給性がかなり低くなる。それでも家族でつくっているのだから自家製味噌である。⑤の方法は、公共施設で味噌づくり用の機械が導入される昭和五〇年代あたりから増加する。農家だけの利用施設ではないが、共同で作業している場合も多い。その理由は、機械の使用が五〇〜六〇kgの原料を目安にしているため、単独の家庭で使用する分量ではないためである。この場合の自家製味噌は、圧力釜、チョッパー、攪拌機とすべて機械で行うため、手づくりではない。

福島県の調査では、④、⑤の割合より、味噌業、麹業に委託する⑥のような方法が増えている。

⑥自家で栽培する大豆、米、麦を麹業、味噌業に持っていき、料金を支払って麹、仕込みをすべて行ってもらう。仕込まれた味噌を自宅に届けてもらい、桶、プラスチック容器に詰める作業も依頼する。またはプラスチックの容器

も購入して、仕込んだ味噌を詰めた状態で届けてもらう。

この⑥の方法を一章のアンケートでは自家製味噌に加えたが、熟成させているだけで加工はしていないので、自家製味噌ではないという指摘もあろう。残念ながら、現在の農家では、こうした委託加工が急速に増えている。作業の出来ない高齢者だけの生活ならいざ知らず、五〇〜六〇代の世帯主の農家であっても委託加工が年々増えている。仮に兼業農家であっても、農業以外の仕事は定年制があることから、六〇才になれば農業に専念できる人も多い。こうした立場の方が中心になって、家族で味噌づくりをすることが、農村における自家製味噌の継承に必要である。

農村地域の一斉清掃に出会ったことがあった。地域の生活者が共同で黙々と清掃されていることに感動した。休日の清掃以外の共同作業が難しくなったのは、やはり専業農家が激減したことに起因しているように思う。日常の生活が忙しく、時間がとれないというのが実態であろう。過去の共同作業のメリットは、経費の節減にあったはずで、互いが労力を提供したのである。耕地面積が少ないのに、各家庭でトラクター等の農機具を所有しているのが日本の兼業農家である。一般の企業では、常時稼働しない機器類はすべてリースであり、企業の所有物より利益を優先する。この当たり前の経営論が通じないのが日本の農業である。自給的な農業の精神、つまり倹約することと農産品の効率的な換金化を両立させることは、現代の企業論から考えても極めて妥当な考え方である。

農家の自給性については、『食料・農業・農村白書 平成一八年版』でも「食生活の現状と食料自給率向上の取組」の中で多少触れているが、「……国民一人ひとりが身近な問題として考え、地産地消や『日本型食生活』の実践、国産農産物の消費拡大等の食料自給率向上に資する具体的な行動に結びつく取組を推進することが求められている」といった内容で終わっている。(4) この具体的な行動が問題であって、狭小な休耕地であっても、大豆や麦類を植えて農家が自家製味噌文化を少しでも復活すれば、「日本型食生活」の実践にも繋がり、少なくとも食料自給率向上の意識は拡大するはずである。

五．二．都市における自家製味噌の継承

都市の発達は、明治期より急速に進行する。現在人口二六四万人の大阪市を例に挙げても、明治時代に大阪市が誕生してから、市域拡張が三度実施されている。明治時代に一度、大正末期に一度、第二次大戦後に一度行われ、とりわけ二度目の第二次市域拡張は規模が大きい。この時期に新しく市域に加わった地域は、多くが農村地域であり、十数年でほとんどが区画整理事業により住宅地化していく。[5] その中で東淀川区は最も住宅地化が遅く、昭和四〇年代まで農地が多少見られた。市域拡張後の区画整理事業によって住宅地に住むようになった人達は、大阪市の中心地域から移ってきた人、大阪市以外の地域から移ってきた人が入り交じり、地域の新しい文化を形成する。

図６－10　大阪市旭区で販売されている味噌

都市において、こうした他の地域から移ってきた人が大多数を占める地域では、伝統的な自家製味噌が継承されることは極めて稀である。元々の住民である農家では、自家製味噌の使用があったはずなのに、市街化される過程で味噌の小売業が台頭したためか、地域の自家製味噌は継承されなかったようだ。図六－一〇は、第二次市域拡張で市域となった旭区の商店街で現在売られている味噌である。主に信州味噌、越中味噌、白味噌、赤だしという四種類が扱われている。白味噌以外(大阪府で白味噌の生産がある)は、他地域から仕入れたものである。このあたりの地域では、こうした味噌の使用が昭和三〇年代には定着しており、むしろ現在より種類が多かった。周辺地域の聞き取り調査でも、自家製味噌を使

図６－11　京都市中京区で販売されている味噌

図６－12　京都市中京区で販売される味噌

用している人は確認できなかった。

図六―一一、一二は京都市中京区の商店街で売られている味噌で、図六―一一の京桜味噌、図六―一二の白味噌は京都府でつくられているものであろう。江戸期より、京坂というひとくくりで地域を示してきたが、売られている味噌に関する限り、京都と大阪では地域文化の実態が少し異なる。

大阪市は、一八八九（明治二二）年に市制を施行した。この最初の市制で市域となった北区西天満では、大正末期から昭和の初めになると、既に自家製味噌をつくる習慣はなくなっている。[6]商家では白味噌と赤味噌を買って常備している。天満という地域は、江戸時代から大坂の三郷として栄えた地域だけに、大阪独自の自家製味噌の継承があってもおかしくはないが、早く廃れたようだ。

大阪市の第一次市域拡張は一八九七（明治三〇）年に施行され、新たに福島区、此花区、港区、大正区、浪速区、天王寺区等が加わった。この中の一つである港区でも大正末から昭和の初めには、自家製味噌の使用はなかったようで、白味噌と赤味噌を買っている。[7]このことから、市制を施行した当時から続く市街地、一八九七（明治三〇）年に施行された第一次市域拡張による市街地、さらに一九二五（大正一四）年に施行された第二次市域拡張による市街地においても、自家製味噌の継承は認められない。仮にあったとしても極めて少ない。

東京都は麹業を営む人が職業別電話帳に一三軒登録されている。大阪府はさらに少なく、麹業が三軒しか登録されていない。しかし、江戸時代末に刊行された『類聚《るいじゅ》近世風俗志』には、江戸や京坂の麹売りが紹介されており、[8]多少は市街地にも麹業が稼働していたはずである。大阪市には種麹業の老舗が一軒現在も稼働していることから、自家製味噌が大阪府下の農家でつくられていたことは事実である。

大阪市周辺に位置する寝屋川市対馬江の農家では、昭和初期まで自家製味噌がつくられていた。[9]この場合の麹は、種麹を購入するだけで、自家製である。門真市、寝屋川市にかけては、昭和三〇年代前半までは田畑が多く農業も盛んであった。しかしながら、この時代には既に自家製味噌は衰退していたようである。つまり大阪市の新たな市街化地域だけでなく、寝屋川市の農村でも急速に自家製味噌が衰退したのである。

現在、大阪市内の福島区、西成区、都島区、旭区等の区民センターでは、味噌づくり教室を開催している。例えば旭区区民センターでは、二〇〇〇（平成一二）年から味噌づくり教室が開始され、使用する麹は奈良県から取り寄せている。このことから、地域の伝統的な自家製味噌というより、新たに構築した味噌づくりとして位置づけられる。大阪市で種麹販売、麹販売を営む樋口松之助商店では、大阪府下のＪＡ婦人部で取り組まれている味噌づくり教室、また大阪市内で自家製味噌づくりを行う個人およびグループから麹の注文が増えている。このような味噌づくりは伝統的なものではない。それでも新しい味噌づくりも、数十年を経れば伝統的なものとして定着する。

図６－13　福岡市内の青果店

福岡市は人口一四三万人の都市で、南区は大阪の第二次市域拡張地域と同じように、戦前は農耕地であった。昭和三〇年代後半あたりから、区画整理事業や不動産業による宅地開発で市街化が進んだ地域である。南区のほぼ中央に位置する西鉄大橋駅に近い青果店では、図六―一三に示したように、麦麹、大豆、天日塩をセットで店頭に置いている。当然販売の目的は自家製の麦味噌づくりにある。福岡県全体としては、自家製味噌の使用率はそれほど高いとは感じないが、新しい市街地で自家製味噌の材料がセットで売られていることは興味深い現象である。販売されている時期は一年中ではない。しかし特定の季節に限定しているわけではなく、春と秋の比較的長い期間に販売されている。このことから、市街地の自家製味噌は、真夏を除けば、つくる季節にこだわっていないことになる。甘口の麦味噌は三ヶ月程度で食べはじめるため、一年に数回つくるという習慣が定着しているのかもしれない。

福岡市南区井尻では、米穀店で味噌づくり教室が開かれている。材料はすべて用意されているという味噌づくりではあるが、米穀店であるため材料の値段自体は高くない。特別な道具を揃える必要がないため、手軽に利用できる。味噌づくりの入門として今後の継続した活動が期待される。米穀店は大麦も取り寄せてくれるので、麦麹作りにはなくてはならない店である。

福島県郡山市は、人口が三四万人弱の中都市で、先の大阪市や福岡市に比べかなり人口が少ない。人口とは逆に面積は広く、当然農業従事者も多い。郡山市の面積が広いのは、一九六五（昭和四〇）年に周辺の町村と合併したためであり、市制を施行した一九二四（大正一三）年には、人口が四万人にも満たない小都市であった。

郡山市の市街化地域に生活する人は、近隣の農家や他の市町村の農家出身者及びその子供が多く、江戸っ子の規定と同じような、三代郡山市の市街地で暮らしている人はそれほど多くない。また、県外から移ってきた人も意外に多い。その理由として、明治期前半には安積野開拓という大きな事業があったため、久留米藩士族のような他県からの移住者が多いこと、また明治後期より鉄道網の要衝となったこと、さらに旧国鉄時代には郡山工場に従業員が最大二〇〇〇名いたことを挙げることができる。平成四年には人口が三二万人を超え、現在も漸増が続く。

郡山市には二〇の麹業が現在も稼働し、市街地にも約半数の麹業が見られる。すなわち農家を顧客に持つだけではなく、市街地の生活者も利用する麹業が多数存在する。この数は全国でも圧倒的に多い。しかしながら、麹を注文する生活者の数は年々減少し、近年は味噌の仕込みまでの作業をすべて委託する人が多くなっている。こうした委託味噌の増加は、農村地域も同じである。昭和四〇年代までは、麹業が大豆を煮る釜をレンタルしていたが、現在はそうした制度自体が崩壊しており、再興することは難しい。それでも、郡山市の生活者は、麹業から麹だけでなく大豆も購入できるため、材料の確保は容易である。自家製味噌の継承には、こうした地域に密着した麹業の存在がことのほか大きい。

郡山市農業センターには、味噌づくりの機械、装置が設置され、麹もグループでつくられている。この施設では年間一五〇日の利用があり、平成一八年度は延べ二五四名が利用している。基本的には、農家の人達が自作の大豆、米を持ち寄って味噌をつくっているが、農家以外の人も一割程度利用する。自宅の庭で大豆を栽培したり、畑を共同で借りて大豆を栽培し、農業センターで加工している。こうした市街地の生活者による大豆栽培は、農家の出身者だけでなく、味噌づくりの好きな人がグループで行っていることもある。それでも地域の伝統的な味噌づくりと何等かの接点を持つことが多い。郡山市のような広い農村地域を市街地域周辺に持つ都市は、市街地に居住する生活者が畑を借りて大豆栽培を行うことも不可能ではなく、グループによる栽培は、自家製味噌の新たな方法として期待される。

いくつかの都市を事例として、伝統的な味噌づくりの伝承と、新たな取り組みも少し紹介したが、いずれの都市でも簡単に材料を買えるのは、通信販売である。近隣に麹業がない場合は、インターネットを利用して材料をセットで買う方が、交通費もいらないことから経済的である。また、同業の数多くの企業から選択できることも魅力があり、各地の麹業もネット販売に力を注いでいる。当然味噌づくりの簡単なマニュアルも入っており、自家製味噌の入門には丁度良い。麹も合わせ味噌をつくる際には麦麹も必要となり、少量の味噌の仕込みに通信販売はとにかく便利である。こうした味噌づくりも、都市社会では定着するように思う。

五．三．地域のサークルによる継承

無農薬、有機栽培といった食物の安全性を求めて、農産物の産地と直に交流するサークルが近年全国で増加している。その背景にあるのは、労働力を軽減して見栄えの良い農産物をつくるために、農薬や化学肥料が多用されていることへの不安である。

スローフードといった言葉に代表される、ゆったりと楽しむ食生活を求める人達もサークルをつくって活動している。スローフードはファストフードに対峙する概念であり、大規模より小規模の農業、食品店、料理店とのかかわりを重視するという立場をとっている。いずれにしても、消費者のサークルは、食物の安全性を得るために、有機栽培、スローフードといった取り組みをしている生産者、小売業、調理者と直に交流することを基調に活動をしている。

では、こうしたサークルが地域の自家製味噌文化とかかわってきたかというと、伝統の継承というより、何等かの接点はあると言った程度の方が多いように感じる。それでも都市の市街地で生活する人達が都市周辺の農家と交流し、大豆栽培を行って味噌をつくる、または遠方の農家と交流して味噌づくりを習うというケースもあり、サークルの成立過程も多様である。

先に大阪市の区民センターの味噌づくり教室を紹介した。この方法と類似した地域の公共機関が主催する味噌づくり教室は全国で膨大な数がある。材料、機械、装置、道具はすべて公共機関に備えている。また受講料は無料で、特

に持ってくるものはありませんといった内容で実施されている。こうした講習会を経てサークルが誕生した例もあるようだ。福島県郡山市農業センターの実践例を紹介したが、公共機関の講習会でつくるのではなく、サークルの自主的な活動とするためには、指導者の認定を受けた人がサークル内にいないと利用できない仕組みになっている。この方法だと、サークル内で味噌づくりの技術をある程度習得しないとつくれない。サークルで活動するメリットの多くは、公共機関の機械、装置類を利用した共同作業にある。

市町村の公共機関だけでなく、ＪＡや生活協同組合でも味噌づくり教室を行っている。ＪＡでは主に婦人部が中心になって実施し、生協では講師を招いて実施している場合もある。福島県では、ＪＡ福島中央会、福島県農民連、福島県生協連、一部の企業等で「大豆の会」を一九九八（平成一〇）年に結成している。契約栽培によって収穫した大豆を加工して消費者に提供することを目的とするものである。

コープふくしまの生活文化グループでは、平成一九年度の事業として、「大波さんちのみそづくり教室」を行った。この味噌づくり教室は、講師が農家の方で、麹も自前でつくったものを用意している。つまり、農家で継承されてきた味噌づくりそのものを指導するといった取り組みである。この活動は「大豆の会」の精神の延長上に位置し、地産地消をねらいにしたものといえよう。

関東農政局の地産地消推進部会では、いくつかの取り組み事例を公開している。その中に味噌づくりに関するものがあるので紹介する。[11] 栃木県大田原市では、大田原市農村生活研究グループ協議会が主催して、平成一六年度より「親子味噌づくり教室」を行っている。定員は一〇組で、生産者と消費者の交流を深め、農村独自の食文化を学ぶことを目標に設定している。確かに地産地消を含めた食育につながる行事ではあるが、参加者の自家製味噌づくりに繋がることを期待したい。

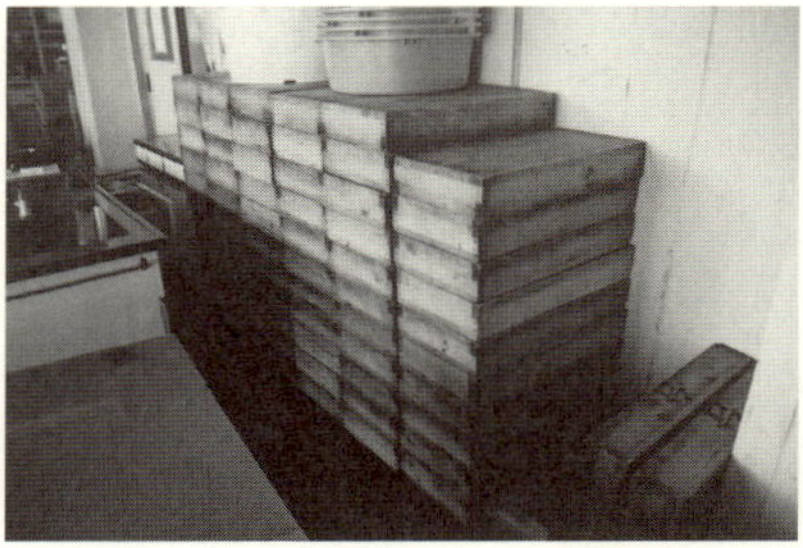
図６－14　麹箱　福島県二本松市

図６－15　室　福島県二本松市

公共施設に味噌づくりの機械、装置が備えられたのは、早くとも昭和五〇年代である。筆者の知る限り、一般的には平成に入ってからが圧倒的に多い。この機械、装置とは、小規模の麹業、味噌製造業で使用されるものとおおむね等しく、材料の仕込みも機械で行われることが多い。つまり、古い伝統的な道具による味噌づくりではなく、労力の軽減される利便性が重視されるものである。こうした考え方を公共施設利用の基盤としたのは、生活改善といった理念も関係していたと推察する。

生活改善運動は大正期以降全国で展開される。その主たる対象が農村生活にあり、文部省がかかわっていた。大正期には既に文部省実業補習教育主事が各地の農村を視察して指導している。[10] 戦後は一九四八（昭和二三）年にＧＨＱの指導で農林省に生活改善課が設置され、生活改良普及員の活動が始まる。生活改良普及員の指導によって、農村における非衛生的な部分の改善が進められた。自家製味噌に関しては、東日本の長期貯蔵味噌にダニが発生することが指摘され、三年以上経た味噌は食べないという習慣が確立される。自家製味噌が衰退する昭和四〇年代以降、生活改良普及員は専用の機械、装置を設置した公共施設の設置を検討し、新たな施設での共同作業に自家製味噌の継承を託したと筆者は捉えている。

福島県安達郡東和町は二〇〇五（平成一七）年に二本松市と合併

図６－17　サークルによる味噌づくり
熊本県阿蘇郡小国町

図６－16　サークルによる味噌づくり
熊本県阿蘇郡小国町

したが、旧東和町では、一九八〇（昭和五五）年という比較的早い時期に、味噌づくりの機械、装置を戸沢住民センター内に設置している。このセンター周辺は農村地域であることから、農家は自家で栽培した大豆、米を持ち寄って味噌づくりを行ってきた。味噌づくりを行うグループは、従来の結いも包括したもので、まったく新しい集団とは限らない。このことから、先に紹介した郡山市農業センターの活動と類似している。図六―一四、一五は現在使用されている麹箱、室で、昔ながらの製麹方法が継承されている。確かに手間はかかる方法である。しかし、製麹技術の継承という点では、こうした伝統的な方法が有効である。

熊本県阿蘇郡小国町では、生活研究グループ連絡協議会というサークルが結成され、二二名が活動をしている。現在の名称になる以前は、生活改善グループという名称であった。筆者の聞き取り調査では、昭和三〇年代の生活改善運動とサークルの前身は無関係ではないように感じる。現在図六―一六、一七に示したように、地域の公共施設を利用し、味噌づくりを行っている。その光景は実に楽しそうで、共同作業ならではのコミュニケーションが形成されている。近年は自家製だけでなく、図六―一八のような商品化の取り組みもある。サークルの構成員の年齢は五〇代、六〇代、七〇代がほとんどで、四〇代は一名だけである。若い世代は子育てと仕事が忙しくて入会者がないという悩みも抱えている。こうした悩みは全国の農村地域のサークルにあり、大きな課題となっている。

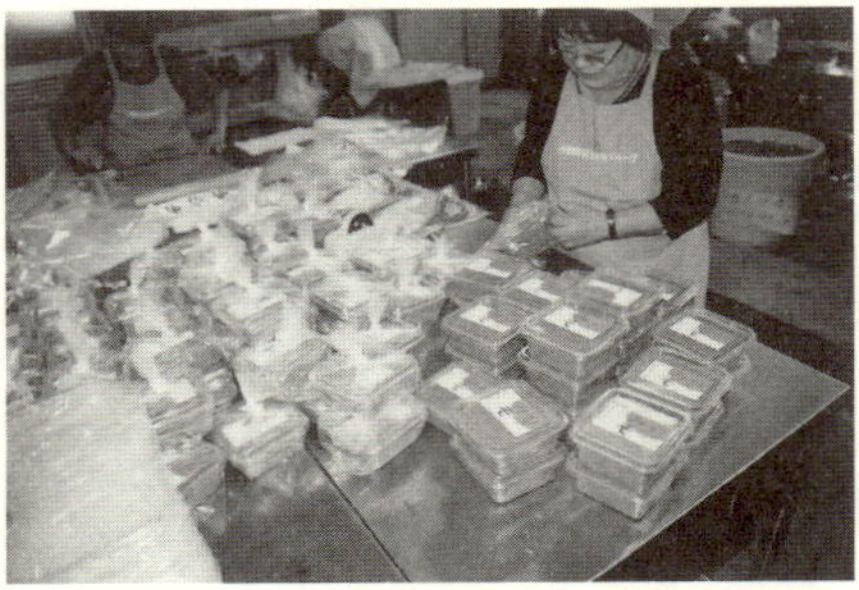

図６－18　サークルによる味噌づくり
熊本県阿蘇郡小国町

六．農村社会と都市社会の交流

六．一．自家製味噌の材料と手づくり

自家製味噌づくりに必要な大豆、米、麦類、塩の中で、農家が畑や田で収穫すれば購入するのは塩だけであったはずである。戦後間もない頃までは、味噌桶も材料は自家で用意し、桶業に日当を支払うだけで味噌桶が出来上がった地域もあった。自給的な生活観が農家の経済を支えたと言っても過言ではない。

昭和三〇年代前半までは、「かて飯」といって、米以外の穀物やダイコン等の野菜を加えて主食としていた農家も多かった。野菜類に使用するまな板を、福島県の一部では「かて切り盤」と呼んでいる。その後「かて」の一種である麦だけを加えた麦飯の時代を経て、精白米だけを炊いて食す時代へと移行した。とにかく経済的に豊かになったことから、農家は精白米を主食にするようになる。

都市社会でも、昭和三〇年代の前半までは、麦飯を食べる家庭も多かった。一九五〇（昭和二五）年に蔵相の池田勇人が「貧乏人は麦を食え」という主旨の内容を語り、当時大問題となっている。この背景には国産麦の栽培が多く、貧乏人が食べても枯渇しないという裏付けがあったからで、輸入麦が多い現在の事情とは異なる。

都市部においては、近年は高級な銘柄米を購入し、高価格の電気炊飯器で炊いて食べるという風潮が一部の生活者にある。こうした流行の根底にあるのは「おいしさ」というステータス性であって、栄養価に裏付けされたものではない。一方、玄米を食べる人、押し麦等の米以外の雑穀を精白米に加えて食べる人もいる。この場合は栄養価を意識しており、「貧乏人は麦を食え」といった時代の麦が持つイメージとは異なる。現代では麦飯自体が健康食としてのステータス性を示している。だとすれば、ダイコン葉を米に加えた「かて飯」が健康食になるかといえば、一般的には復活する兆しはないようだ。近年流行る健康を意識した食文化は、必ずしも経済性が最優先されるとは限らない。

味噌の材料に話を戻すと、都市の市街地に生活する人は、米以外の大豆、麦の購入が難しい。大豆を五kg買いたいと思っても、なかなか近隣の食料品店では取り扱っていない。麦類も同じで、押し麦しか見当たらない。品種や等級にもよるが、筆者がこれまで買った大豆で、最も安かったのは一kg四五〇円である。北海道産の大豆を除けば、一般的には一kg五〇〇円〜八〇〇円というのが相場である。大麦は一kg二〇〇円〜二五〇円程度の値段で買えるはずだ。ところが、あまり買い手がいないから、小売店では大豆や大麦を店頭に並べない。また在庫も持たない。これが都市部での実態であろう。

全国味噌鑑評会では、国産大豆だけでなく、中国、カナダ、米国、ブラジル等の大豆を使用した味噌も出品されている。おそらく、国産大豆を使用した味噌だけが突出した評価を受けているわけではない。だとすると、国産大豆の市販価格に大きな差があることは、品種と等級によって差があるとしか考えられない。仮に、とよまさり、トヨムスメ、エンレイ、オオスズ、フクユタカといった大豆を揃え、さらに等級で区分して値段をつけたのであれば、価格に一定の幅が生じるのは致し方ない。日常で食べる米には多くの品種をスーパーでも小売店でもとり揃えている。五kgの精白米で一七〇〇円〜三〇〇〇円前後まで、一五〜二〇種類とり揃えている店も少なくない。しかし、大豆については、ほとんどの店で一〜二の品種しか置いていない。つまり、大豆を大量に使用する味噌製造業には選択の余地はあっても、一般の生活者には選択する余地がないのである。地産地消という精神を基盤に、自家製味噌のつくり手が材料の勉強を重ね、大豆の嗜好を反映させれば、価格の幅は少なくなるはずである。与えられた材料でつくることから出発しても、材料を選択して好みの味噌をつくることに発展していくことを自家製味噌の目標とすべきである。

こうした風潮が定着すれば、一kg四〇〇円~五〇〇円で購入できるはずである。仮にグループで六〇kgをまとめて購入すれば、一kg四〇〇円以下になる可能性もある。

食品の製造が機械化されるようになると、手づくりという表示があちこちに見られるようになった。機械加工に対して、手づくりに経済的な付加価値を付けようとすることがねらいのようだ。

味噌でも、手づくり味噌という表現がある。筆者は一部手を使って加工しているものは、一部手づくりと表現すべきで、麹も制御機能の付いた装置、大豆の加工や仕込みも機械で行うものは、手づくりと表現すべきではないと考えている。手と手道具による加工を施していないのだから致し方ない。公共施設に味噌づくり用の機械、装置が設置された現在は、伝統的な手づくりによる方法に関心を持つ人は少なくなる一方である。多くの人のニーズは、味噌づくりに関する労力の軽減を求めているため、機械化はニーズに合った選択ということになる。それでも、すべての人が公的機関の設備を利用できるわけではなく、個人の嗜好にあった使用法が出来ない不便さもある。

図6－19　子どもの手伝い

家庭という単位で自家製味噌を考えた場合、手づくりという方法で対処するしかない。図六－一九は筆者の孫が大豆をつぶす作業を手伝っているところである。短い時間であっても、家族で作業することに意味があると考えている。農村では、つぶした大豆を熱いうちに子供に食べさせる習慣があった。元気に育つようにという願いは、手づくりを通して伝える方が説得力がある。

六．二．自家製味噌の材料を通しての交流

農業体験、グリーンツーリズムといった内容は、農林水産省も奨励しているように、都市生活者と農村の交流として近年活発に行われている。また、農家の指導も得て、畑を借りて大豆を栽培するサークルも少しずつ増加しているように感じる。この場合の大豆栽培は、経費という面での目的ではなく、労力を費やして収穫したという達成感に価値を置いている。これは先の手づくりと同じで、効率優先を目的としているのではない。それでも、サークルの人数、通う距離にもよるが、多少は経済的効果も発揮しているように思う。

時間の制約もあるので、大豆栽培の難しい人（サークルも含む）は、農家と契約して大豆を購入した方が安上がりになる。特に有機栽培、低農薬栽培といった大豆を入手するには、まとまった数量を農家と契約することが有効である。福島県の「大豆の会」に似たような組織が全国で展開されると、都市生活者と農村が身近に交流できる。しかし、その道程は簡単ではないようで、福島県の取り組みでも大豆の利用は年間八〇ｔ程度である。何事も新たな試みが定着するには、時間と共にタイミングも必要である。特に既存の流通という仕組みを超えた販売には少し時間がかかる。

六．三．作業場所、貯蔵場所、技術の習得としての交流

公共施設が味噌づくりの機械や装置を設置して自家製味噌を普及させようとしても、人数に限度がある。まだフル稼働に達していない公共施設は別としても、こうした施設は農業支援という目的があり、大都市での普及は期待できない。

大都市の生活者の中には、味噌をつくっても容器の置き場所がない人もいる。特にマンションで生活する人は工夫

する手立てがない。こうした生活者のために、大都市近郊の農家では、行政主導で行う味噌づくり教室のような方法ではなく、味噌づくりの技術、場所、貯蔵場所を提供して一定の利益を得るというシステムを導入してはどうだろうか。大豆を栽培する畑、味噌桶もすべてレンタルであれば、利用者の負担も軽減され、農家自体も農業以外の現金収入がある。何よりも農家で培った自家製味噌の伝統が、多くの人に一部継承されることに意義がある。

味噌桶についても、新たにつくるだけでなく、修理して使用することが経費の節減にもなる。使用していない味噌桶は農村にたくさんある。こうした味噌桶を譲り受けて桶業に修理してもらえば安上がりだ。修理して長く使用するという価値観自体を多くの人が忘れかけている。

大学と農家が連携して、味噌づくりに関する独自のシステムを構築するのも一つの方法である。学生のインターンシップ制度を持続的に活用することも可能で、大豆栽培や自給性の高い味噌づくりは、大学では学べない貴重な体験となる。学生も農村での体験学習を見る限り、汗して働くことを嫌ってはいない。都市社会で生活していた者にとっては、きっかけがなかっただけである。

七．自家製味噌の新たな価値

二〇〇七年から二〇〇八年にかけて食物の安全を脅かす事件が相次ぎ、日本中を震撼させた。製品を偽装することと、薬物が混入していることは異なる事件ではあるが、根本にあるのはすべて食の安全に対する倫理の欠如である。してはいけないことが簡単にできることは、現代社会が利益至上主義を展開しているからであり、他人の不幸より自分の利益を優先する性質的に病んだ経営者が年々多くなっている。事件は氷山の一角と捉えている人も多く、賞味期限の改ざんに関する報道は後を絶たない。

一九六〇年代あたりまでは、安全で美味な自家製味噌を自慢する農家も多かった。そうした農家の生活場面を懐かしく感じたりするが、それだけでは食文化は前に進まない。食の安全が脅かされているのだから、新たに守る方策を練り、実践していくしかない。本書で検討した自家製味噌の価値を突き詰めていくと、最終的には安全な材料の確保ということに行き着く。塩分の少ない味噌の保存期間は短い、逆に塩分の多い味噌は保存期間が長いという解説や、大豆の産地別の評価は近世文書に見られるが、材料の安全性には言及していない。

現在、筆者は大豆、米、麦等の低農薬栽培、有機栽培に取り組み、自家製味噌づくりを地域で一貫して行うプロジェクトを進めている。大学と中山間地域の行政、生活者が協力して味噌づくりの拠点を形成しようというものである。同じ目的を共有するグループが、プロジェクトを組織するという方法自体は、特に目新しいものではないという指摘もあろう。しかし、自家製味噌、味噌桶の復活を目指すという試みはこれまでなされていない。

中山間地域で栽培された大豆の質はよい。大豆の品種、麦の品種、麹菌の種類との組み合わせ、地域のスギ材を活用した味噌桶生産といった研究にまで踏み込んでいくつもりである。こうした取り組みの蓄積を、ネットで広く発信することにより、自家製味噌の復活に寄与することを最終的な目標にしている。

（石村眞一）

注

（1）「信州味噌の歴史」編集委員会：信州味噌の歴史、長野県味噌工業協同組合連合会、一四八―一五一頁、一九六六年
（2）福岡県前原市の叶醤油味噌醸造元よりご教示をいただく。
（3）福島県教育委員会編：西会津地方の民俗、福島県教育委員会、一七―一八頁、一九六九年　内容の一部は紙面の関係から割愛した。

(4) 農林水産省編：食料・農業・農村白書 平成一八年版、財団法人農林統計協会、七五頁、二〇〇六年
(5) 石村眞一：元気のある商店街の形成、東方出版、五六―七〇頁、二〇〇四年
(6) 「日本の食生活全集 大阪」編集委員会：日本の食生活全集二七　聞き書 大阪の食事、農山漁村文化協会、一〇三頁、一九九一年
(7) 前掲(6)一三五頁
(8) 室松岩雄編輯：類聚近世風俗志、名著刊行会、一七八頁、一九九三年
(9) 前掲(6)二一三頁
(10) 石村眞一：まな板、法政大学出版局、一五九―一六五頁、二〇〇六年
(11) 関東農政局 地産地消推進部会：地産地消の取組事例〔地産地消推進計画の策定地域の取組事例〕、関東農政局 地産地消推進部会、一―六頁、二〇〇七年

あとがき

近年グローバル化ということが何かと話題になる。自動車のような工業製品は経費を抑制するため、海外に工場を建てたりして対応することが可能かもしれないが、農作物のような農民一人あたりの耕地面積が値段に深く関与するものは、日本にとってグローバル化の影響は避けられない。安い外国産の大豆が日本の市場を席巻するのも、根本的には農作物の輸出入を自由化したことが主たる要因ということになる。では、大規模農法で生産される海外の安い大豆を日本人が好んでいるかと言えば、そうではないらしい。

日本人の好きな豆腐は、「遺伝子組み替え大豆を使用していません」「国産大豆使用」「有機栽培の国産大豆を一〇〇％使用」といったキャッチコピーをつけた商品が圧倒的に多い。つまり、グローバル化がどうであろうと、値段の高い有機栽培の国産大豆を使用した豆腐を食べたい人は意外に多いのである。最近は日本の米や野菜が中国に輸出され、高値で取り引きされている。その量は輸入する農作物に比較すれば微々たる量かもしれないが、高くても安全な食べ物を欲しいという気持ちは、誰もが共有する極めて自然なものである。

自家製味噌に使用する大豆を農家が作らなくなったのも、国内の高度経済成長とグローバル化が関与していることは間違いない。生活における機械化の進展は、手間のかかる作業を面倒と思うようにさせ、農家の自給的な生活スタイルを一変させていった。自家製味噌の衰退は、その象徴的な出来事であるといえよう。確かに、何事も便利な道具、機械、装置は労働を軽減してくれる。但し、どの程度まで便利になればよいのかは、実に曖昧で難しい問題である。S・ギーディオンは一九四七年に著した『機械化の文化史』の中で、アメリカで大量生産されるパンに、元々小麦に含まれているビタミンを製造時に加えるという手法が流行し、大衆のパンに対する嗜好が変わったと指摘している。機械化は、見栄えの良い白い軟らかいパンを大量生産することを主たる目的に進展し、そのために欠如したビタミンを補ったというのである。

生活における機械化は今後も進化することは避けられない。しかし、食生活の根本は安全という質の保証が先決問題である。値段だけを最優先し、伝統的に受け継がれた地域の優れた食文化を衰退させる食物のグローバル化は、常に機械化と連動する。こうした現代の風潮に、多少なりとも抗することも一つの方策である。自家製味噌を家族で、また仲間とつくることは、その具体的な実践の第一歩になるように思える。

本書を刊行するにあたり、味噌・麹業、桶・樽業の方からは、地域が持つ個性あふれた技法をご教授いただいた。またアンケート調査では、ご多忙の中、多くの学校でご協力をいただいた。記して謝意を表したい。

最後に、面倒な原稿にもかかわらず、常に励ましの言葉をいただいた（株）雄山閣の久保敏明氏に執筆者を代表して心から御礼を述べたい。

二〇〇八年一二月

石村眞一

資　料

一．全国こうじ店一覧

・岸波醸造（有）　〒〇九八―〇三三一　北海道上川郡剣渕町西町六―八　ＴＥＬ・ＦＡＸ〇一六五―三四―二五一八
米麹（一kg単位 米は飯米を使用、破砕米やくず米、古米は使用しておりません）・小麦麹（一kg単位 小麦は北海道の地元産を使用）　一年中販売　宅急便（春より秋まではクール代が加算します。精算は代別とさせて頂きます）電話・ＦＡＸにて注文受付

・加川醸造店　〒〇九三―〇〇五七　北海道網走市北七条東一丁目三番地　ＴＥＬ〇一五二―四三―三四〇二　ＦＡＸ〇一五二―四五―二七一七
北海道産米こうじ（一kg単位）・北海道産麦こうじ（塩切一kg単位）　一年中販売　全国へ宅配（送料は実費）　電話・ＦＡＸにて注文受付

・倉繁《くらしげ》醸造《じょうぞう》株式会社　〒〇九三―〇〇七八　北海道網走市北八条西一丁目一番地　ＴＥＬ〇一五二―四三―二四二五　ＦＡＸ〇一五二―四三―四〇九三　E-mail:yamakano@cameo.plala.or.jp
米麹（二〇〇g紙袋詰、一kg単位の量り売り）　一年中販売　発送可（運賃、消費税別途）　電話・ＦＡＸ・メールにて注文受付

・加藤醸造店　〒〇九二―〇〇四一　北海道網走郡美幌町東一条南一丁目二三　ＴＥＬ〇一五二―七三―二九二二
北海道産米麹（一升、一kg単位）　一年中販売（八月は基本的に休み）　店頭販売・地方発送宅急便　電話予約のみ注文受付

・津坂食品　〒〇七九―一一三四　北海道赤平市泉町一丁目三番地　ＴＥＬ・ＦＡＸ〇一二五―三二―二八九一

白こうじ（白米のこうじ三〇〇g袋入）　年中販売　一〇月～一一月は漬物用とし、JOY、市場に卸売　電話・FAXにて注文受付

・鈴木麹製造所　〒〇七六―〇〇二五　北海道富良野市日の出町三番一三号　TEL〇一六七―二三―二二二三　FAX〇一六七―二三―二〇七八
米こうじ（白花こうじ　一kg単位）・小麦こうじ（黄花こうじ　一kg単位）・白こうじ袋詰（三七五g詰）　一年中販売　店頭販売・郵送（クール便）　電話・FAXにて注文受付

・加藤食品　〒〇七二―〇〇〇三　北海道美唄市東二条七丁目一―九　TEL〇一二六―六三―二三六六
E-mail:kato.koji.10_yman@violin.ocn.ne.jp
米麹（一kg元詰、一升元詰　乾燥により減少します）原則一年中販売（欠品の時もありますので、お問い合わせ下さい）　店頭販売・宅急便（代金引換　日本通運、ペリカン便）　電話にて注文受付

・松浦こうじ店　〒〇七一―〇五六一　北海道空知郡上富良野町大町一丁目三―一〇　TEL・FAX〇一六七―四五―二六七三
米こうじ・小麦こうじ　一年中販売（注文を受けてからつくる場合もあります）　店頭販売・郵送又は宅配便にて販売　電話・FAXにて注文受付

・株式会社　能登谷商店　〒〇七〇―〇〇三一　北海道旭川市一条通四丁目左四号　TEL〇一六六―二三―二四九〇　FAX〇一六六―二三―二四九二
米麹（何グラムでも可能、賃加工は全て醸造します）　一年中販売　店頭販売・配達可・郵送可　電話・FAXにて注文受付

・有限会社　池下本店　〒〇六九―一三一七　北海道夕張郡長沼町東三線北一五番地　TEL〇一二三―八九―二二〇五　F

AX〇一一三一八九一二一三一
米麹（乾燥麹、生麹一kg単位）　通年販売　宅配便を使っての通信販売　電話・FAXにて注文受付
・中山酢醸造（有）　〒〇六四―〇八〇二　北海道札幌市中央区南二条西二三丁目二―一七　TEL〇一一―六二一―七五五九　FAX〇一一―六四三―九九五九　E-mail:info@nakayamasu.com
米麹・玄米麹・麦麹（北海道産品一〇〇g単位）　一年中販売　店頭販売・宅配（支払 代引、郵便振替）　電話・FAX・インターネット（http://www.nakayamasu.com）にて注文受付
・沼田糀店　〒〇四七―〇〇一三　北海道小樽市奥沢一―二四―一八　TEL〇一三四―二二―四六八四　FAX〇一三四―二七―三七八〇
米糀（一kg単位）　一年中販売　郵送等にて販売　電話・FAXにて注文受付
・角田糀屋　〒〇三七―〇二〇二　青森県五所川原市金木町朝日山三四八の一　TEL〇一七三―五二―二五四三
米糀（一升（七五〇g）、一斗（七・五kg）単位）　一年中販売　店頭販売・配達・郵送など　電話のみ注文受付
・さいした商店醸造　〒〇三三―〇〇四四　青森県三沢市字古間木山六八―九一　TEL〇一七六―五三―三八八二　FAX〇一七六―五三―五〇五三
米麹（単位は特に設けていない）　一年中販売　店頭販売・郵送　電話・FAX・郵便にて受付　代金引換
・有限会社 横山醸造　〒〇三六―〇三五三　青森県黒石市大字乙大工町六　TEL〇一七二―五二―三三六六　FAX〇一七二―五二―三六九五　E-mail:y3366@coral.ocn.ne.jp
米麹（三五〇g、七五〇g単位）　一年中販売　全国発送可　電話・FAXにて注文受付
・上場麹店　〒〇二九―三三二一　岩手県東磐井郡藤沢町黄海字上場一〇七　TEL〇一九一―六三―二二六八

ＦＡＸ〇一九一―六三―二一五〇
米麹（一kg単位）　三月〜六月上旬販売　近くであれば配達・他は郵送　電話・ＦＡＸにて注文受付
・上ノ山麹店　〒〇二九―三一〇二　岩手県一関市花泉町金沢字新田二一　ＴＥＬ・ＦＡＸ〇一九一―八二―二一三八
米麹（一升（七五〇g〜八〇〇g）単位）　一年中販売　店頭販売・近くであれば配達可能・宅配便および郵送（送料お客様負担）　電話・ＦＡＸにて注文受付
・佐々木麹店　〒〇二九―二二〇五　岩手県陸前高田市高田町字川原二五　ＴＥＬ〇一九二―五五―二八九七
米糀（一升単位）　一一月〜三月販売　店頭販売　電話等にて注文受付　大量注文は受けかねます。
・麹屋　もとみや　〒〇二八―七五三五　岩手県八幡平市清水一三三―三　ＴＥＬ〇一九五―七二―二一四五　ＦＡＸ〇一九五―七二―二一五四　E-mail:motomiya@ashiro.net
米麹（計り売り　一kg単位）　通年販売　店頭販売・宅配便発送　電話・ＦＡＸ・メールにて注文受付
・勝田屋　代表　勝又弘雄　〒〇二八―七五三四　岩手県八幡平市荒屋新町一二四　ＴＥＬ・ＦＡＸ〇一九五―七二―二〇三三　E-mail:katutaya@guitar.ocn.ne.jp
米麹（一kg単位）　一月〜七月・九月〜一二月販売　郵送・宅配便にて販売　電話・ＦＡＸ・インターネットにて注文受付
・神麹屋《じん》　〒〇二八―六七二一　岩手県二戸市福田字小田一七―一　ＴＥＬ〇一九五―二六―二八〇二
米麹（一升単位）　九月〜五月販売　店頭販売・量が多ければ配達可能　電話にて注文受付
・大徳屋商店　〒〇二八―〇五一六　岩手県遠野市穀町二―八　ＴＥＬ〇一九八―六二―三〇四一　ＦＡＸ〇一九八―六二―〇六一六　E-mail:daitoku@tonotv.com
米麹（五〇〇g単位）　一年中販売　店頭販売・配達可　電話・ＦＡＸ・インターネットにて注文受付

・有限会社 おかめ（宇都宮麹屋）〒〇二七－〇〇八四　岩手県宮古市末広町一－一八　TEL〇一九三－六二－二四五六　FAX〇一九三－六二－二四五六
米麹（八〇〇g単位）　一年中販売　店頭販売・配達・郵送　電話・FAXにて注文受付

・有限会社 高善商店　〒〇二三－一一〇二　岩手県奥州市江刺区八日町一－八－一五　TEL〇一九七－三五－一二七九　FAX〇一九七－三五－三二一六　E-mail:takazen@pup.waiwai-net.ne.jp　本社　岩手県奥州市江刺区中町三番二〇号　TEL〇一九－七三五－〇九四一
米麹（八〇〇g（一升）単位、三〇〇g（三合）単位）　通年販売　店頭販売・宅急便　電話・FAX・メールにて注文受付

・有限会社 もとや麹店　〒〇二一－〇八九三　岩手県一関市地主町一－一九　TEL〇一九一－二三－二二七九　FAX〇一九一－二三－九二二七
手造り米麹（一袋七五〇g入）・他にバラ計り可　一年中販売　店頭販売・宅配可能　電話・FAXにて注文受付

・後藤商店　〒〇二八－一一一七　岩手県上閉伊郡大槌町末広町一〇－九　TEL〇一九三－四二－四三三三
米麹（九〇〇g単位）　二月～五月頃販売　店頭販売・町内配達可能　電話にて注文受付

・有限会社 糀屋 石田商店　〒九八九－六四三四　宮城県大崎市岩出山字下川原町一二番地　TEL・FAX〇二二九－七二－〇〇七八
米麹（一kg単位）　通年販売　店頭販売・宅配便　電話・FAXにて注文受付

・十六人兄弟味噌製造元　〒九八九－五三〇一　宮城県栗原市栗駒岩ケ崎八日町四〇　TEL・FAX〇二二八－四五－一〇四六　ホームページ http://www.h2.dion.ne.jp/~jyuuroku/index.htm

米麹（麹板一枚が販売単位、重量は室出し時八〇〇g、乾燥後六五〇g）一年中販売　店頭販売（宅配は一一月～三月のみ、荷造送料別途、代金は前払又はゆうパック代引）電話・FAX・インターネットにて注文受付

・佐藤麹屋　〒九八九－一三〇五　宮城県柴田郡村田町字西五六－七　TEL・FAX〇二二四－八三－二〇七六米麹（みそ、甘酒、どぶろく、漬物等に使用）通年販売（但し、六月～九月はクール便使用）店頭販売・宅配　電話・FAXにて注文受付

・田口麹店　〒九八七－〇五一一　宮城県登米市迫町佐沼字南元丁四六－五　TEL・FAX〇二二〇－二二－二五一七
米麹（バラ麹）九月～六月まで販売　店頭販売・宅急便　電話・FAXにて注文受付

・（有）髙長醸造元　〒九八六－〇七四一　宮城県本吉郡南三陸町志津川字十日町一二　TEL・FAX〇二二六－四六－二〇五一　E-mail:takatyou@maroon.plala.ur.jp
米麹（乾燥二〇〇g、生一kg単位）乾燥麹は一年中、生は八月を除く一年中販売　乾燥は県内スーパーで販売・配達可
電話・FAXにて注文受付　量目他、事前に連絡をいただければ注文に応じられる範囲で工夫します。

・株式会社佐藤麹味噌醤油店　〒九八四－〇〇七三　宮城県仙台市若林区荒町二七　TEL〇二二－二二二－四七一二　FAX〇二二－二二一－二八一九　E-mail:info@yamasige.com
米麹（五〇〇g～六〇kg）一年中販売　店頭販売・配達（仙台市内のみ）・通信販売　電話・FAX・インターネット・郵便にて注文受付

・島津麹店　〒九八六－〇八二八　宮城県石巻市旭町三－二四　TEL〇二二五－二二－一七〇八
米麹　春、秋、冬販売　店頭販売・配達可・郵送可　電話・FAX・インターネットにて注文受付

・株式会社秋田今野商店　〒〇一九－〇〇二一　秋田県大仙市刈和野二四八　TEL〇一八七－七五－一二五〇

FAX〇一八七ー七五ー一二五五　E-mail:konno-biotech@aurora.ocn.ne.jp
米麹・麦麹・合わせ麹・豆麹（バラ麹）（すべて一kg単位）　一年中販売　宅急便　電話・FAX・メールにて注文受付

・本間糀屋　〒〇一九ー二一一二　秋田県大仙市字刈和野二八七　TEL・FAX〇一八七ー七五ー〇三三〇
米糀（一升＝約一・二kg単位）　一年中販売　店頭販売が主

・須田糀店　〒〇一四ー〇八〇三　秋田県大仙市上野田字四十八一〇五　TEL〇一八七ー六九ー三三七七　FAX〇一八七ー六九ー三〇〇〇
米糀（一kg単位）　一年中販売　直販・配達（近場のみ）・宅急便　電話・FAXにて注文受付

・小松糀屋　〒〇一四ー〇〇七三　秋田県大仙市内川友字宮林四番地　TEL・FAX〇一八七ー六八ー二二三三
米麹（一kg単位）　八月を除き通年販売　基本的に店頭販売（米との物々交換の為）・郵送　電話・FAXにて注文受付

・黒澤糀屋　〒〇一四ー〇一一四　秋田県大仙市福田字川原道下二二　TEL〇一八七ー六九ー二〇一九　FAX〇一八七ー六九ー二五六九　E-mail:misokoji@obako.or.jp
米こうじ（バラこうじ一kg、板こうじ四〇〇g）　一年中販売（一二月を除く）　宅急便　FAX　・インターネットで注文受付

・合名会社 本多麹屋　〒〇一八ー五七二一　秋田県大館市比内町独鈷字独鈷七三ー一　TEL・FAX〇一八六ー五六ー二三五七　E-mail:hondas@topaz.plala.or.jp
米麹（いか程の単位でもお送りできます）　一年中販売　店頭販売・宅配（初めてのお客様は代引でお願いしております。以後は郵便振替にて）　電話・FAXにて注文受付
大館店　大館市御成町一ー一七ー二　TEL〇一八六ー四二ー六〇二〇（八：一五〜一五：三〇まで営業）

・有限会社 佐々木こうじ店　〒〇一七―〇八六八　秋田県大館市南神明町二―四八　TEL〇一八六―四二―〇六九三　FAX〇一八六―四二―六九四八
米麹（一kg単位）一年中販売（但し、春期、秋季以外は、手持在庫が少なくなることがあります）店頭販売・大館市内を中心としたスーパー・市内配達可能・宅配便送付可能　電話・FAXにて注文受付

・鹿渡糀店　〒〇一八―二二〇四　秋田県山本郡三種町鹿渡字腰巡六四―一　TEL・FAX〇一八五―八七―二五二二　E-mail:koujiya@sweet.ocn.ne.jp
米糀（袋詰 四〇〇g単位　バラ糀 一kg単位）一年中販売　店頭販売・配達（二〇km以内）・宅配等　電話・FAXにて注文受付

・能登糀店（能代麹製造合名会社）〒〇一六―〇八一一　秋田県能代市日吉町二―五　TEL〇一八五―五二―三七三三　E-mail:ki84-noto@shirakami.or.jp
米麹（一kg単位）通年販売　宅配可　電話にて注文受付

・今井糀屋　〒〇一六―〇八二四　秋田県能代市住吉町一〇―二二　TEL・FAX〇一八五―五二―六四一五
米麹（あきたこまちを使用したバラ麹 主に升、斗を使用していますがkg単位での計り売りも可）一年中販売　店頭販売・配達（市内）・郵送（全国宅配）電話・FAXにて注文受付

・小坂醸造店　〒〇一五―〇八〇六　秋田県由利本庄市上横町三二　TEL〇一八四―二二―四三一三　FAX〇一八四―二二―四三一四
米麹（量は一kg、一升でもお客様の希望可）一年中販売　店頭販売・配達（由利本庄市地区）・郵送及び宅配便　電話・FAX・郵便にて注文受付

・小原麹屋　〒〇一三―〇八一二　秋田県横手市金沢本町字田町三六　TEL・FAX〇一八二―三七―三〇〇七

米麹（一kg単位）　一年中販売　店頭販売・発送（宅急便）　電話・FAXにて注文受付

・金屋の麹屋　〒〇一三－〇一〇二　秋田県横手市平鹿町醍醐字金屋六八　TEL〇一八二－二五－三九五一　FAX〇一八二－二五－四一五二

米麹（麹蓋で作る手作り麹 一kg袋単位）九月～二月位まで販売　店頭販売・郵送（気温の高い時期はだめです）電話・FAX（できればFAXがたすかります）にて注文受付

・麹屋 近野商店　〒〇一三－〇〇一八　秋田県横手市本町四番一一号 TEL〇一八二－三二－五六四三　FAX〇一八二－三二－五六六七

米麹（一kg単位）　一年中販売　店頭販売・横手市内および周辺のスーパー・宅配（日通ペリカン便の代引）　電話・FAXにて注文受付

・（資）高橋麹店　〒〇一九－〇五一三　秋田県横手市十文字町植田一二〇　TEL〇一八二－四四－三三二八　FAX〇一八二－四四－三〇〇八

米麹（麹蓋製麹 生麹のバラ麹で要冷蔵 一袋一kg詰）　一年中販売　店頭販売・近場のみ配達可・郵送等　電話・FAX・はがき等で注文受付

・坂上糀屋　〒〇一八－四二三一　秋田県北秋田市上杉字上屋布袋一〇 TEL・FAX〇一八六－七八－二〇七六

米麹（一kg単位）一応は一年中販売（夏は休み有り）　店頭販売・配達・郵送等　電話・FAXにて注文受付

・児玉こうじ店　〒〇一〇－〇四二一　秋田県男鹿市角間崎字百目木二三　TEL〇一八五－四六－二五三六

米麹（バラ麹 一kg）　一年中販売　店頭販売・配達可・郵送可（着払い）　電話にて注文受付

・有限会社 三吉麹屋　〒九九九－三五一一　山形県西村山郡河北町谷地内楯六九　TEL〇二三七－七二－二七一二　FA

Ｘ〇二三七—七二—二七二五　E-mail:sankichi@mvb.biglobe.ne.jp
米麹・麦麹・玄米麹（各一kg単位）一年中販売　店頭販売・通販（宅配等）　電話・ＦＡＸ・メール・インターネット（http://www5F.biglobe.ne.jp/˜sankichi）にて注文受付

・田中糀屋　〒九九八—〇〇四六　山形県酒田市一番町一—一九　ＴＥＬ・ＦＡＸ〇二三四—二二—七五三一
米麹（単位はなく、いくらからでも可能）　一年中販売　店頭販売・配達・宅配便可能　電話・ＦＡＸにて注文受付

・株式会社 深瀬善兵衛商店　〒九九〇—〇〇六六　山形市印役町四—二—二五　ＴＥＬ〇二三—六二二—二三六〇
ＦＡＸ〇二三—六二二—二三六一　E-mail:kanetyou@mint.ocn.ne.jp
米麹（通常二・五kg単位 小量も対応可能）七月～八月を除き年間を通じて製造するが、販売は主に冬と春　事前に電話等で注文を受け、店頭渡しまたは量によって配達も行う。

・阿部糀屋（阿部良作商店）　〒九九九—八五二一　山形県飽海郡遊佐町吹浦字宿町六二　ＴＥＬ〇二三四—七七—二〇四六
米糀（庄内米使用一kg単位）・赤糀（大豆、国産小麦使用七〇〇g単位）　小売り及び卸・配達・郵送　電話にて注文受付

・佐藤糀店　〒九九九—七七八一　山形県東田川郡庄内町余目字町一〇五　ＴＥＬ・ＦＡＸ〇二三四—四二—二一三三
米麹（基本的には一袋四〇〇g、量に関してはどのようにも対応可能）　一年中販売　店頭販売及び地元スーパー・宅配等は相談　地元は電話、遠方はＦＡＸにて注文受付

・五十嵐要商店　〒九九九—六一〇四　山形県最上郡最上町本城四六　ＴＥＬ〇二三三—四三—二〇三七　ＦＡＸ〇二三三—四三—三一八八　E-mail:mineo-i@plum.plala.or.jp
米麹（一kg単位）四月～六月末販売　店頭販売・宅配も可　電話・ＦＡＸ・メールにて注文受付

・鈴木弥太郎こうじ屋　〒九九九—七六二一　山形県鶴岡市長沼字上新田八二　ＴＥＬ〇二三五—六四—三七八九　ＦＡＸ

〇二三五―六四―六〇六五
米麹（一kg以上）　一年中販売　郵送　電話・FAXにて注文受付

・合資会社 鷲田民蔵商店　〒九九七―〇〇三四　山形県鶴岡市本町三丁目八―二一　TEL 〇二三五―二二―〇二〇九　FAX 〇二三五―二二―〇九一二
米こうじ　一年中販売　店頭販売・郵送　電話・FAXにて注文受付

・原田こうじ・味噌　〒九九〇―〇〇六二　山形県山形市鈴川町二―一―四　TEL 〇二三―六二二―七九五四　FAX 〇二三―六二二―七九八八
米麹（生麹の板麹一枚四〇〇g位単位）　一年中販売　店頭販売・配達も可能・宅配（冷蔵便）　電話・FAX・インターネット（ホームページ等からのネットショップ可）

・目黒麹店　〒九六九―六五一九　福島県河沼郡会津坂下町大字三谷字佐藤分六七〇―二　TEL 〇二四二―八三―三七二三　FAX 〇二四二―八三―五一五一
米麹（一kg単位）　八月～九月中旬を除いた一年中販売　店頭販売・郵送　電話・インターネットにて注文受付

・有限会社 糀屋 伊藤醸造店　〒九六九―四三〇一　福島県喜多方市高郷町上郷字惣座丁四七二―二　TEL 〇二四一―四四―二九六六　FAX 〇二四一―四四―二九七二
米麹（九〇〇g単位）　一一月一日～五月中旬販売　通信販売　FAX・通信用葉書（当店専用）にて注文受付　宅配の場合は代金引き換え

・相原麹店　〒九六九―四一〇七　福島県喜多方市山都町相川字東向甲一四九〇　TEL・FAX 〇二四一―三八―三〇一三
米麹（バラ麹 量は希望に応じて）　七月中旬～一〇月末までは販売可能　宅配（送料はご負担頂きます。代金の決済は郵便振込とし、当方の負担（手数料については）とします）　電話・FAXにて注文受付

・松崎麹店　〒九六六―〇〇七四　福島県喜多方市字南町二八五八　TEL〇二四一―二二―〇六〇六　FAX〇二四一―二三―一七八〇
米麹（一kg単位）　一年中販売　店頭販売・宅配（クロネコ）　電話・FAXにて注文受付

・株式会社伊藤金四郎商店　〒九六六―〇八六一　福島県喜多方市字寺町四七四七　TEL〇二四一―二二―一五一五　FAX〇二四一―二二―九四九五　E-mail:nisitama@akina.ne.jp
米麹（一kg単位、計り売り可）　一一月下旬～五月末販売　店頭販売・宅配（代金引き換え）　電話・FAX・E-mailにて注文受付

・マルコウ醸造株式会社　〒九六九―三五四一　福島県河沼郡湯川村大字浜崎字東殿町一―五　TEL〇二四一―二八―一二一二　FAX〇二四一―二八―一二一三　E-mail:n_marukou@ybb.ne.jp　米麹（生タイプ九〇〇g単位量り売りも可能です）
米麹（乾燥タイプ：板状二〇〇gまたは三〇〇g単位）・大豆麹（生タイプ　乾燥タイプ一〇〇g単位）　一年中販売　店頭販売・宅配　電話・FAXにて注文受付

・（有）永井屋麹店　〒九六五―〇〇六一　福島県会津若松市神指町高久七二　TEL〇二四二―二二―五二三八　FAX〇二四二―二二―一〇〇二　E-mail:info@nagaiya.co.jp
米麹（約一kg単位）　本来であれば一一月～二月が主であるが、今は夏場以外販売、もしくは注文があれば製造　店頭販売・地元スーパー・インターネット、web等（http://www.nagaiya.co.jp/）により全国発送　電話・FAX・インターネットにて注文受付

・高畑製麹所　〒九六五―〇〇二三　福島県会津若松市蚕養町二番一二号　TEL・FAX〇二四二―二二―二六五三
米麹（一・八kg単位）　七月～九月を除く毎月販売　主として店頭販売・郵送も可　電話・FAXにて注文受付

・目黒麹屋　〒九六八―〇四二一　福島県南会津郡只見町田中一二二〇　TEL・FAX〇二四一―八二―二〇五〇
米麹（一kg単位）一年中販売　店頭販売・スーパー卸・宅急便（宅配便）電話・FAXにて注文受付

・さいとう糀店　〒九六四―〇三一三　福島県二本松市小浜字藤町六一　TEL・FAX〇二四三―五五―二二五四
米麹（地元産米使用一kgもしくは一升単位）一年中販売　店頭販売・宅急便　電話・FAXにて注文受付

・有限会社 糀和田屋　〒九六九―一一三四　福島県本宮市本宮字上町二二番地　TEL〇二四三―三四―二一四〇
FAX〇二四三―三四―二二四五　E-mail:info@kougiwadaya.co.jp　米麹（米板生こうじ、米板乾燥麹、米バラ生麹、米バラ乾燥麹）・麦麹（生麹、乾燥麹）・紅麹・黒米麹各一〇〇g単位（種類、量によっては受注製造）一年中販売（年末年始、ゴールデンウイーク、お盆期間除く）店頭販売・郵送（配達不可）電話・FAX・インターネット・メールにて注文受付

・（株）宝来屋《ほうらいや》本店　〒九六三―〇七二五　福島県郡山市田村町金屋字川久保五四―二　TEL〇二四―九四三―二三八〇
FAX〇二四―九四四―六八五九　E-mail:358@e-horaiya.com　HP:http://www.e-horaiya.com
米麹（ご希望により一kg～一〇〇kg、二〇〇kg～五〇〇kgまで）年中販売（小量の場合は九月～三月まで、一〇〇kg以上はご注文をいただいてから一週間後）運送便及び宅急便（尚、運賃ご負担願います）電話・FAX・インターネットにて注文受付

・有限会社 小田屋　〒九六二―〇八四八　福島県須賀川市弘法坦二一六番地　TEL〇二四八―七三―三四四八
FAX〇二四八―七三―三四四九
米麹（コシヒカリ米使用、ヒトメボレ米使用一kg袋入）一年中製造販売　地元（市内）は配達・宅配（夏場はクール冷蔵）
電話・FAXにて注文受付

・やまさ味噌こうじ店　〒九六九―〇二二一　福島県西白河郡矢吹町中町四〇一　TEL・FAX〇二四八―四二―三三五九

E-mail:yamasa-ayuri.miso@oregano.ocn.ne.jp
米麹（一升もしくはkg単位）　一年中販売　店頭販売・宅配（代金引換）　電話・FAXにて注文受付

・根田醤油合名会社　〒九六一－〇〇〇四　福島県白河市萱根根田四番地　TEL〇二四八－二三－三二二一　FAX〇二四八－二三－三〇三七　E-mail:shoyu@shirakawa.ne.jp
米麹（一kg単位）　三月～一一月販売　店頭販売・配達・通販　電話・FAX・インターネットにて注文受付

・舘ノ腰糀店　〒九六〇－〇九〇二　福島県伊達市月舘町月舘字舘ノ腰六〇　TEL・FAX〇二四－五七二－二五五一
主に米こうじ、客様の要望で時々麦こうじを生産（kg単位でも可、枡測りを明治より継続中）
主にこうじの生産は一二月～七月上旬頃まで販売（氷温状態にして販売）　店頭販売・宅配・配達　電話・FAXにて注文受付（インターネットは準備中）

・たざわや糀店　〒九六〇－一三〇一　福島県伊達郡飯野町二三　TEL・FAX〇二四－五六二－三一二九
米糀（一升五合の単位）　一一月～六月中旬まで販売　店頭販売・配達・宅配便　電話・FAX・はがきにて注文受付

・増田屋商店（増田屋麹店）　〒九六〇－一四二一　福島県伊達郡川俣町字鉄砲町七五　TEL・FAX〇二四－五六五－二三〇八
米麹（国産米一〇〇％の生こうじ一kgより）　一年中販売（生こうじの為、賞味約二〇日間）　店頭販売（リオンドール川俣店、川俣道の駅シルクピア、安達道の駅等）・郵送（クロネコ便・佐川便等）　電話・FAXにて注文受付

・渡辺糀店　〒九七九－一一三一　福島県双葉郡富岡町大字上郡山字井戸六四　TEL〇二四〇－二二－三二八八　FAX〇二四〇－二二－八一一八　E-mail:misofarm-hi@jade.plala.or.jp
米糀（五〇〇g、一kg単位、注文に応じて五kgまたは一〇kg単位で）　一年中販売　店頭販売・配達可能・宅急便（コレクト）・首都圏イベント四回あり　電話・FAXにて注文受付

・櫛田糀店　〒九七九―〇一四六　福島県いわき市勿来町関田南町二三　TEL〇二四六―六五―二〇五七
米糀（一升単位）　一〇月～一二月を除く一〇ヶ月販売　店頭販売・配達・宅配　電話にて注文受付

・平野屋糀店　〒三一九―三五二六　茨城県久慈郡大子町大子七三二　TEL・FAX〇二九五―七二―一六〇二
米麹・合わせ糀（米・小麦・押麦）（一kg単位）　一一月中旬～六月販売　店頭販売・配達および宅配も可能　電話・FAXにて注文受付

・東屋糀味噌店　〒三一五―〇一一六　茨城県石岡市柿岡二九六六　TEL・FAX〇二九九―四三―〇七三四
E-mail:eastmiso@ybb.ne.jp
米糀　一kg（九五〇円）　九月～六月販売　宅配可能　電話・FAX・メールにて注文受付

・喜久屋　〒三一三―〇〇五一　茨城県常陸太田市東一町二三八三　TEL・FAX〇二九四―七二―〇五六九
米麹（一枚八〇〇g　水分量の乾燥具合によって多少グラム数に変動があります）　一一月下旬～六月上旬販売　店頭販売・近隣地域の販売　店頭・電話・FAXにて注文受付

・金田商店（金田酒店）　〒三一三―〇〇〇四　茨城県常陸太田市馬場町五〇八　TEL〇二九四―七二―〇三四三
米麹（一枚八〇〇～九〇〇g単位）　一二月～五月販売　店頭販売・場合によっては配達も可　電話にて注文受付

・小中こうじ屋　〒三一一―〇五〇四　茨城県常陸太田市小中町二〇八　TEL・FAX〇二九四―八二―三四四一
米麹（注文に応じた量）・麦麹（注文により作る）　一月～五月販売、一二月と六月は相談による　自宅・直売所・宅配（着払のみ）　電話にて注文受付　麦麹は一月～二月のみ製造

・榊原奥之助商店　〒三一一―三八〇六　茨城県行方市船子三〇七―一　TEL〇二九九―七七―〇一〇八　FAX〇二九九

―七七―〇一〇九

米麹（バラ一kg単位）　一〇月～五月販売　店頭販売・宅配便　郵便・電話・FAXにて注文受付　種麹製造販売（一年中）

・武士味噌店　〒三一〇―〇八一五　茨城県水戸市本町三―一三―一五　TEL〇二九―二二一―二六五二　FAX〇二九―二二一―二六六八　E-mail:takeshi-miso@sirius.ocn.ne.jp

米麹（一枚約七〇〇g　kg単位でも可）　一〇月～五月販売　店頭販売・冬期は宅配も可　電話・FAX・メールにて注文受付

・吉野こうじ店　〒三〇〇―〇四二一　茨城県稲敷郡美浦村木原四一一―一　TEL・FAX〇二九―八八五―〇〇六九　E-mail:koujiten@lake.ocn.ne.jp

米こうじ（一kg単位）　店頭販売は一年中、発送は冬季　店頭販売・通販　電話・インターネット（http://www.koujiten.com/）にて注文受付

・長山糀製造本舗　〒三一六―〇〇〇三　茨城県日立市多賀町一丁目一一番一七号　TEL〇二九四―三三―〇八〇一　FAX〇二九四―三三―〇八一三

米麹・丸麦麹（一kg単位）　九月～七月販売　店頭販売・配達・郵送　電話・FAXにて注文受付

・野口糀味噌店　〒三〇六―〇五〇一　茨城県板東市逆井二五七六　TEL・FAX〇二八〇―八八―一二二四

米麹　一一月～二月販売　店頭販売・郵送等　電話・FAXにて注文受付

・豊島こうじ店　〒三〇〇―一五〇七　茨城県取手市浜田四七六―二　TEL〇二九七―八二―二六六〇

米麹・麦麹（各一枚単位）　一年中販売　店頭販売・郵送　電話にて注文受付

・日野屋　〒三二九―三二二二　栃木県那須郡那須町寺子三―八九　TEL〇二八七―七二―〇三四二　FAX〇二八七―

七二─〇三八三
米麹・玄米麹　一〇月～六月末まで販売　店頭販売・宅配　電話・ＦＡＸにて注文受付
・本多糀屋　〒三二八─〇一一三　栃木県下都賀郡都賀町合戦場二〇九─一　ＴＥＬ〇二八二─二七─二二九九
米麹・麦麹（一kg単位）　一二月～翌年二月まで　店頭販売・宅急便等　電話のみ注文受付
・(有)篠崎商店　〒三二七─〇八四五　栃木県佐野市久保田町二九─三　ＴＥＬ〇二八三─二一─〇八二四　ＦＡＸ〇二八三─二四─八二八〇
米糀（四〇〇g、八〇〇g単位）・麦糀（四〇〇g、八〇〇g単位）　一年中販売　店頭販売・宅急便　電話・ＦＡＸにて注文受付
・渡辺糀店　〒三二一─四五二二　栃木県芳賀郡二宮町久下田西一丁目七〇─二　ＴＥＬ〇二八五─七四─〇〇七〇
米糀・麦糀・小麦糀（一kg単位）　米糀（一年中販売）・麦糀・小麦糀（冬期販売）　店頭販売・場所によっては配達、宅配サービス利用　電話にて注文受付
・瀬尾糀店（益子陶器味噌醸造元）　〒三二一─四二一七　栃木県芳賀郡益子町益子九七〇─一　ＴＥＬ・ＦＡＸ〇二八五─七二─五九八五
米糀・麦糀（どのようなニーズにも対応します。各一kg単位）　一年中販売（但し、六月～八月は予約）　店頭販売・宅配（全国）　電話・ＦＡＸ・はがき・インターネット（楽天、太陽食品（株））にて注文受付
・角丸味噌醸造店　〒三二一─二四一一　栃木県日光市大桑町五三　ＴＥＬ〇二八八─二一─八二一一　ＦＡＸ〇二八八─二一─八八四三
米麹・麦麹　米麹は一〇月～四月販売、麦麹は一月～三月販売　店頭販売・市内配達・市外及び全国は宅急便　電話・ＦＡＸにて注文受付

・小野糀店　〒三二一－二三五一　栃木県日光市塩野室町七九六－一　TEL ○二八八－二六－八三三三　FAX ○二八八－二六－八三五二
米糀（一升一・五kg単位）・麦糀（一升一・五kg単位）・甘酒糀（一kg単位）　九月～六月販売　店頭販売・配達可（近所）・郵送　電話・FAXにて注文受付

・小池糀店　〒三二一－〇九七三　栃木県宇都宮市岩曽町一六一一－三（製造所　宇都宮市岩曽町一五八）　TEL・FAX ○二八－六六一－八四七六
米麹・麦麹（各一kg単位）　一一月～六月製造販売　店頭販売・配達（場所による）・郵送　電話・FAXにて注文受付

・合資会社 大和屋商店　〒三二〇－〇〇三八　栃木県宇都宮市星が丘一－八－一三　TEL ○二八－六二二－四六八三　FAX ○二八－六二七－二九六四　E-mail:yamatoya@if-n.ne.jp
上米糀・米糀・麦麹（二〇〇gより一kg単位）塩入りこうじ（上記こうじ一kg単位に甘口、中辛、辛口の割合で塩を混ぜたもの）　一年中販売　店頭販売・地方発送　電話・FAX・インターネット・郵便にて注文受付

・森田こうじ店　〒三二九－三一四七　栃木県那須塩原市東小屋四七五－一二　TEL ○二八七－六五－〇六四六
米糀（一升単位）　一一月～六月販売　店頭販売　電話にて注文受付

・野沢麹店　〒三二九－一四一二　栃木県さくら市喜連川三九〇七　TEL・FAX ○二八－六八六－五七五八　E-mail:nozawa@mti.biglobe.ne.jp
米麹（一kg単位）　一〇月～五月販売　店頭販売・宅配　電話・FAX・メールにて注文受付

・やまいち屋 桑原麹店　〒三七一－〇〇一六　群馬県前橋市城東町三丁目一－一一　TEL・FAX ○二七－二三一－六九三〇　E-mail:kuwabara@yamaichiya.net

米麹・麦麹・豆麹（一kg単位）一年中販売　店頭販売・通信販売、インターネット販売（宅急便）　店頭・電話・インターネットにて注文受付

・有限会社 中沢食品　〒三六七―〇〇二三　埼玉県本庄市寿三―三―一〇　TEL〇四九五―二一―二五九二　FAX〇四九五―二一―八八二六 E-mail:nakazawa.foods@my.home.ne.jp

米麹・麦麹（一kg単位）　一年中販売　店頭販売・宅配も可　電話・FAX・メールにて注文受付

・笹屋糀店　〒二九九―二七一五　千葉県南房総市和田町下三原四〇六　TEL〇四七〇―四七―二一五〇　FAX〇四七〇―四七―二一六三

米麹（一升で板麹一枚（約一kg））・金山寺麹（一升で板麹一枚）　米麹（一年中販売）・金山寺麹（八月から一〇月まで）

店頭販売・郵送・宅配便　電話・FAXにて注文受付

・池田糀・味噌店　〒二九九―〇二三四　千葉県袖ケ浦市谷中二四五―二　TEL〇四三八―七五―七三六八　FAX〇四三八―六〇―五三七七

米糀（一kg単位）　一〇月上旬～中旬・一二月～三月販売　近くは配達・郵送にて販売　電話・FAXにて注文受付

・露崎味噌・糀店　〒二九九―〇二三六　千葉県袖ケ浦市横田四二一一　TEL・FAX〇四三八―七五―二四二八　E-mail:yukio223@myj.biglov.ne.jp

米麹（計り売り何kgからでも可）　一〇月～三月販売　電話・FAX・ホームページ（http:www2s.biglove.ne.jp/`tuyuzaki/）にて注文受付

・島田糀店　〒二九六―〇一〇四　千葉県鴨川市南小町八〇〇　TEL〇四七―〇九七―〇〇三〇

米麹（一升約一kg単位）　九月～六月販売　店頭販売・宅配便　電話、来店にて等にて要予約

・古谷麹店　〒二八九―一五一三　千葉県山武市松尾町猿尾五三一―三　TEL・FAX〇四七九―八六―二三四五
米麹　一〇月～四月末まで販売　店頭販売・郵送　電話・FAXにて注文受付

・芝崎商店　〒二九八―〇二六五　千葉県夷隅郡大多喜町小田代五六二―七　TEL〇四七〇―八五―〇四五八
米麹　一〇月頃～五月末頃販売　店頭販売　電話にて注文受付

・鈴木糀店　〒二九二―〇二〇五　千葉県木更津市下郡一一三一―一　TEL（糀場）〇四三八―五三―二三二五・（自宅）〇四三八―五三―二五六九　FAX〇四三八―五三―二五六九
米糀（一升、糀板一枚）・糀味噌（一kg～）　一二～四月販売　店頭販売・配達（袖ケ浦、木更津、君津、富津）・近くの直販店・希望により郵送可　電話・FAXにて注文受付

・ヤマダイ赤石味噌糀店　〒二九〇―〇二四四　千葉県市原市南岩崎三二四　TEL〇四三六―九五―三〇七五　FAX〇四三六―九五―五四四〇
米こうじ・麦こうじ（生こうじと乾燥こうじあり）　九月～六月販売　店頭販売・市原市内配達・地方等の発送　電話・FAXにて注文受付

・糀、味噌、甘酒の素　銀兵衛　〒二八九―二五一六　千葉県旭市口の八六五　TEL〇四七九―六二―〇五〇八　FAX〇四七九―六三―四一二二
米麹（枡で計量）　九月末～五月上旬まで販売　店頭販売・郵送可能　電話・FAXにて注文受付

・櫻井麹店　〒二六二―〇〇二三　千葉市花見川区検見川町二―八〇　TEL・FAX〇四三―二七三―八〇六七
米麹（一kg単位）・麦麹（一kg単位）　米麹九月中旬～五月中頃・麦麹一二月～四月販売　店頭販売・宅配便にて全国発送
電話・FAXにて注文受付

・（有）埼玉屋本店　〒一九二―〇〇五三　東京都八王子市八幡町三―一九　TEL〇四二―六二二―一七四四　FAX〇四二―六二二―一七四三 E-mail:info@saitamaya.co.jp
米麹（八〇〇g単位）・玄米麹（一kg単位）・麦麹（一kg単位）　一〇月～四月販売　店頭販売・配達（地域限定）・宅急便発送　電話・FAX・E-mai・ホームページ（http://www.saitamaya.co.jp）にて注文受付

・株式会社 伊勢惣　本社〒一七四―〇〇六五　東京都板橋区若木一―二―五　フリーダイヤル〇一二〇―二二―四一二〇　TEL〇三―三九三四―七四五五　FAX〇三―三九三四―七三六六　E-mail:isesou@isesou.co.jp　工場　〒三五五―〇八一二　埼玉県比企郡滑川町都二五―一七　TEL〇四九三―五六―三六三六　FAX〇四九三―五七―一〇八〇
米麹・麦麹・合せ麹・発芽玄米麹・紅麹・その他バラ麹（二〇〇g詰・五〇〇g詰・八〇〇g詰・一kg詰・二kg詰・二〇kg詰）
　一年中販売　店頭販売・宅配便での配達配送可能（到着日の時間指定可能）　電話・FAX・インターネット・はがき・手紙にて注文受付　支払い方法（銀行振り込み・郵便局振り替え用紙・代金引換・現金書留）休業日（土曜・日曜・祭日）

・北島こうじ店　〒一九〇―〇〇二二　東京都立川市錦町一―四―二八　TEL・FAX〇四二―五二四―三一九〇　E-mail:koujiya@zpost.plala.or.jp
米麹（一枚三〇〇g単位）　一年中販売（但し、夏期は仕込量が減るので必ず問い合わせて下さい）　店頭販売・宅配　電話・FAX・インターネットにて注文受付

・（株）天野屋　〒一〇一―〇〇二一　東京都千代田区外神田二―一八―一五　TEL〇三―三二五一―七九一一　FAX〇三―三二五八―八九五九　E-mail:amanoya@oldclock.com
米糀（一三〇g単位）　一年中販売　店頭販売・ヤマト宅急便（クール便）電話・FAX・オンラインショップにて注文受付

・糀屋三郎右衛門　郵便一七六―〇〇二四　東京都練馬区中村二―二九―八　TEL〇三―三九九九―二二七六　FAX〇三―三九七〇―五六三五 E-mail:umaimiso@kouji-ya.com

乾燥こうじ（白米こうじ・玄米こうじ・小麦こうじ二〇〇g単位）・生こうじ（塩切りこうじ）　一年中販売（但し、三月～九月の間は生こうじは一ヶ月に一～二回の販売となるので、お待たせする場合もある）　生こうじのみ店頭販売・宅配（送料、手数料は別途）　電話・FAX　・インターネット・手紙・来店にて注文受付

・木村こうじ店　〒二五九－一一二一　神奈川県伊勢原市落合六一〇－一　TEL〇四六三－九五－二四一一
米こうじ・麦こうじ（通常一kg以上）　一〇月～五月販売　店頭販売・配達・配送　電話にて注文受付

・株式会社かねきち　本社　〒二五六－〇八一三　神奈川県小田原市前川四六五　工場　〒二五九－〇一三二　神奈川県中郡二宮町緑が丘一－九－一二宮工業団地内　TEL〇四六三－七二－〇三六一　FAX〇四六三－七一－七四七八　E-mail:kanekiti@topaz.ocn.ne.jp
米麹・麦麹（一kg又は一枚（約一合））・乾燥こうじパック（二〇〇g　一年中販売　工場での販売・発送（クール便）　電話・FAX・メールにて注文受付

・有限会社小堀産業　〒二三〇－〇〇五二　神奈川県横浜市鶴見区生麦五－一三－四七　TEL〇四五－五〇一－二八六七
FAX〇四五－五二一－三八三三　E-mail:kobori@koborisanngyou.com
乾燥米麹（一kg単位）・乾燥蔵麹（一kg袋入りの米麹）・麦麹（一kgの袋入り）　麦麹、米麹の量り売り（九月～六月販売）・蔵麹（一年中販売）　店頭販売・郵送　電話・FAX・メールにて注文受付

・斎藤糀店　〒九五七－〇〇八二　新潟県新発田市佐々木二〇五四－一　TEL・FAX〇二五四－二七－八一〇四
米糀（何gからでも可）　一〇月～七月に販売　店頭販売・配達・郵送・宅配　電話・FAXにて注文受付

・藤田味噌糀店　〒九五七－〇〇五六　新潟県新発田市大栄町一丁目一－一二　TEL〇二五四－二二－二五二二
FAX〇二五四－二六－一四一七　E-mail:fmk@khaki.plala.or.jp
米麹（国産米一kg単位）　一年中販売　店頭販売・市内配達・宅急（クール便）発送　電話・FAX・メールにて注文受付

・瀬高糀店　〒九五五―〇〇七二　新潟県三条市元町一五―二〇　TEL・FAX〇二五六―三二―一九四七
E-mail:kojikoji@cd.wakwak.com
米麹（一kg単位）　一年中販売　店頭販売及び配達（市内、周辺地域）　電話にて注文受付

・株式会社 片山商店　〒九五〇―〇一三一　新潟県新潟市江南区袋津一丁目四番三五号　TEL〇二五―三八一―二四二三
FAX〇二五―三八一―三六八四　E-mail:komekome.katayama@nifty.com
米糀（升でもkg単位でも可能）　九月中旬～七月中旬販売　店頭販売・配達・宅急便にて販売　電話・FAX・インターネット（http://www.e-kome-miso.com/）にて注文受付

・(有) 安川商店　〒九五三―〇〇四一　新潟県新潟市西蒲区巻甲五九〇番地　TEL〇二五六―七二―三三一六　FAX〇二五六―七二―一五六九
米麹（必要な分で対応）　一年中販売（但し、八月のみ休み）　店頭販売・近辺は配達可能・宅急便・郵送　電話・FAXにて注文受付

・有限会社 新潟農産 本社　〒九四九―五二一一　新潟県長岡市小国町七日町二六八四―三　TEL・FAX〇二五八―九五―三二四七　沼田店舗　〒三七八―〇〇三二　群馬県沼田市硯田町二一―二　TEL・FAX〇二七八―二四―一九九三
米麹・麦麹（八〇〇g・四kg・八kgバラ、他に一kg単位別注も受ける）　一〇月下旬～五月上旬販売（夏場は二〇〇g脱酸素剤入り）　店頭販売・近隣の配達・宅配にて販売　電話・FAXにて注文受付

・熊七糀店　〒九四八―〇〇二九　新潟県十日町市卯八三〇―一九　TEL〇二五―七五二―三六七七
米糀（一升（七〇〇g）単位）　一一月～四月販売　店頭販売（一軒だけスーパー）　店頭・電話にて注文受付

・(有) 田島屋商店　〒九四六―〇〇五七　新潟県魚沼市中島一五三四　TEL〇二五―七九二―〇五七六　FAX〇二五―

七九二―七三六二
米麹(甘酒用、味噌用、清酒用 種麹を変えて製麹します どんな単位でも可能)　一〇月〜五月販売(量によってはいつでも)
どんな方法でも発送しています。　電話・FAXにて注文受付

・キンペイ味噌糀店　〒九四六―〇〇一一　新潟県魚沼市小出島五〇四―八　TEL〇二五―七九二―〇二五三
米糀　一年中販売　店頭販売・宅急便　電話にて注文受付　味噌仕込も受けております。

・小幡糀店　〒九四九―七三一六　新潟県南魚沼市一村尾二四八　TEL〇二五―七七七―二二六三　FAX〇二五―七七七―二二六三
米麹(一升単位)　一一月〜六月販売　配達可・郵送等　電話・FAXにて注文受付

・山田麹味噌製造所　〒九四五―一三五一　新潟県柏崎市上田尻四五九三　TEL〇二五七―二二―四三四一
米麹(一kg単位)　一〇月〜四月販売　店頭販売・配達・宅急便

・小池味噌・糀店　〒九四二―〇一二七　新潟県上越市頸城区百間町六三〇　TEL・FAX〇二五―五三〇―二一五八
米糀(一kg単位ですが、希望により少量でも対応)　一二月〜翌年五月中旬頃まで販売　店頭販売・宅配便　電話・FAXにて注文受付

・月岡糀屋　〒九五九―二二〇四　新潟県阿賀野市福永一一八一　TEL・FAX〇二五〇―六八―三七三四
米糀(一升(九五〇g)単位)　一一月〜五月販売　店頭販売・通販・インターネット　電話・FAX・インターネットにて注文受付

・つたや商店　〒九五九―一八六五　新潟県五泉市本町四丁目四―二四　TEL・FAX〇二五〇―四二―二四七五　E-mail: y-washi@gray.plala.or.jp

米麹（室出し一枚八〇〇g単位）　一一月～六月販売（事前に有無の確認をお願いします）　店頭販売・枚数により配達も可
店頭・電話・FAXにて注文受付

・北澤糀店　〒九五四―〇〇五三　新潟県見附市本町二―四―三　TEL・FAX 〇二五八―六二―〇二六四
米糀（一へぎ約四五〇g単位 季節によって多少重量のバラツキがあります）　一月～六月、一〇月～一二月販売　店頭販売・宅配（ペリカン便）　電話・FAXにて注文受付

・新村こうじみそ商店　〒九三九―八〇八二　富山県富山市小泉町一番地　TEL 〇七六―四二一―六四二八　FAX 〇七六―四二一―六九五〇
米こうじ（五〇〇gより）・乾燥こうじ　ほぼ一年中販売（九月～一〇に休むことがあります）　配達（富山市内）・宅配便　電話・FAXにて注文受付

・水上味噌醸造元 水上芳一商店　〒九三九―二三四五　富山県富山市八尾町西新町三九四九　TEL 〇七六―四五四―二三一一　FAX 〇七六―四五四―三四二七 E-mail:s-mizu@cty8.com
米麹（一kg）　九月～六月販売　店頭販売・配達・宅配（一二月～二月）　電話・FAX・メール・ホームページにて注文受付

・黒田実商店　〒九三〇―二二五三　富山県富山市四方田七七　TEL・FAX 〇七六―四三五―〇一四七
米麹（四五〇g単位）　一年中販売　郵送・宅配　電話・FAXにて注文受付

・（有）田畑商店　〒九三〇―〇〇六三　富山県富山市太田口通り二―三―一五　TEL 〇七六―四二一―五六四四　FAX 〇七六―四二五―七四〇二
米麹（五〇〇g（半折分）単位）　一年中製造販売　店頭販売・配達（量と距離に制約はあります）・県外の場合は宅急便で発送しています（この場合はバラ麹にして塩も一緒に混ぜております）。　電話・FAXで注文受付

・南日味噌醤油株式会社　〒九三〇―〇八四五　富山県富山市綾田町三―九―八　TEL〇七六―四三三―二六〇九　FAX〇七六―四三二―二九四二 E-mail:nannichi.co.jp
米麹（富山県産米を使用、手造りの生こうじ。どのような単位でも可）　一年中製造、販売　宅急便（クロネコヤマト代金引換もしくは郵便振替、ただし郵便振替の場合はご入金確認後の発送となります）　電話・FAX・ホームページ（http://www.nannichi.co.jp）にて注文受付

・石黒種麹店　〒九三九―一六五二富山県南砺市福光新町五四番地　TEL〇七六三―五二―〇一二八　FAX〇七六三―五二―〇一八四　E-mail: e-miso@amber.plala.or.jp
米麹（一升盛の板折一枚単位、四〇〇g真空パック一袋単位）　一年中販売　店頭販売・宅急便　電話・FAX・インターネットにて注文受付

・宮田糀店　〒九三二―〇〇六五　富山県小矢部市論田四八―三　TEL・FAX〇七六六―六七―二九〇四
米糀（一kg、または一〇〇〇円単位）　一年中販売　店頭販売・近ければ配達可　電話・FAXにて注文受付

・瀧田啓剛味噌糀店　〒九三九―〇二七三　富山県射水市中野四七五　TEL〇七六六―五二―一四一〇・〇七六六―五二―五四五四　FAX〇七六六―五二―六〇四五・〇七六六―五二―五四七五
米麹（富山コシヒカリ使用）　一二月～四月販売　店頭販売等　電話・FAXにて注文受付

・鷲北糀店　〒九三九―〇一三五　富山県高岡市福岡町本領三―三　TEL〇七六六―六四―三〇四一　FAX〇七六六―六四―三〇四七
米糀（一kg単位）　一年中販売　郵送　電話・FAX・インターネット（washi33@pztcnet.ne.jp）にて注文受付

・広瀬光治商店　〒九三三―〇九三三　富山県高岡市南幸町一―四三　TEL〇七六六―二五―二四九〇　FAX〇七六六

−二六−八六二〇 E-mail:hirose3653@bc.wakwak.com
米麹（一kg単位） 九月上旬〜七月中旬販売 県内配達は数量、時期により制限あり・郵送可能 電話・FAX・インターネットにて注文受付

・斉藤味噌・食品 〒九二九−一五二一 石川県鹿島郡中能登町金丸二一五二 TEL 〇七六七−七二−三三四〇 FAX 〇七六七−七二−八〇四〇
米麹 一二〜三月に販売 店頭販売・配達（町内のみ） 電話・FAXにて注文受付

・白藤糀、味噌販売店 〒九二八−〇〇七四 石川県輪島市鳳至町鳳至丁二三 TEL 〇七六八−二二−二〇二六
米糀 一年中販売 店頭販売・配達・郵送

・有限会社 木村屋糀店 〒九二四−〇八七三 石川県白山市八日町二〇 TEL 〇七六−二七五−〇二三二 FAX 〇七六−二七五−〇二二九 E-mail:info@kougiyasan.jp
米麹（一枚または一kg単位） 年中製造販売 店頭販売・各地配送 電話・FAX・ホームページ（www.kougiyasan.jp）にて注文受付

・田甫商店 〒九二三−一二四三 石川県能美市三ツ屋町イ四一 TEL・FAX 〇七六一−五一−二二四七
米麹（白色 七五〇g袋入、又は計量販売） 一一月〜四月まで販売 店頭販売・配達・各地発送も可 電話・FAXにて注文受付

・糀のたかはし 高橋糀店 〒九二三−一一〇一 石川県能美市栗生町イ五七 TEL 〇七六一−五七−〇二六五 FAX 〇七六一−五七−〇三八一
米麹 主として一一月〜四月に販売 店頭販売・地元スーパーでの販売・宅配便等による販売 電話・FAX等にて注文受付

・武久商店　〒九二〇－二二二一　石川県白山市鶴来本町一丁目七－一〇二　TEL〇七六一－九二－〇一一七　FAX〇七六一－九二－三六三九
米麹（一kg単位）　一年中販売　店頭販売・配達・郵送・スーパー　電話・FAXにて注文受付

・中六商店　〒九二〇－〇九〇二　石川県金沢市尾張町二－二－二五　TEL・FAX〇七六－二二一－〇一五四
米麹（一枚約九〇〇g、または半枚約四五〇g単位）　九月～七月販売　宅配も可能（送料、代金引換手数料、消費税等をいただきます）　電話・FAXにて注文受付

・森田糀商店　〒九二〇－〇八一一　石川県金沢市小坂町中四八　TEL〇七六－二五二－六五六四　FAX〇七六－二五二－一一六四
米麹（販売単位枚（一枚は出麹で一kg））　一年中販売　金沢市内と近郊は配達可能　電話・FAXにて注文受付

・（有）舟木屋　〒九二〇－〇三三七　石川県金沢市金石西三－七－一三　TEL〇七六－二六七－〇四五九　FAX〇七六－二六七－五九五一　E-mail:alapin@cameo.plala.or.jp
米麹（一kg単位）　一年中販売　店頭販売・配達・宅急便　電話・FAXにて注文受付　特注対応できます（紫黒米可、最小単位三六〇kg）

・味噌・麹　かせわ清兵衛　〒九一五－〇二四二　福井県越前市粟田部町二九－六　TEL〇七七八－四二－〇〇四〇　FAX〇七七八－四二－〇四〇七　E-mail:kaseyamiso@wt.ttn.he.jp
米麹（一合単位）・豆麹（五合単位）・玄米麹（一升（一kg）九五〇円）白米麹（一升（一kg）九八〇円）・大豆麹（一升（一・八kg）一六五〇円）一年中販売　店頭販売・市内配達・県内外発送可能　電話・FAX・E-mailにて注文受付

・岡崎商店　〒九一七－〇〇六五　福井県小浜市小浜住吉八〇番地　TEL〇七七〇－五二－〇一〇二・〇七七〇－五三－

一〇五六
米麹・麦麹・醤油麹　一年中販売（一〇月～三月末までが九五％）　店頭販売・配達・郵送　電話等にて注文受付

・今崎屋《いまざきや》商店　〒九一二―〇〇二五　福井県大野市本町四―一〇　ＴＥＬ〇七七九―六六―二〇二八　ＦＡＸ〇七七九―六六―二〇五八
米糀（味噌、甘酒用）・豆糀（はまなみそ用）（斗、升、合単位）　一一月～四月（出荷の場合）・一一月～六月（店頭の場合）販売　店頭販売・宅配（日通、クロネコヤマトのみ）　電話・ＦＡＸにて注文受付

・みたに・味噌こうじ店　〒九一〇―〇二三五　福井県坂井市丸岡町巽一―二三　ＴＥＬ〇七七六―六六―〇九二五
米麹・豆麹（〇・八～一・〇kg単位）　一一月一日～四月一六日販売　店頭販売（場合により配達）　店頭か電話で予約

・青清《あおせ》　〒九一九―〇六三三　福井県福井市あわら市花乃杜一―一―一七　ＴＥＬ〇七七六―七三―〇三一三　ＦＡＸ〇七七六―七三―五五三九　E-mail:aoyagi@e-aose.com
米糀・豆麹・玄米糀（グラム単位で量り売りしております。基本は五合・一升でご注文いただいております）　米糀（一一月～六月販売）・豆麹（一一月～三月販売）・玄米糀（三月～六月販売）　店頭販売・地方発送可（クール便にて）　電話・ＦＡＸ・ホームページにて注文受付

・株式会社　米五《こめご》　〒九一〇―〇〇一九　福井県福井市春山二―一五―二六　ＴＥＬ〇七七六―二四―〇〇八一　ＦＡＸ〇七七六―二二―〇七四〇　E-mail:komego@misoya.com
米麹（量り売り）　一年中販売　店頭販売・配送（海外含）　電話・ＦＡＸ・インターネット（http://www.misoya.com）にて注文受付

・井筒屋醤油株式会社　〒四〇七―〇〇二四　山梨県韮崎市本町二丁目九番二六号　ＴＥＬ〇五五一―二二―二二五五　ＦＡＸ〇五五一―二三―〇四一一　E-mail:info@itutuya.co.jp

米麹・麦麹（一kg単位）一〇月〜四月販売　店頭販売・宅急便（クール便）電話・FAX・インターネット（http://www.itutuya.co.JP/）にて注文受付

・吉村味噌糀店　〒四〇一−〇〇一一　山梨県大月市駒橋一−一一−八　TEL〇五五四−二二−三八三八　FAX〇五四四−二二−五五三八　E-mail:maruyoshi-miso@nifty.com
米糀（一枚八〇〇g単位）・麦麹（一枚八〇〇g単位）　通年販売　店頭販売・一部地域のみ配達可能・宅急便にて宅配可能
　電話・FAX・インターネット（ホームページ http://homepage3.nifty.com/yoshimura-miso/ にて買い物カゴショッピング可能）にて注文受付

・五味醤油株式会社　〒四〇〇−〇八六一　山梨県甲府市城東一−一五−一〇　TEL〇五五−二三三−三六六一　FAX〇五五−二三二−五三三二　E-mail:yamagomiso@coast.ocn.ne.jp
米麹・麦麹（七〇〇gまたはkg単位）一一月〜六月末販売　店頭販売・県内であれば配達可能・県外は宅配（送料別途）
電話・FAX・E-mailで注文受付

・合資会社　山十豊島屋商店　〒三九九−四六〇一　長野県上伊那郡箕輪町大字中箕輪九四一三　TEL・FAX〇二六五−七九−二〇四六
米麹（一升枡単位）一一月〜六月販売　店頭販売　電話・FAXにて注文受付

・有限会社　百足屋本店　〒三九六−〇二一一　長野県伊那市高遠町西高遠一六二一−一　TEL〇二六五−九四−二〇〇七
米麹　七月頃〜三月販売　店頭販売と郵便にて販売　電話にて注文受付　受注生産なので、一週間位の期間が必要です。家内工業のため、受注は応談にてお願いします。

・こうじ屋　田中商店　〒三九五−〇〇五一　長野県飯田市高羽町四−六−七　TEL〇二六五−二三−三九三八
FAX〇二六五−五二−三〇〇四　E-mail:tanaka@koujimiso.com

米麹・麦豆麹・大麦麹（一袋七〇〇gまたは一kg単位）　一年中販売　店頭販売・配達も可能（数量による）・地方発送（宅配便）代引きまたは郵便振込　電話・FAX・インターネット（http://www.kougimiso.com）より注文受付

・本家 田中こうじ店　〒三九五―〇〇五一　長野県飯田市高羽町四―五―一三　TEL 〇二六五―二二―二三六七　FAX 〇二六五―二二―二三九八 E-mail:honketanaka-miso@nbr.nifty.com

米麹（黄麹・白糀 各八〇〇g単位）・麦麹（大麦・小麦 各八〇〇g単位）・麦豆麹（もろみ 八〇〇g単位）　一〇月〜六月販売　店頭販売・卸売り・宅配　電話・FAX・インターネット（NTT）にて注文受付

・片倉糀店　〒三九四―〇〇四八　長野県岡谷市川岸上二―一四―一六　TEL・FAX 〇二六六―二二―四八四九

米麹（一kg単位）　九月〜六月販売　店頭販売・宅急便　電話・FAXにて注文受付

・株式会社 藤林屋　〒三九〇―〇八七四　長野県松本市大手四丁目六―一〇　TEL 〇二六三―三二―〇三五九

FAX 〇二六三―三三―六六四九 E-mail:fujibayasi@po.mcci.or.jp

米麹（出麹時一kg単位）　主に一一月〜五月、乾燥こうじとして六月〜一一月　電話・FAX・インターネット等にて注文受付　ヤマトコレクトコール取扱い

・大柱商店　〒三八六―〇四〇四　長野県上田市上丸子九九一　TEL 〇二六八―四二―二〇五四　FAX 〇二六八―四二―二〇〇七

米麹（一升＝一・五kg単位）　三月〜四月の三〜四日サイクルにて販売　店頭販売のみ　電話にて相談　手作業での製麹を行っている為、量、麹の出る日を相談の上、店頭販売しています。

・こうじや商店　〒三八四―〇八〇八　長野県小諸市御影新田一七七六―一　TEL 〇二六七―二二―〇一六六

FAX 〇二六七―二二―八九一七

米麹（主力 小量でも可）・押麦麹（一kg単位）・丸麦麹（受注生産）・原料持込可、その他は要応談（黒大豆、ソバ等の特殊麹）

一〇月～五月販売（夏期は製造なし）、繁忙期は三月～五月、一〇月～二月は大量の場合予約必要　電話・FAX等にて注文受付

・（有）富士屋醸造　〒三八四―〇〇二六　長野県小諸市本町一―三―一〇　TEL〇二六七―二二―〇三九八　FAX〇二六七―二二―四一九六　E-mail:miso@fujiyajozo.com
米こうじ・麦こうじ（各一kg単位）米こうじ（一年中販売）・麦こうじ（三月～六月販売、七月～二月は注文生産）店頭販売・郵送（全国）電話・FAX・はがき・メール・インターネット（http://www.fujiyajozo.com/）にて注文受付

・山本屋糀店　〒三八四―〇七〇一　長野県南佐久郡佐久穂町大字畑九四七　TEL・FAX〇二六七―八八―二三〇六　E-mail:t-komiym@agate.plala.or.jp
米糀（真空パック七〇〇g何kg、何升、何斗でも可能）・麦麹（受注生産　発熱しやすい何kg、何升、何斗でも可能）一一月下旬～六月下旬迄販売　店頭販売・配達（長野県佐久管内）・地方発送（ヤマト便）電話・FAXにて注文受付

・株式会社　中屋商店　〒三八四―〇三〇五　長野県佐久市小田切五六三―四　TEL〇二六七―八二―二二二二　FAX〇二六七―八二―七三三二　E-mail:k.nakaya@aurora.ocn.ne.jp
米麹（一枚約一・三kg）一二月～四月販売　店頭販売・配達（佐久地方）電話・FAX・インターネット（http://www3.8peaks.jp/akaya/）にて注文受付

・片桐こうじ店　〒三八四―二二〇二　長野県佐久市塩名田一三八二　TEL〇二六七―五八―二七四五　FAX〇二六七―五八―二七四六
米麹（特別栽培米使用）一月～六月販売　店頭販売・配達　電話・FAXにて注文受付

・有限会社　桜井醸造　〒三八一―〇〇八四　長野県長野市若槻東条五八六番地　TEL〇二六―二九六―六三九八　FAX〇二六―二九五―六六五九

米糀・麦糀・豆糀（豆糀を四㎜のチョッパー目にかけて、塩切り糀）・近くは生糀も出します。発送は塩分二〇%の塩切り糀です。七月下旬より販売（一ヶ月程夏期は休みます）　配達・郵送　電話・FAX・郵便にて注文受付

・（有）西麹屋本舗　〒三八一―〇〇一二　長野県長野市柳原一九一〇　TEL 〇二六―二四三―〇五五二　FAX 〇二六―二四三―〇五九一　E-mail:nisizawa@aioros.ocn.ne.jp　http://www7.ocn.ne.jp/~yamamasu/

米麹・麦麹・豆麹（各一kg単位）　米麹（一年中販売）・麦麹（三月～七月販売）・豆麹（九月～三月販売）　宅配便にて全国発送　電話・FAXにて注文受付

・株式会社 大のや醸造　〒五〇六―〇八四六　岐阜県高山市上三之町一三　TEL 〇五七七―三二―〇四八〇　FAX 〇五七七―三六―一五五八　ホームページ http://www.ohnoya-takeda.co.jp/index.htm

米麹・麦麹（各一kg単位）　一二月～三月販売　郵送（着荷までに一〇日位かかります）　電話・FAX・インターネットにて注文受付

・朝比奈糀店　〒四三七―一六一一　静岡県御前崎市新野一〇三一―一　TEL 〇五三七―八六―三三四八　FAX 〇五三七―八六―三五一二

米糀・麦糀（一kg単位）　一年中販売　店頭販売のみ　電話にて注文受付

・糀屋商店　〒四三七―一三〇一　静岡県掛川市横須賀一四三二　TEL 〇五三七―四八―二四五三

米糀（米白、米普通、米赤）・麦糀（麦白、麦赤）・豆糀（バラ糀、ダンゴ糀）　一年中販売　注文方法については直接おたずね下さい。　四月～一一月末まではクール便にて発送。

・北島糀店　〒四三七―〇二一五　静岡県周智郡森町森二〇五　TEL・FAX 〇五三八―八五―二六七八

米糀・麦糀・納豆糀（各一kg単位）　米糀は一年中販売・麦糀は九月～五月まで販売・納豆糀は九月～六月頃まで販売　店頭販売・配達・宅配（クール便）　電話・FAXにて注文受付

・大石糀店　〒四三七―〇二一五　静岡県周智郡森町森二七〇番地　TEL・FAX〇五三八―八五―二二三二
米糀・小麦糀・大麦糀・豆麹（各一升単位）　八月～九月以外は年中販売（小麦糀、大麦糀、豆麹は注文です。一週間～一〇日前に注文していただいております）　店頭販売・代引宅配　電話・FAX・インターネット（http://www.roko.jp/）にて注文受付

・榊原こうじ店　〒四三七―〇〇二六　静岡県袋井市袋井八二　TEL・FAX〇五三八―四二―三六一四
米麹・麦麹・小麦麹（小麦と大豆を合わせた麹 金山寺等用）　一年中販売　店頭販売・配達・発送（運賃は別料金）　電話・FAXにて注文受付　大豆なども販売しています。

・林糀製造所　〒四三〇―〇九三二　静岡県浜松市中区肴町三二六―四三　TEL・FAX〇五三―四五二―三六七五
米麹（麹で一升、約一kg単位）・小麦麹（麹で一升、約一kg単位）・豆麹（麹で一升、約一kg単位 豆麹は金山寺漬用のため、北海道産二・八分玉の大豆を使用）　店頭販売が主（生麹のため）・ヤマト便（クール便にて送ります）電話・FAXにて注文受付

・杉村糀店　〒四二七―〇〇四二　静岡県島田市中央町二三―一二　TEL・FAX〇五四七―三七―二二六七
米糀・大麦糀・小麦糀（一kg、一升単位）　一年中販売　店頭販売・配達（区域内）・宅配　電話・FAXにて注文受付

・岩崎こうじ屋　〒四二四―〇八三二　静岡市清水区入江南町一四―三一　TEL〇五四―三六六―五八二三
米糀（一kgまたは一升単位）・金山寺こうじ（一kgまたは一升単位）・麦麹、米麦糀（受注もしくは委託加工のみ）一年中販売　店頭販売・市内配達可（県内は要相談）　店頭・電話にて注文受付　事前に連絡をしていただければ幸いです。

・木嶋こうじ店　〒四二四―〇〇三七　静岡市清水区袖師町一一五一―三　TEL・FAX〇五四―三六六―三一一五
E-mail:kijio@mail.goo.ne.jp

米麹（一升単位）・麦麹（一升単位）・米麦混合麹（一升単位）・金山寺麹（一升五合単位）　一年中販売（受注後生産）　店頭販売・市内配達（相談にて）・宅配便で全国発送可　店頭・電話・FAX・メールにて注文受付

・鈴木こうじ店　〒四二二―八〇三四　静岡市駿河区高松一九四四―一　TEL〇五四―二三七―一五九三　FAX〇五四―二三八―二三九二　E-mail:koujiya@mail.wbs.ne.jp
米麹・麦麹・玄米麹（八〇〇gから）・豆麹（バラ麹一kgから）　一年中販売店頭販売・通信販売　電話・FAX・インターネットにて　注文受付

・川村こうじ店　〒四二〇―〇八六八　静岡市葵区宮ヶ崎町六五番地　TEL・FAX〇五四―二四六―一九九八　E-mail:wbs33852@mail.wbs.ne.jp
米麹（一kg・一升単位）麦麹（大麦・小麦）（一kg・一升単位）・合わせ麹（一kg単位）・豆麹（バラ麹・味噌玉麹）（各一kg単位）・金山寺用麹（一升単位）　一年中販売　店頭販売・郵送　電話・FAX・インターネットにて注文受付

・中村屋麹店　〒四一一―〇九〇一　静岡県駿東郡清水町新宿二五　TEL・FAX〇五五―九七五―〇三〇一
米麹・麦麹・金山寺麹（一kg、一升単位）　一年中販売　店頭販売・郵送　電話・FAXにて注文受付

・有限会社 板倉こうじ製造所　〒四一一―〇九〇七　静岡県駿東郡清水町伏見四番地　TEL〇五五―九七五―八四三六　FAX〇五五―九七五―八五四〇
米糀（国産原料自家精米）・丸麦糀・金山寺糀（各一〇〇g単位）　一年中販売　店頭販売・宅急便　電話・FAXにて注文受付

・佐藤幸男糀屋商店　〒四一〇―三六二五　静岡県賀茂郡松崎町桜田五六二一　TEL・FAX〇五五八―四二―〇一五〇
米麹・麦麹・米麦（半々）麹・金山寺（味噌）麹（一kg単位 希望に応じます）　七月～八月を除く期間に販売　店頭販売・配達・郵送　電話・FAXにて注文受付　全て手作り、家族での製造販売の為、注文にて伺います。

・前田糀店　〒四八〇—〇一三八　愛知県丹羽郡大口町大御堂一—一二四　ＴＥＬ〇五八七—九五—三二四四・〇九〇—五八七五—九五七〇
米糀・麦糀（ハダカ麦）・豆糀（国産大豆使用）　一〇月～三月末まで販売　店頭販売・郵送・配達（大手顧客のみ）　電話で予約のみ可能

・ヤマキ糀店　〒四七〇—〇三三一　愛知県豊田市平戸橋町太戸九七　ＴＥＬ〇五六五—四五—一〇二八　ＦＡＸ〇五六五—四六—四六四四　E-mail:DZT05740@nifty.com
米糀（六〇〇g程度単位　五合相当）・麦糀（合わせ　四〇〇g程度　五合相当）・豆糀（四〇〇g程度　五合相当）　一年中販売
店頭販売・配達（条件付）・郵送（卸売りあり）　電話・ＦＡＸにて注文受付

・合名会社 中定商店　〒四七〇—二三四三　愛知県知多郡武豊町小迎五一　ＴＥＬ〇五六九—七二—〇〇三〇　ＦＡＸ〇五六九—七二—〇〇二〇　E-mail:info@ho-zan.jp
米麹・小麦麹・大麦麹・豆麹（バラ麹）・豆麹（味噌玉麹）（各五〇〇g以上一〇〇g単位　味噌玉麹は要予約）　一〇月～六月販売　店頭販売・宅急便・注文量によっては配達も可（地域限定）　電話・ＦＡＸ・はがき・弊社ホームページ（www.ho-zan.jp）にて注文受付

・兵藤こうじ店　〒四四四—〇八二四　愛知県岡崎市上地町字丸根五三　ＴＥＬ・ＦＡＸ〇五六四—五一—九二〇二　E-mail:todorara@quartz.ocn.ne.jp
米糀（一kg単位）・麦糀（一kg単位）・豆糀（一kg）　一年中販売（夏は不定休、一〇月～三月は日曜定休）　店頭販売・配送（宅急便で代金引替）　電話・ＦＡＸ・インターネット（www3.ocn.ne.jp/amazake/）にて注文受付

・とりた麹店麹店　〒四四四—〇八五八　愛知県岡崎市上六名三—九—四五　ＴＥＬ〇五六四—五一—二八〇八　ＦＡＸ〇五六四—五一—二九三九

米麹・麦麹・豆麹・金山寺麹（麦八：豆二）（各二五〇g入小袋、一kg単位）　九月〜四月販売　（五月〜八月の間も、在庫があれば出荷することができます）　店頭販売・各店舗（三〇程度）・郵送販売　電話・ＦＡＸにて注文受付

・（有）カネナカこうじ店　〒四四一－一三三二　愛知県新城市日吉上貝津七八－七　ＴＥＬ〇五三六－二四－九三三三　ＦＡＸ〇三三六－二四－九三三二 E-mail:shop@shopkouji.com

米麹・麦麹・豆麹（一kg単位）　米麹は一年中、麦麹・豆麹は一〇月〜四月販売　店頭販売・愛知県東部、南部配達可　電話・ＦＡＸ・ホームページにて注文受付

・河合時郎商店　〒四五一－〇〇五二　愛知県名古屋市西区栄生二丁目二五－一一　ＴＥＬ・ＦＡＸ〇五二－五四一－四七四二

米麹・麦麹（生麹、自然乾燥にて袋詰めします。一袋単位）　一〇月中頃〜三月下旬頃販売　店頭販売が主・クール宅配ＦＡＸにて注文受付

・（株）中島商店　〒五一八－〇七二七　三重県名張市新町一六一　ＴＥＬ〇五九五－六三－〇一七三　ＦＡＸ〇五九五－六四－〇二二二　E-mail:na-ka161@nave21.ne.jp

米麹（地元産ヤマヒカリ精米歩合八五％　一・三kg）・麦麹（国産裸麦　一・三kg）・大豆麹（地元産フクユタカ 内容量規定なし）

※全品生麹の為、冷凍保存しています。米麹、麦麹は年中販売可能ですが、品切れの場合もあります（最需要期一〇月上旬〜三月下旬、大豆麹は二月〜三月中旬）。店頭販売・宅配便も可能　電話・ＦＡＸにて注文受付

・桧山路《ひやまじ》こうじ屋　〒五一七－〇四〇一　三重県志摩市浜島町桧山路四三三　ＴＥＬ・ＦＡＸ〇五九九－五三－〇四九〇

米麹（一袋六〇〇g）・合せ麹（一：豆麹一〇：米麹三〜五→赤味噌、二：煮豆一〇：米麹一〇→白味噌、三：麦麹＋豆麹＋米麹→なめ味噌）　九月〜三月販売　スーパーおよび農協で店頭販売・配達は志摩市、鳥羽市・郵送　電話・ＦＡＸにて注文受付

・庄下《しょうか》糀屋　〒五一六—〇一一五　三重県度会郡南伊勢町押渕一九九八番地　TEL・FAX〇五九九—六五—三三一八
豆麹（バラ麹一升または五〇〇g単位）・米麹（一升または五〇〇g単位）・麦麹（注文により）　米麹販売九月〜三月販売
　電話・FAXにて注文受付
・服部農産食品 糀屋　〒五一六—〇〇五三　三重県伊勢市中須町四六五　TEL・FAX〇五九六—二三—一〇二四
米麹（一kg単位）・麦麹（一kg単位）・豆麹（バラ麹一kg単位）　九月〜五月販売　店頭販売・配達・郵送　電話・FAXにて注文受付
・中村こうじ店　〒五一八—〇八六三　三重県伊賀市上野新町二七一三　TEL・FAX〇五九五—二一—一七五四
米麹（一枚五〇〇g単位）　一年中販売　店頭販売・配達（市内のみ）・宅配便（応相談）　電話・FAXにて注文受付
・儀平みそ 伊谷商店　〒五二九—一四一五　滋賀県東近江市五個荘五位田町五二〇　TEL〇七四八—四八—二一六九　FAX〇七四八—四八—五五五一　E-mail:info2@giheimiso.com
米麹　一年中販売　店頭販売・直送（支払いは郵便振替又は代引）　電話・FAX・インターネット（http://giheimiso.com）にて注文受付
・渡辺糀店　〒五二二—〇三四二　滋賀県犬上郡多賀町敏満寺二〇三　TEL〇七四九—四八—〇三五六　FAX〇七四九—四八—二〇五八
米麹（一kg及び一升単位）　一一月〜三月販売　店頭販売のみ　電話・FAXにて注文受付
・大阪屋こうじ店　〒六二四—〇九三四　京都府舞鶴市堀上六八　TEL・FAX〇七七三—七五—〇五五〇　E-mail:info@namakouji.com
生米こうじ（二〇〇g以上）・麦こうじ（一・二kg単位）・もろみこうじ（一セット約二kg）　一年中販売　店頭販売・インターネット通販　電話・FAX・インターネット（生こうじの大阪屋http://www.namacouji.com/）にて注文受付

・合名会社 関東屋商店 〒六〇四−〇九八二 京都府京都市中京区御幸町通夷川上ル松本町五八二番地 ＴＥＬ ○七五−二三一−一七二八 ＦＡＸ ○七五−二一一−四三七三 E-mail:info@kantoya.co.jp
米麹（板麹一枚単位）・玄 米麹（五kg以上 受注生産の為要予約） 一年中販売 店頭販売のみ 電話・ＦＡＸ・メール他で注文受付（注文時に在庫の確認をして下さい）

・株式会社 菱六 〒六〇五−〇八一三 京都府京都市東山区松原通大和大路東入二丁目 ＴＥＬ ○七五−五四一−四一四一
ＦＡＸ ○七五−五四一−四一四四
米麹（生麹と乾燥麹各五〇〇g単位） 乾燥麹一年中販売・生麹一月中頃〜二月末販売 店頭販売・宅急便 電話・ＦＡＸにて注文受付

・有限会社 加藤商店 〒六〇二−八一一八 京都府京都市上京区猪熊通出水上る蛭子町四〇〇番地 ＴＥＬ ○七五−四四一−二六四二 ＦＡＸ ○七五−四一四−〇〇一四
米糀（一kg単位） 一年中販売 店頭販売・郵送（送料も可） 電話・ＦＡＸにて注文受付

・京丹味噌 有限会社 片山商店 〒六二一−〇〇一三 京都府亀岡市大井町並河三丁目八−一一 ＴＥＬ ○七七一−二三−六六六五 ＦＡＸ ○七七一−二二−六九七七 E-mail:info@kyotanmiso.jp
米麹（一kg単位） 一年中販売（夏期は予約要 約一週間） 店頭販売・宅配便 電話・ＦＡＸ・メール・郵便にて注文受付

・株式会社 井上本店 〒六三〇−八三二二 奈良県奈良市北京終町五七 ＴＥＬ ○七四二−二二−二五〇一 ＦＡＸ ○七四二−二七−三〇九五 E-mail:hinoue@skyblue.ocn.ne.jp
米麹（破砕、丸）・麦麹（押麦）・豆麹（バラ）（各一〇〇g単位） 米麹は通年販売（但し、夏場七月〜八月は欠品の時も有）・麦麹の販売は不定期で年に二〜三回の仕込・豆麹は一月〜二月に販売 店頭販売・宅配便 電話にて受付（出来る限り事前の予約を願います）

・今野もやし株式会社　〒六五八―〇〇五四　兵庫県神戸市東灘区御影中町一丁目八―一八　TEL 〇七八―八五一―三五八四　FAX 〇七八―八五一―三五七四
乾燥米麹（一kg包装）　一年中販売　宅配便　電話・FAXにて注文受付

・繁田糀味噌醸造所　〒六七五―一一一五　兵庫県加古郡稲美町国岡一〇六六　TEL・FAX 〇七九―四九二―一七〇八
米麹（一kgから取扱い）・玄米麹（農薬不使用）　一二月〜二月のみ販売　店頭販売・町内配達無料（近隣市町は取扱い量によっては配達無料）・宅配便　電話・FAXにて注文受付

・井戸糀製造所　〒六七九―四一七七　兵庫県たつの市龍野町下川原三九―一　TEL 〇七九一―六二―〇二〇五　FAX 〇七九一―六二―〇七〇九
米糀（一・二kg（一升分）、八五〇g（七合分）単位）・麦糀（金山寺もろみ 六五〇g単位）　ほぼ一年中販売（品切れの場合があるので、注文の前は電話を頂くと良いとおもいます）　店頭販売・場所によっては配達も可能・郵送（宅急便にて）　電話・FAXにて注文受付

・橋屋商店　〒六七〇―〇〇三一　兵庫県姫路市吉田町二〇　TEL 〇七九―二九二―〇二三一　FAX 〇七九―二九三―四二四七　E-mail:hashiya@meg.winknet.ne.jp
米麹・麦麹（裸麦）・合わせ麹（小麦・大豆）（七合または一kg単位、相談にも応じます）　米麹は一年中、麦麹は注文生産、合わせ麹は六月〜八月中旬まで　店頭販売・宅急便（五〇〇〇円以上は配達無料※沖縄・北海道・離島を除く）　電話・FAXにて注文受付

・梶原こうじ店　〒六六九―二三四六　兵庫県篠山市西岡屋甲五　TEL・FAX 〇七九―五五二―一〇五〇　E-mail:guirlande@leto.eonet.ne.jp
米糀（七五〇g入り、一kg入り、一・五kg入り）　一年中販売（春先から晩秋までは冷凍した糀となっています）　店頭販売・

発送　電話・ＦＡＸ・メール等で注文受付

・久保味噌本舗　〒六四〇―八〇三八　和歌山県和歌山市北町一七　ＴＥＬ〇七三―四三一―八八二二　ＦＡＸ〇七三―四三一―八八七五

米麹（一・二kg単位）・麦麹（一・二kg単位）・金山寺味噌用麹（米、大豆、麦、合わせ麹一・八kg単位）　一年中販売（但し、金山寺味噌用麹は夏期のみ）　店頭販売・宅配　店頭・電話・ＦＡＸ・インターネットにて注文受付

・株式会社三善《みつぜん》　〒六八九―〇二一四　鳥取県鳥取市気高町上光一四二番地一　ＴＥＬ〇八五七―八二―二七九六

ＦＡＸ〇八五七―八二―三三二〇　E-mail:info-mtzn@e-clacha.jp

米糀（一kg単位）　一年中販売　店頭販売・宅急便（ヤマトのみ）　電話・ＦＡＸ・インターネット（www.mitsuzen.com/）にて注文受付

・花房糀店　〒六八〇―〇八二二　鳥取県鳥取市瓦町一六五　ＴＥＬ・ＦＡＸ〇八五七―二二―二五二八

米糀（八五〇～九〇〇g単位）・麦糀（七五〇g単位）　一〇月～六月販売　店頭販売・郵送も可　電話・ＦＡＸにて注文受付

・田村商店　〒六八三―〇八一二　鳥取県米子市角盤町二丁目六九番地　ＴＥＬ〇八五九―二二―二八一四　ＦＡＸ〇八五九―六八―三五〇〇

米糀（小袋四〇〇g入・計量販売はg単位から可）　一年中販売　店頭販売・配達（市内近郊）・宅配便にて販売可能　百貨店等に県物産展として催事出店などもあり　電話・ＦＡＸ・手紙にて注文受付

・小倉こうじ味噌加工所　〒六八九―二三〇〇　鳥取県東伯郡琴浦町赤崎一三九二番地　ＴＥＬ〇八五八―五五―一一六二

味噌用こうじ・甘酒用こうじ・金山寺用こうじ　九月～六月上旬販売（五月末で終わることもある）　店頭販売・配達　電話にて注文受付

・野々村こうじ店　〒六九九－一二五一　島根県雲南市大東町大東一八三三　TEL〇八五四－四三－二一三六　FAX〇八五四－四三－二一八九
米麹（八〇〇g単位）・金山寺用糀（麦、米、大豆　八〇〇g単位）　九月～三月末販売　クロネコ便　電話・FAXにて注文受付

・橋田糀屋　〒六九四－〇〇五四　島根県太田市鳥井町鳥井三二　TEL〇八五四－八四－八六九六　TEL・FAX〇八五四－八四－五六八八　E-mail:hashidakoujiya@yahoo.co.jp
米麹・発芽玄米麹（一kg単位）　一〇月～六月販売（一月～三月はこみあいます）　店頭販売・郵送（クール便）　電話・FAX・メールにて注文受付（FAX・メールは電話確認します）

・浜屋麹店　〒六九三－〇〇〇一　島根県出雲市今市町一六二二　TEL〇八五三－二一－一〇三〇　FAX〇八五三－二四－七二七〇
米麹・豆麦麹　一年中販売　店頭販売・インターネット販売（卸販売、個人販売（振込と代引））　電話・FAX・インターネットにて注文受付

・樋野商事有限会社　〒六九三－〇〇〇一　島根県出雲市今市町一三七七　TEL〇八五三－二一－〇二〇五　FAX〇八五三－二一－〇二七二
米麹（一〇〇gより量り売り）　一〇月～五月の期間販売　原則店頭販売　電話にて注文受付　一〇kg以上は予約してください。

・森脇糀店　〒六九〇－一三一一　島根県松江市美保関町七類一八二八　TEL・FAX〇八五二－七二－二五七六
米麹・麦麹（五〇〇g一袋）　米麹（一月～七月　一〇月～一二月）・麦麹（一年中）販売　店頭販売・郵送・配達可能　電話・FAXにて注文受付

・安本産業株式会社 〒六九〇―〇〇一一 島根県松江市東津田町一八一一―一 TEL 〇八五二―二一―六〇六二 FAX 〇八五二―二一―六〇三六 E-mail:info@yasumoto-kk.jp
米糀（一kg又は五〇〇g入） 一月～三月販売 松江市内はご相談に応じて配達可能・配送はクール便（冷蔵）便にて 電話（平日八時～一七時）・FAXにて注文受付 お支払い方法：送料、代引手数料はお客様のご負担となります。

・有限会社 まるみ麹本店 〒七一九―一三一一 岡山県総社市美袋一八二五―三 TEL 〇八六六―九九―一〇二八 FAX 〇八六六―九九―一〇八五 E-mail:info@marumikouji.jp
米麹（乾燥タイプ五〇〇g 生タイプ一・三kg）・ひしおこうじ（乾燥タイプ五〇〇g） 一年中販売 店頭販売及び郵送 電話・FAX・郵便・インターネットにて注文受付

・秋山糀店 〒七一九―一一二六 岡山県総社市総社二―一五―二七 TEL 〇八六六―九二―〇九四八 FAX 〇八六六―九二―八九四八 E-mail:aki-yama@tiki.ne.jp
米こうじ・麦こうじ・ひしお糀（各五〇〇g単位より） 一年中販売 店頭販売・配達・宅配便 電話・FAX・メールにて注文受付

・安藤味噌こうじ製造所 〒七〇九―四三一六 岡山県勝田郡勝央町勝間田二三五―一 TEL 〇八六八―三八―二二三五
FAX 〇八六八―三八―二二七四 URL:http://www.kouji-and-miso.com
米こうじ（八五〇g単位）・麦こうじ（七〇〇g単位） 生こうじなので出来たてをお届けします。 米麹は一年中製造、麦こうじは一〇月～三月頃まで、夏場はひしお麹（ひしお味噌用）製造 全国発送 電話・FAX・インターネットすべてで注文受付

・高見味噌店 〒七〇七―〇〇四六 岡山県美作市三倉田六一―五 TEL 〇八六八―七二―〇〇四六 FAX 〇八六八―七二―〇〇一四 E-mail:takamimiso@vay.ocm.ne.jp

米こうじ（八五〇g単位）・麦こうじ（大麦七五〇g単位）・ひしお麹（大麦＋大豆八〇〇g単位）　米こうじ（一年中販売）・麦こうじ（一一月～五月販売）・ひしお麹（三月～一二月）　店頭販売・配達・郵送　電話・ＦＡＸ・インターネットにて注文受付

・日本原糀製造所　〒七〇八－一二〇四　岡山県津山市日本原四一一－一　ＴＥＬ〇八六八－三六－二三九一
米糀（板糀、約九〇〇g単位）　一二月～四月販売　製造所販売・郵送　電話にて注文受付

・名刀《めいとう》味噌本舗　〒七〇一－四二六四　岡山県瀬戸内市長船町土師一四　ＴＥＬ〇八六九－二六－二〇六五　ＦＡＸ〇八六九－二六－二〇四三　E-mail:meitou@optic.or.jp
乾燥こうじ（名刀こうじ玄米及び麦）（各五〇〇g袋入）・乾燥こうじ（ひしおの糀五五〇g袋入）生こうじ（白米・玄米・麦）（一kg単位）　乾燥こうじは通年販売、生こうじは一〇月～翌年五月まで販売　宅配便にて直送可　電話・ＦＡＸ・郵便・E-mailにて注文受付

・備前味噌醤油株式會社　〒七〇〇－〇八一一　岡山県岡山市番町二丁目一三番二六号　ＴＥＬ〇八六－二二二－二六四五　ＦＡＸ〇八六－二二二－二六四七　E-mail:bizen@po1.oninet.ne.jp
米麹（一kg単位）　一年中販売　店頭販売・宅配便可能（送料は負担して頂きます）　電話・ＦＡＸにて注文受付　一月～三月は注文が殺到する為、必ず電話にてご予約をお願い致します。

・(有) 尼子商店　〒七三〇－〇〇一七　広島県広島市中区鉄砲町八－一一　ＴＥＬ〇八二－二二八－〇三六一　ＦＡＸ〇八二－二二八－〇三〇〇　E-mail:amakoshouten@dune.ocn.ne.jp
種麹（二〇〇g一袋単位）・乾燥麹（米麹・麦麹一kg単位（五kg以上））　一年中販売（営業日は月曜日～金曜日 午前八時三〇分～午後五時三〇分）　電話・ＦＡＸ・メールにて注文受付

・儀金醸造工場　〒七五四－一二七七　山口県山口市阿知須三三四八－二　ＴＥＬ・ＦＡＸ〇八三六－六五－二〇一二

E-mail:isokane@camel.plala.or.jp

米麹（一kgより一升は一・五kgとする）・麦麹（一kgより）・こみそ麹（ひしお麹五〇〇gより） 一年中販売（季節により品切れの場合もあり、前もって お問い合わせ下さい） 店頭販売・配達（トラック便、宅配便、五月〜一一月はクール便）

電話・FAX・メールにて注文受付

・平田屋糀店 〒七五〇―一一〇二 山口県下関市吉田二四三六 TEL 〇八三二―八四―〇五四七 FAX 〇八三二―八四―〇一二〇 E-mail:hiratayakoujiten@nifty.com

米こうじ（国産うるち米、国産加工米 五kgから）・麦こうじ（国産大麦 五kgから）・合わせこうじ（国産うるち米＋国産大麦、国産加工米＋国産大麦 五kgから） 通年（七月下旬〜八月を除く）販売 店頭販売・宅配（送料別途、夏季はクール便扱い）

電話・FAXにて注文受付

・有限会社 世喜乃（木原味噌店） 〒七五〇―〇〇六三 山口県下関市新地町五番二八号 TEL・FAX 〇八三二―二二―〇六二二 E-mail:kihara.s@isis.ocn.ne.jp

米こうじ（一升（一・五kg）単位）・麦こうじ（五合（七五〇g）単位） 一年中販売、ただし注文を受けてから仕込、出来上がりに三〜四日かかるので、一週間に一度程度販売します。要予約です。店頭販売が主、遠方の方には塩を混ぜてから宅配にて発送します。麹の注文は電話のみ受付、お客様と直接お話をして注文を受け、出来上がり日を決めます。

・津山商店 〒七七四―〇〇四九 徳島県阿南市上大野町池之内一番地 TEL 〇八八四―二二―二八八八 FAX 〇八八四―二二―八〇八八 E-mail:tsuyama@coda.ocn.ne.jp

米糀（八〇〇g・一升単位） 一一月〜三月中旬販売 店頭販売・宅配便（クール） 電話・FAX・インターネットにて注文受付

・湯浅糀店 〒七七四―〇〇四四 徳島県阿南市上中町南島七三六 TEL 〇八三四―二二―四三八一

米糀（一kg単位） 一二月〜三月 店頭販売・宅急便 電話・郵便（手紙・はがき）にて注文受付

・田野醤油店　〒七七八―〇〇〇三　徳島県三好市池田町サラダ一七四九―一　TEL〇八八三―七二―〇二三一
FAX〇八八三―七二―〇一八九　E-mail:tanoshoyu@room.ocn.ne.jp
九月中頃～五月末頃　郵送（着払い）　電話・FAXにて注文受付

・丸岡味噌・糀製造所　〒七六七―〇〇三二　香川県三豊市三野町下高瀬五四〇番地　TEL・FAX〇八七五―七二―五四一七
米糀・麦麹・モロミ糀（各一升単位）　一年中販売　店頭販売・郵送　電話・FAXにて注文受付

・井上糀店　〒七八六―〇〇三五　高知県高岡郡四万十町六反地二一番地　TEL〇八八〇―二二―八二一〇　TEL・FAX〇八八〇―二二―八九二六
米糀・米糀塩入・麦糀塩入・もろみ糀　一年中販売　店頭販売・町内道の駅・土産物店・宅配・郵送　電話・FAXにて注文受付

・有限会社　椛島商店　〒八三五―〇〇二五　福岡県みやま市瀬高町上庄一七番地　TEL〇九四四―六三―三五四五　FAX〇九四四―六三―二八九五　E-mail:kabasima@d8.dion.ne.jp
米麹（自然塩入り、五kg単位）・麦麹（自然塩入り、五kg単位）・合わせ麹（自然塩入り、五kg単位）　一年中販売　店頭販売・宅配・味噌講習会　電話・FAX・インターネット　（http://www.kttnet.co.jp/ko-jiya）にて注文受付

・木下麹店　〒八三四―〇〇三一　福岡県八女市本町東京町一八一　TEL〇九四三―二三―〇五九七
米麹・麦麹・米麦合わせ麹（精米、精麦したものを麹の量はおよそ五升（七・五kg）以上から加工いたします）　九月～五月まで販売　店頭での対面販売　店頭での対面注文

・有限会社　叶醤油　味噌　醸造元　〒八一九―一一二四　福岡県前原市大字加布里九〇九　TEL〇九二―三二二―二七一〇

ＦＡＸ ○九二―三二二―九四九○ E-mail:kanooshoyu@wine.ocn.ne.jp
米麹・麦麹（一kg単位） 米麹一年中・麦麹一○月～五月販売 ヤマト運輸で配達（料金はお客様負担） 電話・ＦＡＸ・インターネット（http://www.kanoo-soy.com/）にて注文受付

・純天然 小西みそ 小西一二商店 〒八二二―一二○一 福岡県田川郡福智町金田六六四―五 店舗ＴＥＬ・ＦＡＸ ○九四七―二二―○四○六 工場ＴＥＬ・ＦＡＸ ○九四七―二二―四一○四
上米麹・中米麹・小麦麹・合わせ麹（一kg単位） 一年中販売 店頭販売・配達・郵送 電話・ＦＡＸ・インターネットにて注文受付

・本田こうじや 〒八○七―一二六一 福岡県北九州市八幡西区木屋瀬三丁目一二―一九 ＴＥＬ・ＦＡＸ ○九三―六一七―一一四三
米麹・麦麹（小麦）（各一kg単位） 九月頃～六月頃販売 店頭販売・北九州、中間、直方市内に限り数におおじて配達も可能 電話のみ注文受付（生こうじのため注文販売のみ）

・山口こうじ屋 〒八四九―一三一一 佐賀県鹿島市大字高津原六五六―一 ＴＥＬ ○九五四―六二―二九四八 ＦＡＸ ○九五四―六二―二九五五
米麹・麦麹・合わせ麹（概ね三kg以上では米、麦の比率可変です）・量り売りで対応しており、単位は決めていません。

甘酒こうじ（通年店頭販売）・みそこうじ（米麹、麦麹、合わせ麹 ご注文後製造（通年販売）） 店頭販売・配達（但し、市内の近場、だいたい二千円以上ご注文の場合です）・宅配便にて発送 電話・ＦＡＸ・はがき等にて注文受付

・山口麹屋 〒八四八―○○二三 佐賀県伊万里市大坪町丙二一六三―一 ＴＥＬ ○九五五―二二―三三○九
米麹（一袋四○○g）・麦麹（一袋五○○g）・正油の実麹（一袋三○○g）・唐香（とうこう） 一年中販売 店頭販売・宅配便 電話にて注文受付

・宮本麹屋　〒八五九—四五二八　長崎県松浦市今福町浦免四九四　TEL・FAX〇九五六—七四—〇一四八
米麹・麦麹・もろみ麹・甘酒麹（量はいくらからでも対応可能）　基本的には一年中販売（夏場は注文がきてから二週間程度時間が必要）　電話・FAXにて注文受付

・川添酢造有限会社　〒八五七—二三二六　長崎県西海市大瀬戸町雪浦下郷一三〇八—二　TEL・FAX〇九五九—二二—九三〇五　E-mail:suya@muse.ocn.ne.jp
米麹（五分搗玄米麹一kg単位　賞味期限三ヶ月）・麦麹（一kg単位　賞味期限が冷蔵庫にて一〇日ほどなので要予約）　一年中販売　店頭販売・宅急便　電話・FAX・インターネット（http:www5.ocn.ne.jp/~suya/ またはYAHOOで検索川添酢造）にて注文受付

・松井糀屋　〒八五一—〇一〇一　長崎県長崎市古賀町二二五—一番地　TEL〇九五—八三八—二八四六
米糀（半乾燥四八〇g単位　乾燥四五〇g単位）・麦麹（一五〇〇g単位）　米糀一年中販売・麦麹（春、秋　注文に応じて）
店頭販売・卸売り・郵送・宅配（米糀のみ）　電話にて注文受付　毎週火曜日店休　グルメサイト「たまてばこ」に掲載

・末吉麹屋　〒八五〇—〇八七一　長崎県長崎市麹屋町四—一六　TEL〇九五—八二二—三〇八九
乾燥米糀（一kg用）・麦麹（二kg用、三kg用）　店頭販売・郵送　電話・FAXにて注文受付

・合資会社 七福醤油店　〒八六九—二五〇一　熊本県阿蘇郡小国町宮原一七三四番地の四　TEL〇九六七—四六—二〇六六　FAX〇九六七—四六—三三九四
塩切り麦麹（通常五升（七・五kg）、一斗（一五kg）入り）・塩切米麹（通常一升（一・五kg）、二升（三kg）入り）・甘酒麹（通常一升（一・五kg）、二升（三kg）入り）・他は要望に合わせます。一〇月～三月位まで販売　店頭販売・宅配も可能　電話・FAXにて注文受付

・株式会社 内田物産 卑弥呼 みそ・しょうゆ　〒八六一—〇三三一　熊本県山鹿市鹿本町来民一五八六　TEL〇九六八—

四六―二一二三　FAX〇九六八―四六―五三八〇　E-mail:himiko-m@dg.dion.ne.jp
米麹・麦麹・合わせ麹・ハト麦麹（要予約）、いずれも味噌出来上がり量二・二五kg、四・五kg、五kg、一〇kgの塩と大豆とのセット可、また一kg単位でも可　一年中販売　店頭販売・宅配　電話・FAX・メールにて注文受付

・池田屋醸造（名）　〒八六〇―〇〇七八　熊本県熊本市京町一―一〇―一一　TEL〇九六―三五二―〇三〇九　FAX〇九六―三五六―一八五八　E-mail:miso@ikedayamiso.com
米麹・麦麹・合わせ麹・玄米麹・塩切麹（各一kg単位）　一年中販売店頭販売・宅急便　電話・FAX・インターネット（http://www.1ikedayamiso.com）にて注文受付

・緒方こうじ屋　〒八六七―〇〇六四　熊本県水俣市幸町五番一二号　TEL・FAX〇九六六―六三―二三一九
米麹・麦麹　一年中販売　店頭販売・配達可能・宅急便（クール）電話・FAXにて注文受付

・合名会社まるはら　〒八七七―〇〇四七　大分県日田市中本町五―四　TEL〇九七三―二三―四一四五　FAX〇九七三―二三―八八五九　E-mail:maruhara@hita.net
麹（一kg、一升、一斗単位）・糀（一kg、一枚、一升単位）　一年中販売　塩なし麹（出麹日のみ店頭で販売 要予約）・その他（店頭販売、配達、郵送）電話・FAX・メールにて注文受付

・有限会社糀屋本店　〒八七六―〇八三一　大分県佐伯市船頭町一四―二九　TEL〇九七二―二二―〇七六一
FAX〇一二〇―六七―六七三六　E-mail:info@saikikoujiya.com
米麹（五〇〇g、一kg単位）・麦麹（塩止め一kg単位）・玄米麹（検討中）　米麹一年中販売・麦麹六月〜九月（受注生産）
店頭販売・宅配便（冷蔵でお届け）　電話・FAX・インターネット（http://www.saikikoujiya.com）にて注文受付

・清水みそ・こうじや　〒八八一―〇〇一一　宮崎県西都市有吉町二一―三七　TEL・FAX〇九八三―四二―四七四〇
米麹・麦麹（五〇〇g単位）一年中販売　店頭販売・配達、郵送可能（消費者と直接ふれあう）電話・FAX・店頭にて

注文受付

・大津商店　〒八八二―〇〇六二　宮崎県延岡市松山町一二二一―七四　ＴＥＬ・ＦＡＸ〇九八二―二一―三六二二
米こうじ・麦こうじ　一年中販売　店頭販売・配達及び宅配にて販売　主に電話・ＦＡＸにて注文受付

・入江こうじ店　〒八八九―一二〇一　宮崎県児湯郡都濃町大字川北一四九〇五―一　ＴＥＬ〇九八三―二五―〇五四〇
米麹（一升単位）・麦麹（注文により販売）　一年中販売　店頭販売・郵送にて販売可能　電話にて注文受付

・平田こうじ屋　〒八八九―〇六一七　宮崎県東臼杵郡門川町南ヶ丘二丁目九四　ＴＥＬ〇九八二―六三―五〇九二　ＦＡＸ〇九八二―六三―〇一三七
米麹（一kg単位）・麦麹（一kg単位）（合わせ分量は好みに応じて作る）　一月〜六月、九月〜一二月販売　店頭販売・近い所は配達可能・郵送　電話・ＦＡＸにて注文受付

・松元みそ・こうじ店　〒八八〇―二二三一　宮崎県宮崎市大字糸原三四七番地　ＴＥＬ・ＦＡＸ〇九八五―四一―〇〇一一
米こうじ（みそ用と甘酒用）・麦こうじ（みそ用）（一升または一kg単位）　一年中販売（在庫がない場合は待っていただくこともある。特に四月〜八月は一ヶ月程度待っていただくこともある）　宮崎市内であれば配達可能・トラック便（時にはクール便）での発送可能　電話・ＦＡＸにて相談、注文受付

・二宮麹店　〒八八〇―〇〇一二　宮崎県宮崎市末広一丁目七―五　ＴＥＬ・ＦＡＸ〇九八五―二二―三八九五　E-mail: info@ninomiy-koujiya.com
米麹・麦麹（各一kg単位）　一年中販売　店頭販売・配達（宮崎市内）・郵送　電話・ＦＡＸ　・インターネット（http://www.ninomiy-koujiya.com/）にて注文受付

・岩満麹屋　〒八八五―〇〇二五　宮崎県都城市前田町一五―一一　ＴＥＬ・ＦＡＸ〇九八六―二三―一五四九

味噌、甘酒用の米麹（一kg単位）　一年中販売　基本的には店頭販売・クール便（秋〜冬は　普通便）　電話・FAXにて注文受付

・一丁田みそ　〒八九九－七一〇四　鹿児島県志布志市志布志町安楽六〇六五　TEL〇九九－四七三－三〇九〇　FAX〇九九－四七三－三八一九
麦麹・甘酒麹（米麹）・正油の実麹（一kg単位）　店頭販売・郵送にて販売　電話・FAXにて注文受付　麹は予約販売

・有限会社　はつゆき屋　〒八九九－二五〇一　鹿児島県日置市伊集院町下谷口二一五五　TEL〇一二〇－三七一－一一三（フリーダイヤル）　FAX〇九九－二七二－二一五〇　E-mail:hatuyuki@po4.synapse.ne.jp
麦麹三・五kg（塩入）＋大豆六〇〇gセット－麦みそ出来上がり五kg・米麹二・八kg（塩入）＋大豆九〇〇gセット－米みそ出来上がり五kg　一年中販売　電話・FAX・インターネットにて注文受付

・川崎こうじ屋　〒八九九－八一〇二　鹿児島県曽於市大隅町岩川六五三一　TEL〇九九－四八二－〇一五九　FAX〇九九－四八二－一九七八
米麹（一kg単位）・麦麹（塩切り麹、一〇kg単位）・大豆撒麹　一年中販売　店頭販売・郵送　電話・FAXにて注文受付

二、全国桶・樽店一覧

・小林桶店　〒〇七九－八四一四　北海道旭川市永山四条一三丁目三－二　TEL・FAX〇一六六－四八－八七九八
材質－スギ材　大きさ－一斗より　一年中販売　店頭販売・宅配　電話・FAXにて注文受付

・株式会社大東　〒〇四六－〇〇〇一　北海道余市郡余市町栄町四六番地　TEL〇一三五－二三－六〇八〇
FAX〇一三五－二三－三〇六五　E-mail:kkdaitoo@cocoa.ocn.ne.jp

材質―トドマツ材、スギ材　大きさ―五升より　一年中販売　宅配　電話・FAX・インターネットにて注文受付

・(有)佐々木製函工場　〒〇三一―〇八三三　青森県八戸市大久保字大山三六―六　TEL・FAX〇一七八―三四―〇八三三

材質―スギ材　大きさ―五升より　販売時期は注文に応じて　販売方法は注文に応じて　店頭、電話にて注文受付

・南部桶正　〒〇二八―二四二一　岩手県下閉伊郡川井村江繋五―一〇一―一　TEL・FAX〇一九三―七八―二七三〇

E-mail:chiho-masa@nifty.com

材質―スギ材　大きさ―半斗より（定番では半斗ですが、注文によってはより小さいものも可）　一年中販売　宅配　電話・FAX・メールにて注文受付

・長谷川光　〒九八九―〇八一二　宮城県刈田郡蔵王町大字円田字駅内一三―四　TEL〇二二四―三三―二〇七五

味噌桶の修理だけしています。

・熊谷風呂店　〒九八四―〇〇五三　宮城県仙台市若林区連坊小路八九　TEL・FAX〇二二―二五六―二八六八

材質―スギ材　大きさ―五升より　一年中販売　電話・FAX等にて注文受付

・千葉風呂桶製作所　〒九八二―〇〇〇四　宮城県仙台市太白区東大野田一―一八　TEL〇二二―二四八―二三七五

材質―スギ材　大きさ―五升より　一年中販売　電話にて注文受付

・赤道桶樽製造販売店　〒九八六―〇〇一一　宮城県石巻市湊字須賀松一一―一一　TEL・FAX〇二二五―二二―四五三〇

材質―スギ材の赤身　大きさ―五升より　四月～五月頃販売　店頭販売・配達・宅配　店頭・電話・FAX・インターネットにて注文受付

・田中風呂桶製作所　〒〇一七―〇八九五　秋田県大館市長倉四一番地　TEL〇一八六―四二―一二九六　FAX〇一八六―四二―一二九六
材質―天然秋田杉　電話・FAXにて注文受付

・有限会社 日樽　〒〇一七―〇〇一二　秋田県大館市釈迦内字土肥一七―三　TEL〇一八六―四八―四一五三
FAX〇一八六―四八―六八七七
材質―樹齢二〇〇～三〇〇年の天然秋田杉　大きさ―五升より　一一月～一二以外販売　送料別で発送可能（例―普通便五升～四斗八〇〇〇円～一〇〇〇〇円位）　電話・FAXにて注文受付

・小野桶樽工芸　〒〇一六―〇八六二　秋田県能代市寿域長根三一―一　TEL・FAX〇一八五―五四―三〇〇九
材質―スギ（天然）　大きさ―五升より　一年中販売　受注生産（二、三月程度）　FAXにて注文受付

・菊池風呂桶店　〒九六六―〇八六二　福島県喜多方市字前田四九二三　TEL・FAX〇二四一―二二―一九六四
材質―スギ材、サワラ材　大きさ―大小にかかわらず、希望（注文）によって作製　一年中販売　店頭渡し・宅配便　電話・FAXにて注文受付

・関根桶店　〒九六二―〇八三八　福島県須賀川市南町一九―一　TEL・FAX〇二四八―七五―二八三一
材質―スギ材、ヒバ材　大きさ―五升より　一年中販売　店頭販売・近隣は配達・宅配　電話・FAXにて注文受付　修理も致します。

・伊藤風呂桶店　〒三二九―二三二二　栃木県塩谷郡塩谷町玉生五二一　TEL〇二八七―四五―〇一三〇
E-mail:nqq9@nifty.com　材質―スギ材　大きさ―一斗より　一年中販売　店頭販売・配達　電話・インターネットにて注文受付

・萩原製樽　〒三二八－〇〇一二　栃木県栃木市平柳町一－九－二　TEL〇二八二－二二－一二八〇　E-mail:yamarin@cc9.ne.jp　材質－スギ材　大きさ－五升より　一年中販売　直接販売・宅配　電話にて注文受付

・佐藤風呂店　〒三二四－〇六一三　栃木県那須郡那珂川町馬頭二六七－六番地　TEL〇二八七－九二－二六四九　材質－スギ材　大きさ－直径二五㎝より　一年中販売　店頭販売　郵便書物にて注文受付

・河原桶店　〒三四五－〇〇三六　埼玉県北葛飾郡杉戸町杉戸四－一四－九　TEL〇四八〇－三二－一三〇二　E-mail:kawahara1122@tbb.t-com.ne.jp　材質－スギ材、サワラ材　大きさ一斗より（竹箍）　注文によって一年中販売、但し竹の在庫状態により若干の納入遅延あります。　店頭販売・宅配便（着払い）　電話・インターネットにて注文受付

・桶辰　〒二五〇－〇〇一三　神奈川県小田原市南町二－一－五八　TEL・FAX〇四六五－二二－二五三〇　E-mail:oketatsu@nifty.com　材質－サワラ材　大きさ－一〇リットルより　一年中販売（注文製作）　店頭販売・配達・宅配便　電話・FAXにて注文受付

・日本木槽木管株式会社　〒二三一－〇八三五　神奈川県横浜市鶴屋町二丁目二三番地の二　TEL〇四五－三一一－三九四一　FAX〇四五－三一一－三九六八　HP:http://www.nihon-mokuso.co.jp　材質－国産材全般　大きさ－二斗より　一年中販売　オーダー生産、配送可能　電話・FAX・ホームページにて注文受付（場合により訪問打ち合わせ）

・谷澤桶竹店　〒九五〇－三三二一　新潟県新潟市北区葛塚四二七－二　TEL・FAX〇二五－三八七－三〇六八　材質－サワラ材　大きさ－一斗より　一年中販売（七月から一〇月までは、竹材等、忙しい時期なので相当時間がかかりま

す）基本的には店頭販売ですが、近くでしたら配達します。また、宅配も希望がありましたらということで応相談。電話・ＦＡＸにて注文受付　修理、タガの直しもやっております。

・桶樽製造　〒九一三―〇〇四六　福井県坂井市三国町北本町一丁目八―一二　ＴＥＬ〇七七六―八一―三五一二
材質―スギ材　大きさ―一斗より　何時でも注文次第で作ります。　店頭販売・配達　店頭および電話にて注文受付　輪替え等の修理もしています。

・上嶋風呂桶店　〒四〇三―〇〇〇一　山梨県富士吉田市上暮地三―三―二　ＴＥＬ〇五五五―二三―〇七〇三
材質―サワラ材　大きさ―一斗より（寸法は自由）　一一月～三月末まで販売（その他の時期は応談）　店頭販売・配達も可
電話にて注文受付

・中野桶樽工業本店　〒三九九―八三〇一　長野県南安曇郡穂高町有明九八九―四　ＴＥＬ〇二六三―八三―二三三二　ＦＡＸ〇二六三―八三―二五二五　支店　〒六八二―〇八二一　鳥取県倉吉市魚町一丁目二五六八―一　ＴＥＬ・ＦＡＸ〇八五八―二二―二八五六
支店で小売り。漬物桶、風呂桶（丸形、角形）その他何でもつくっております。

・桶数　〒三九九―五六〇七　長野県木曽郡上松町大字小川二三一四　ＴＥＬ〇二六四―五二―二三〇四・〇二六四―五二―四四〇八　ＦＡＸ〇二六四―五二―二二九七
材質―木曽サワラ材、ネズコ材　一年中販売　店頭販売・宅配　電話・ＦＡＸにて注文受付

・澤口桶製作所　〒三九九―五六〇一　長野県木曽郡上松町大字上松一〇〇四―一　ＴＥＬ〇二六四―五二―四八一五　ＦＡＸ〇二六四―五二―二四二四
材質―木曽サワラ材（天然木）　大きさ―五升より　注文により一年中生産販売　電話・ＦＡＸにて注文受付

・藤原木工所　〒三九九―五三〇二　長野県木曽郡南木曽町吾妻三六〇〇―一〇　TEL・FAX〇二六四―五八―二二一八
材質―サワラ材（天然木）　大きさ―一斗より　竹箍さえあれば一年中販売　宅配・電話　FAXにて注文受付

・志水木材産業株式会社　〒三九九―五三〇二　長野県木曽郡南木曽町吾妻四六一〇　TEL〇二六四―五八―二〇一一　FAX〇二六四―五八―二七〇七　E-mail:shop@shimizumokuzai.jp
材質―サワラ材　大きさ―五升より　通年販売　通信販売　電話・FAX・メールにて注文受付

・丸勝桶製作所　〒三九九―五三〇二　長野県木曽郡南木曽町吾妻二九七〇―六　TEL・FAX〇二六四―五八―二二五一
材質―木曽サワラ材　大きさ―一斗（容積）より　一二月～時期（四月以降の受注不可）　受注生産販売・代引宅配（店頭販売価格をお願い致します。運賃着払）　電話にて注文受付

・紅林おけ店　〒四二七―〇〇三五　静岡県島田市向谷元町一一八六―四　TEL・FAX〇五四七―三七―三七四五
材質―スギ、サワラ、高野マキ　大きさ―三kgより　一年中販売　TEL受付宅配便　電話・FAXにて注文受付東京食文化インターネットにて全国に販売しております。

・池田桶店　〒四二四―〇八三二　静岡県静岡市清水区入江南町一四―二七　TEL・FAX〇五四―三六六―一二〇六
材質―サワラ材　大きさ―五升より　一一月～六月に販売　店頭販売・配達　来店・電話・FAXにて注文受付

・望月桶店　〒四二四―〇八〇八　静岡県静岡市清水区大手一丁目七番一一号　TEL〇五四―三六六―二九六八　FAX〇五四―三六六―二九八五　材質―サワラ材　大きさ―五升より　一年中販売　店頭販売　電話・FAXにて注文受付

・樽国山河　〒四二一―八〇三三　静岡県静岡市駿河区登呂一丁目一六―三八　TEL〇五四―二八五―〇四四一　FAX〇五四―二八五―〇三一一　E-mail:tarukuni1@if-n.ne.jp

・木桶の栗田　〒四九六—〇〇〇四　愛知県津島市蛭間町字弁日二〇五　TEL〇五六七—二四—七七九五　FAX〇五六七—三二—七〇一〇
材質—スギ材、サワラ材　大きさ—直径九寸〜、特注可能　一年中販売
店頭（当店工房）販売・宅配　電話・FAXにて注文受付

・株式会社ゴトウ容器　〒四八五—〇〇五九　愛知県小牧市小木東三丁目一〇五　TEL〇五六八—七七—七七八六　FAX〇五六八—七三—〇一八四　E-mail:info@gotouyouki.jp　HP:http://www.gotouyouki.jp
材質—スギ材、サワラ材　一年中販売（但し、盆前、年末は忙しいので、若干時間が必要です）　宅配　電話・FAX・インターネットにて注文受付

・樽藤容器工業所　〒四五九—八〇〇一　愛知県名古屋市緑区大高町字大根山一四—一五一　TEL・FAX〇五二—六二一—二〇二九　E-mail:haru-h@mvb.biglobe.ne.jp
材質—スギ材　大きさ—一斗より　一年中販売　店頭販売（工場渡）・宅配（ヤマト便）　電話・FAX・メールにて注文受付

・角田木工所　〒四五四—〇〇二四　愛知県名古屋市中川区柳島町五—四九　TEL〇五二—三六一—〇七一六
材質—サワラ材　店頭販売　電話にて注文受付

・おけいち　〒四四七—〇八六八　愛知県碧南市松江町三丁目五二番地　TEL〇五六六—四一—一五九二
材質—サワラ材　大きさ—一斗より　一年中販売　店頭販売　電話にて注文受付

・寺田製桶所　〒五二四—〇一〇一　滋賀県守山市今浜町三六三　TEL・FAX〇七七—五八五—三三五一
材質—スギ、サワラ　大きさ—五升より（竹輪使用）　一一月〜五月に販売　電話・FAXにて注文受付

・中川木工芸　〒五二〇―〇五一二　滋賀県大津市大物七三一―一　TEL・FAX〇七七―五九二―二四〇〇
E-mail:shuji@grass-garden.com　HP:http://www.grass-garden.com
材質―スギ材、サワラ材　希望の寸法（直径一八㎝より）　一年中販売　電話・FAX・インターネットにて注文受付　修理もできます。

・おけ庄　林常二郎商店　〒六〇五―八〇一一　京都府京都市東山区大和大路通四条下ル四丁目小松町一四〇―三―一
TEL〇七五―五六一―一二五二　FAX〇七五―五四一―一八〇四三
材質―木曽サワラ材　大きさ―二升より　一年中販売（竹の在庫によって一一月〜五月の場合もある）　店頭販売・配送
店頭・電話・FAXにて注文受付

・杉本商店（樽寅）　〒五八一―〇〇三二　大阪府八尾市志紀町三―一　TEL・FAX〇七二―九四九―五〇八八
材質―吉野スギ　大きさ―五升より　一年中販売　店頭販売・配達・宅配　店頭・電話・FAXにて注文受付

・藤井製桶所　〒五九三―八三一一　大阪府堺市西区上一一五番地　TEL〇七二―二七一―一二〇〇二　FAX〇七二―二七四―一二〇〇五　E-mail:woodwork@sakai-city.net
材質―吉野スギ　大きさ―五升より　一年中販売　受注生産　電話・FAX・メール等にて注文受付　修理も承っております。

・株式会社　田中製樽工業所　〒六六三―八二一一　兵庫県西宮市今津山中町六―二六　TEL〇七九八―三四―〇〇三一
FAX〇七九八―二三―一九四六　E-mail:taru-oke@mx2.canvas.ne.jp
材質―吉野産スギ材　大きさ―五升より　一年中販売　店頭製造販売・配達・宅配　電話・FAX・インターネットにて注文受付

・中祖おけや　〒六九九―二五一四　島根県太田市温泉津町福光六八〇　TEL〇八五五―六五―三五五八・〇九〇―九五〇六―〇一六〇
材質―スギ材　大きさ―五升より　一年中販売　注文にて製作販売　主に電話にて注文受付

・立花容器株式会社　〒七一三―八五七七　岡山県倉敷市玉島柏島七〇四七　TEL〇八六―五二八―〇七二一　FAX〇八六―五二八―九〇〇一　E-mail:info@spac.co.jp
材質―スギ材　大きさ―三リットルより　一年中販売　原則に店頭販売、個人向け通販は別途相談による　FAX・インターネットによる注文を希望

・吉良桶店　〒七八四―〇〇二一　高知県安芸市庄之芝町六―一二　TEL・FAX〇八八七―三五―三四〇二
材質―スギ材　大きさ―五升より　注文があれば一年中販売（一週間～一〇日間）　店頭販売・森の道具屋（インターネット等の販売）・郵送（佐川急便・クロネコ）　電話・FAXにて注文受付

・松延工芸　〒八三四―〇〇六七　福岡県八女市大字龍ヶ原二五〇―五　TEL〇九四三―二三―一一九六　〇九四三―二三―二九七三（自宅）　FAX〇九四三―二三―一四六〇
材料―スギ材、サワラ材・アスナロ材　大きさ一五升より　一年中販売　店頭販売・配達・宅配　電話・FAX・インターネットにて注文受付

・有限会社 原田製樽所　〒八四九―〇二〇一　佐賀県佐賀郡久保田町徳万一六四一―二　TEL〇九五二―六八―二〇三七　FAX〇九五二―六八―二〇八三
材質―スギ材　大きさ―一斗より（特注サイズ応じます）　一年中販売　宅配　電話・FAXにて注文受付

・有限会社 庄司製樽所　〒八七五―〇〇五二　大分県臼杵市大字市浜八四七―一　TEL〇九七二―六二―二八二〇　FAX〇九七二―六二―四三〇九

材質—スギ材　大きさ—一斗より　一月～九月販売　宅配　電話・FAX　にて注文受付

・河村製桶店　〒八八〇—〇〇五五　宮崎県宮崎市南花ヶ島町一三二番地　TEL ○九八五—二三—四〇六四　FAX ○九八五—二九—五三五六
材質—スギ　大きさ—一斗より　一年中販売　店頭販売・宅配　電話・　FAXにて注文受付

タ行

ナ行

ハ行

索　引

著者紹介（肩書・所属は初版当時）

石村眞一（いしむら・しんいち）

一九四九年岡山市に生まれる。福島大学教育学部卒業。博士（工学）。

専攻：デザイン史・デザイン文化論。

郡山女子大学附属高校教諭、九州芸術工科大学教授を経て、現在、九州大学大学院芸術工学研究院教授。

福岡県文化財保護審議会専門委員。

主著書『桶・樽Ⅰ・Ⅱ・Ⅲ』『まな板』（法政大学出版局）。

一九九七年日本文化藝術財団日本伝統文化振興賞受賞。

石村由美子（いしむら・ゆみこ）

一九四五年茨城県に生まれる。和洋女子大学文家政学部生活学科卒業。
専攻：調理学
郡山女子大学短期大学部教授
主著書『レクチャー調理学』『小児栄養実習』共著（建帛社）

古賀民穂（こが・たみほ）

一九四二年福岡市に生まれる。九州大学大学院農学研究科修士課程修了。博士（農学）
専攻：食品加工学・食品加工実習・食品材料学
米国ウイスコンシン大学研究助手、中村学園大学短期大学部講師・助教授を経て、現在、中村学園大学短期大学部教授。
主著書『食品加工学』共著（建帛社）、『食べ物と健康』国崎直道編（同文書院）。
二〇〇五年加工油脂栄養研究会賞受賞。

齋田佳菜子（さいた・かなこ）

一九七五年東京都に生まれる。横浜市立大学大学院総合理学研究科博士前期課程修了。

専攻：応用微生物学・分子生物学。

玉川大学農学部副手、科学技術振興機構さきがけ「変換と制御」領域技術員を経て、現在、熊本県産業技術センター微生物応用部研究員、及び熊本大学大学院自然科学研究科博士後期課程在学中。

松田茂樹（まつだ・しげき）

一九五〇年熊本県に生まれる。宮崎大学農学部卒業。博士（工学）。
専門分野：醸造・応用微生物。
熊本県衛生公害研究所を経て、現在、熊本県産業技術センター微生物応用部 研究主幹兼部長。
全国味噌技術会理事。日本食品保蔵科学会評議員。バイオテクノロジー研究推進会評議員。
主な論文「味噌製造における国産大豆の醸造適性」日本醸造協会誌九九巻九号（二〇〇四）
「発酵食品副生物の機能性成分と再資源化技術の開発」日本食品保蔵科学会誌三〇巻三号（二〇〇四）
二〇〇三年 日本食品保蔵科学会 技術賞受賞。

松村順司（まつむら・じゅんじ）

一九六六年福岡市に生まれる。九州大学農学研究科林産学専攻修了。博士（農学）。

専攻：森林資源科学・ウッドサイエンス。

九州大学助手、同助教授を経て、現在、九州大学大学院農学研究院准教授。

木材学会誌、J. Wood Science、木材工業、木科学情報編集委員を歴任。

ＪＩＣＡ（国際協力事業団）短期専門家（ベトナム：一九九九，中国：二〇〇二）

二〇〇二年 Bio-Rad image competition 入賞（the J. Cell Biology & Bio-Rod Corp）

平成 21 年（2009）1 月 10 日　初版発行
令和 7 年（2025）4 月 25 日　新装版発行

自《じ》家《か》製《せい》味《み》噌《そ》のすすめ【新装版《しんそうばん》】
―日本《にほん》の食文化《しょくぶんか》再生《さいせい》にむけて―

編著者　石村眞一
発行者　宮田哲男
発行所　株式会社 雄山閣
〒 102-0071　東京都千代田区富士見２－６－９
TEL　03-3262-3231㈹／FAX：03-3262-6938
URL　https://www.yuzankaku.co.jp
e-mail　contact@yuzankaku.co.jp
振替　00130-5-1685
印刷・製本　株式会社 ティーケー出版印刷

ISBN978-4-639-03041-6　C2077
N.D.C.588　328p　21㎝